Simon Newcomb

Astronomie für jedermann

Eine allgemeinverständliche Darstellung der Erscheinungen des Himmels

Simon Newcomb

Astronomie für jedermann

Eine allgemeinverständliche Darstellung der Erscheinungen des Himmels

ISBN/EAN: 9783955623203

Auflage: 1

Erscheinungsjahr: 2013

Erscheinungsort: Bremen, Deutschland

bremen
university
press

SIMON NEWCOMBs

ASTRONOMIE

FÜR JEDERMANN.

EINE ALLGEMEINVERSTÄNDLICHE DARSTELLUNG DER ERSCHEINUNGEN DES HIMMELS.

AUS DEM ENGLISCHEN ÜBERSETZT VON

F. GLÄSER.

DURCHGESEHEN VON

Prof. Dr. R. SCHORR UND **Dr. K. GRAFF**
DIREKTOR ASSISTENT
DER HAMBURGER STERNWARTE.

MIT 2 TAFELN UND 68 TEXTABBILDUNGEN.

VORWORT.

Newcombs „Astronomy for Everybody" hat in amerikanischen und englischen Ausgaben sehr große Verbreitung gefunden und sich als ein vortreffliches Büchlein zur Einführung in die Himmelskunde erwiesen, namentlich für diejenigen, denen mathematische Anschauungen und Ausdrücke weniger geläufig sind. Der Wunsch, dieses kleine Werk auch deutschen Lesern mehr zugänglich zu machen, bestimmte mich, Frau Dr. Gläser zu einer Übersetzung dieses Buches anzuregen. Professor Newcomb erteilte bereitwilligst seine Genehmigung zu einer deutschen Ausgabe und lieferte für dieselbe noch eine größere Reihe von Ergänzungen und Zusätzen, um auch die seit dem Erscheinen der letzten englischen Ausgabe erzielten Fortschritte der Himmelskunde genügend zu berücksichtigen. Die Übersetzung ist von Herrn Dr. Graff und mir sorgfältig durchgesehen worden, und wir haben dabei einige Abschnitte, die in der Originalausgabe besonders für amerikanische Leser berechnet waren, europäischen Verhältnissen entsprechend geändert, auch an einigen anderen Stellen noch Zusätze beigefügt. Die Figuren und Abbildungen sind sämtlich neu angefertigt worden, und zwar hat Herr Dr. Graff die Vorlagen für die Figuren selbst neu gezeichnet. Für die vortreffliche

Ausführung der Illustrationen gebührt der Verlagshandlung besonderer Dank.

Das Werkchen soll eine erste Einführung in die Himmelskunde bilden, es kann daher auf eine erschöpfende Darstellung aller Einzelheiten naturgemäß keinen Anspruch erheben. Wer nach der Lektüre desselben den Wunsch hat, sich noch genauer über die einzelnen Zweige der Himmelskunde zu unterrichten, dem sei das Studium der von H. C. Vogel ausgeführten vortrefflichen Bearbeitung von „Newcomb-Engelmanns Populäre Astronomie", die vor kurzem in 3. Auflage (Leipzig 1905) erschienen ist, bestens empfohlen.

Möchte Newcombs „Astronomie für Jedermann" auch im neuen deutschen Gewande sich recht viele Freunde erwerben und in weiten Kreisen Interesse für die astronomische Wissenschaft erwecken!

Sternwarte Hamburg, Pfingsten 1907.

Dr. R. Schorr.

INHALT.

Seite

Erster Teil.

DAS WELTALL UND SEINE BEWEGUNG.

Zweiter Teil.

DIE ASTRONOMISCHEN INSTRUMENTE.

Seite

Dritter Teil.

SONNE, ERDE UND MOND.

Vierter Teil.

DIE PLANETEN UND IHRE TRABANTEN.

Seite

Fünfter Teil.

KOMETEN UND METEORE.

Sechster Teil.

DIE FIXSTERNWELT.

Erster Teil.

DAS WELTALL UND SEINE BEWEGUNG.

---

1. Ein Überblick über das Weltall.

Um einen allgemeinen Überblick über das ganze Weltgebäude zu erhalten, in dessen Bereich wir leben, wollen wir uns für einen Moment vorstellen, daß wir es von einem Punkte außerhalb seiner Grenzen betrachten. Freilich in weiter Ferne werden wir diesen Punkt wählen müssen. Um dem Leser einen ungefähren Begriff von der Größe dieser Entfernung zu geben, wollen wir die Geschwindigkeit der Bewegung des Lichtes als Maßstab benutzen. Das Licht durchläuft in der Sekunde einen Raum von 300 000 km und würde die Erde bereits mehrmals umkreisen zwischen dem Tick und dem Tack einer Taschenuhr. Der Standpunkt, den wir wählen wollen, wird vermutlich schon entfernt genug liegen, wenn wir ihn in eine Entfernung setzen, die das Licht in 100 000 Jahren zurücklegt. Soviel wir wissen, würden wir uns an dieser Stelle des Weltraumes in völliger Finsternis befinden, und ein schwarzer und sternloser Himmel würde uns von allen Seiten umgeben. In einer Richtung würden wir aber doch einen großen Fleck in schwachem Lichte sich über einen beträchtlichen Teil des Himmels ausbreiten sehen, ähnlich einer leichten Wolke oder dem ersten Dämmerungsschein der aufgehenden Sonne. Möglicherweise würden noch andere solche Flecke in verschiedenen Richtungen sichtbar sein, aber von diesen wissen wir vorläufig noch nichts. Der eine, von dem eben die Rede war, und den wir kurz das Weltall nennen wollen, soll der Gegenstand einer genaueren Betrachtung werden. Wir wollen uns ihm nähern, wobei es nicht darauf ankommt, ob wir es mit größerer oder geringerer Geschwindigkeit tun. Um z. B. den besagten Lichtfleck in einem Monat zu erreichen, müßten wir millionenmal so schnell wie das Licht eilen.

Während wir uns ihm nähern, breitet er sich vor uns allmählich über den Himmel aus, den er bald halb bedeckt, während hinter uns der Himmelsraum in schwarzer Nacht verbleibt. Schon jetzt können wir hier und da einzelne schimmernde Lichtpunkte in der Masse erkennen. Nach und nach werden diese Lichtpunkte zahlreicher; ja sie scheinen an uns vorüber zu eilen und hinter uns in der Ferne zu verschwinden, während vor uns immer neue in Sicht kommen, genau so wie wir im Eisenbahnzuge Landschaften und Häuser an uns vorüber eilen sehen. Diese Lichtpunkte sind Sterne, von denen bei uns auf der Erde der ganze nächtliche Himmel übersät ist. Wir könnten mit der angenommenen Geschwindigkeit durch die ganze Wolke fliegen, ohne irgend etwas anderes als Sterne zu sehen, abgesehen von einigen großen nebelhaften, in mattem Lichte glänzenden Massen, die dazwischen verstreut liegen.

Aber anstatt unsere Reise mit der bisherigen Geschwindigkeit fortzusetzen, wollen wir lieber unsere Eile mäßigen und einen von den vielen Sternen uns genauer anschauen. Den Zielpunkt unserer weiteren Reise bildet ein ziemlich kleiner Stern; aber während wir auf ihn zueilen, scheint er heller und glänzender zu werden. Nach einiger Zeit strahlt er bereits so hell wie die Venus, unser Morgenstern; bald können wir bei seinem Licht lesen, und schließlich beginnt er unsere Augen zu blenden. Er sieht jetzt aus wie eine kleine Sonne. Dieser Stern ist wirklich unsere Sonne.

Wir wollen jetzt einmal eine Stellung einnehmen, die mit den bisher zurückgelegten Entfernungen verglichen dicht neben der Sonne liegt, obwohl sie nach unserer gewöhnlichen Maßeinheit etwa 1000 Millionen Meilen von der Sonne entfernt zu liegen käme. Wenn wir nun hinunter und um uns herum blicken, sehen wir 8 sternähnliche Punkte in verschiedenen Abständen um die Sonne herum verstreut. Wenn wir sie lange genug beobachten, werden wir sehen, daß sie sich alle um die Sonne bewegen und ihre Bahn in Zeiten zwischen 3 Monaten und mehr als 160 Jahren vollenden. Der fernste dieser Körper ist fast 80mal so weit von der Sonne enternt wie der nächste.

Diese sternähnlichen Punkte sind die Planeten. Bei sorgfältiger Beobachtung bemerken wir, daß sie sich von den Sternen dadurch unterscheiden, daß sie dunkel sind, und nur in reflektiertem Sonnenlicht leuchten.

Besuchen wir nun einen von diesen Planeten. Wir wählen hierzu den dritten in der Reihe, von der Sonne aus gerechnet. Wenn wir uns ihm in der Richtung nähern, die wir als von oben herab bezeichnen wollen, d. h. im rechten Winkel zu einer Verbindungslinie des Planeten mit der Sonne, so sehen wir ihn bald größer und leuchtender werden, und wenn wir ihm bereits sehr nahe gekommen sind, erscheint er uns wie ein Halbmond; die eine Hemisphäre ist dunkel, die andere von den Sonnenstrahlen beschienen. Bei noch größerer Annäherung nimmt der erleuchtete Teil, der immer größer und größer wird, ein gesprenkeltes Aussehen an. Bei noch weiterer Ausbreitung löst er sich in Ozeane und Kontinente auf, die vielleicht zur Hälfte durch Wolken verdunkelt erscheinen. Die Fläche, auf die wir zueilen, dehnt sich immer weiter aus, füllt immer mehr und mehr den Himmelsraum, und wir sehen plötzlich, daß wir eine selbständige Welt vor uns haben. Wir machen hier halt und bemerken jetzt, daß wir uns in bekannter Umgebung, nämlich auf der Erde befinden.

Ein Punkt also, der absolut unsichtbar war, während wir durch die himmlischen Räume flogen, der ein Stern wurde, als wir uns der Sonne näherten, und eine dunkle Kugel, als wir noch näher kamen, ist die Welt, in der wir leben.

Die Reise, die wir soeben in Gedanken unternommen haben, läßt uns einen Hauptsatz der Astronomie erkennen. Die große Masse der Sterne, die den Himmel bei Nacht erfüllen, sind Sonnen wie unsere Sonne, oder um dies richtiger auszudrücken, die Sonne ist lediglich einer von den vielen Sternen des Himmels. Mit ihren Schwestern im Weltraum verglichen, ist sie sogar ein ziemlich kleiner Körper, denn wir kennen zahlreiche Sterne, die wesentlich mehr Licht und Wärme ausstrahlen, als unsere Sonne.

Genau genommen gibt es eigentlich nichts, was unsere Sonne von ihren Hunderten von Schwestern unterscheidet. Ihre hervorragende Bedeutung für uns und ihre so beträchtliche Größe liegt einfach in unserer zufälligen Beziehung zu ihr.

Das ganze Weltall jedoch erscheint uns von der Erde aus genau so, wie es bei unserem Fluge mitten durch die Fixsternwelt hindurch aussah. Nur umgeben uns jetzt diese Weltkörper von allen Seiten, als wenn die Erde in der Mitte des Weltalls stände, wie es die Alten auch annahmen. Der große Unterschied zwischen dem jetzigen Aussehen des Himmels und dem Anblick desselben von einem Punkte in sternenweiter Entfernung beruht in der jetzt hervortretenden besonderen Stellung der Sonne und der Planeten gegenüber der Fixsternwelt. Die Sonne ist ja so hell, daß sie bei Tage die Sterne völlig auslöscht. Wenn wir jedoch ihre Strahlen in irgend einer Entfernung von ihrem Rande abblenden könnten, so würden wir ringsherum die Sterne ebenso deutlich am Tage wie in der Nacht sehen.

Größe des Weltalls.

Wir wollen jetzt das, was wir über das Weltall im allgemeinen kennen gelernt haben, mit dem, was wir von der Erde aus am Himmel sehen, in Verbindung bringen.

Die Himmelskörper lassen sich nach dem Vorangehenden in zwei Klassen einteilen. Die eine umfaßt die Millionen von Sternen, von deren Anordnung und Erscheinung eben die Rede war, die andere betrifft einen einzelnen Stern, der für uns der wichtigste von allen ist, und die mit ihm verbundenen Weltkörper. Diese Vereinigung von Weltkörpern, mit der Sonne im Zentrum, bildet eine kleine Kolonie für sich, die wir das Sonnensystem nennen wollen. Das charakteristische Merkmal dieses Systems ist die außerordentliche Kleinheit seiner Dimensionen im Vergleich mit den Entfernungen zwischen den Sternen. Rund um das Sonnensystem herum liegen, soviel wir wissen, ganz leere Räume bis zu enormen Entfernungen. Wenn wir die ganze Breite dieses Systems rasch durchfliegen könnten, so würden wir doch nicht fähig sein, mit unseren Sinnen zu erkennen, daß wir den Sternen vor uns irgend wie näher gekommen sind, noch würden die Sternbilder in irgend einer Weise anders erscheinen als von unserer Erde aus. Nur ein mit den feinsten Instrumenten bewaffneter Astronom würde durch exakteste Beobachtungen kleine Veränderungen entdecken können, und auch diese nur in der Stellung der näher gelegenen Sterne.

Um eine Vorstellung von den Größen und Entfernungen der Himmelskörper zu gewinnen, wollen wir das Sonnensystem an einem kleinen Modell betrachten. Stellen wir uns vor, daß in diesem Modell die Erde, auf der wir leben, durch ein Senfkorn dargestellt wird. Der Mond wird dann ein Teilchen von ungefähr $^1/_4$ des Durchmessers von diesem Senfkorn sein, und 3 cm von der Erde entfernt stehen. Die Sonne könnte 10 m davon entfernt durch einen großen Apfel dargestellt werden. Die übrigen Planeten, von der Größe eines unsichtbaren Teilchens bis zu der Größe einer Erbse, hätte man sich dann in Entfernungen von der Sonne zu denken, die zwischen 4 m und 300 m liegen. Wir müßten uns dann alle diese kleinen Körper unter Innehaltung ihrer Entfernung von der Sonne sich langsam um dieselbe in Bewegung gesetzt denken; ein vollständiger Umlauf würde dann in Zeiträumen vollendet werden, die zwischen 3 Monaten und 165 Jahren liegen. Das Senfkorn, unsere Erde, führt seinen Umlauf im Zeitraum eines Jahres aus und der Mond, der es begleitet, macht diesen Weg mit, indem er in jedem Monat eine Umdrehung um die Erde vollendet.

In diesem Maßstabe kann der Grundriß des ganzen Sonnensystems auf einem Felde von einer Quadratmeile bequem Platz finden. Außerhalb dieses Feldes würden wir einen Raum, größer als Europa ohne einen sichtbaren Körper finden, einige an seinem Rande herumstreifende Kometen vielleicht ausgenommen. Weit außerhalb dieser Grenzen würden wir erst den nächsten Stern finden, der gleich unserer Sonne durch einen großen Apfel darzustellen wäre. In noch weiteren Entfernungen nach jeder Richtung würden andere Sterne zu finden sein, aber im Durchschnitt würden sie so weit voneinander abstehen, wie der nächste Stern von der Sonne entfernt ist. Ein Raum des kleinen Modells, der so groß wie die ganze Erde ist, würde nur zwei oder drei Sterne enthalten.

Wir lernen daraus, daß wir bei einem Fluge durch das Weltall, wie wir ihn uns vorstellten, einen so unbedeutenden kleinen Körper, wie unsere Erde es ist, ohne weiteres übersehen würden, selbst bei sorgfältiger Suche danach. Wir würden jemandem gleichen, der Europa durchquert, um ein Senfkorn zu finden, von dem er nur soviel weiß, daß es irgendwo auf diesem Kontinent versteckt ist. Selbst den glänzenden strahlenden Apfel, der die Sonne darstellt, würden wir übersehen, wenn wir nicht zufällig in seine Nähe kämen.

Der Anblick des Himmels von der Erde aus.

Die ungeheuren Entfernungen, die uns von den Himmelskörpern trennen, machen es unmöglich, uns einen klaren Begriff von den Dimensionen des Weltalls zu bilden, und es ist daher sehr schwer, die tatsächlichen Beziehungen der Himmelskörper zur Erde zu begreifen. Wenn es beim Anblick eines Körpers am Himmel irgend ein Mittel gäbe, seine Entfernung zu schätzen, und wenn unsere Augen so scharf wären, daß wir die kleinsten Gebilde auf der Oberfläche der Planeten oder Sterne sehen könnten, so würde der wirkliche Aufbau des Weltalls von der Zeit an erkannt worden sein, als die Menschen überhaupt anfingen, den Himmel zu beobachten. Ein wenig Überlegung zeigt uns, daß bei einer Entfernung von der Erde, sagen wir bis zu dem Zehntausendfachen ihres Durchmessers, sie uns bei voller Beleuchtung durch das Sonnenlicht genau wie ein Stern erscheinen würde, ohne jede erkennbare Gestalt. Die Alten hatten keinen Begriff von solchen Entfernungen und vermuteten daher, daß die Himmelskörper und naturgemäß auch die Planeten in ihrer physischen Beschaffenheit gänzlich verschieden von der Erde seien. Selbst wir sind beim Anblick des Himmels unfähig zu begreifen, daß die Sterne millionenmal entfernter als die Planeten sind, denn Planeten wie Fixsterne sehen so aus, als wenn sie in gleicher Entfernung von der Erde über die Himmelskugel ausgestreut wären. Ihre wirkliche Stellung und Entfernung können wir nur durch lange andauernde Beobachtungen, durch Nachdenken und Überlegung kennen lernen.

Aus der Unmöglichkeit, sich von den enormen Unterschieden der Entfernungen von Objekten auf der Erde und am Himmel eine Vorstellung zu machen, entsteht die Hauptschwierigkeit, wenn wir uns im Geiste ein Bild von den wirklichen Verhältnissen im Weltenraum machen wollen. Es soll hier versucht werden, diese Beziehungen in einfachster Weise dadurch zu erklären, daß wir die wirklichen Verhältnisse mit den scheinbaren in Verbindung bringen.

Stellen wir uns vor, die Erde würde uns unter den Füßen fortgezogen und ließe uns mitten im Raum schwebend zurück; wir würden dann die Himmelskörper — Sonne, Mond, Planeten und Sterne — uns in allen Richtungen umgeben sehen; oben und unten, links und rechts würde das Auge nichts Anderes erblicken, und alle diese Körper würden in derselben Entfernung von uns über die innere Fläche einer Hohlkugel verteilt erscheinen, in deren Zentrum wir stehen. Da einer der Endzwecke der Astronomie darin besteht, weniger die absolute Entfernung, als die Richtung und Richtungsunterschiede unter den Himmelskörpern zu erkennen, so spricht man in der Astronomie von dieser scheinbaren Kugel, als ob sie in Wirklichkeit existierte. Man nennt sie die Himmelskugel. In dem Fall von dem soeben die Rede war, bei dem wir uns die Erde fort dachten, würden alle Himmelskörper sich scheinbar in Ruhe befinden. Die Sterne würden für den Beobachter Tag für Tag, Woche für Woche stillstehen. Allerdings würde er die Planeten, wenn er sie einige Tage oder Wochen beobachtete, in ihrer langsamen Bewegung um die Sonne verfolgen können, aber auch das würde nicht gleich bemerkbar sein. Der erste Eindruck wäre der, daß die Kugel aus einer festen Kristallmasse besteht, und daß die Himmelskörper an ihrer inneren Fläche befestigt sind. Die Alten hatten tatsächlich diese Anschauung; sie kamen indessen der Wahrheit insofern näher, als sie zur Darstellung der verschiedenen Entfernungen der Himmelskörper eine ganze Anzahl solcher übereinanderliegender Kristallsphären annahmen.

Versetzen wir uns wieder auf die Erde. Im Verhältnis zu der Größe des Himmels ist die Erde nichts weiter als ein Punkt, obwohl sie, wenn wir auf ihr stehen, uns die eine Hälfte des Weltalls abschneidet, gerade wie ein Apfel für das Auge eines auf ihm kriechenden Insektes die Hälfte eines Zimmers verdecken würde. Nun wissen wir, daß die Erde nicht still steht, sondern sich fortwährend um die durch ihren Mittelpunkt gehende Achse dreht. Die natürliche Folge davon ist eine scheinbare Drehung der Himmelskugel in der entgegengesetzten Richtung. Die Erde dreht sich von Westen nach Osten, daher scheint der Himmel sich von Osten nach Westen zu drehen. Diese wirkliche Bewegung der Erde und die dadurch verursachte scheinbare Bewegung der Sterne wird die tägliche Bewegung genannt, weil sie sich innerhalb eines Tages vollzieht.

2. Die scheinbare tägliche Umdrehung der Himmelskugel.

Unsere nächste Aufgabe soll sein, die Beziehungen zwischen dem sehr einfachen Begriff der Umdrehung der Erde und der mehr komplizierten Erscheinung, die durch die scheinbare tägliche Bewegung der Sterne bewirkt wird, zu erläutern. Letztere variiert nämlich je nach der geographischen Lage des Beobachtungspunktes auf der Erdoberfläche. Wir wollen damit beginnen, die tägliche Bewegung der Gestirne in unseren mittleren nördlichen Breiten zu betrachten.

Zu diesem Zwecke wollen wir uns einen hohlen Globus denken, der die Himmelskugel vorstellt. Wir können ihn beliebig groß wählen, aber einer von 10—20 m Durchmesser würde bereits unserem Zwecke entsprechen.

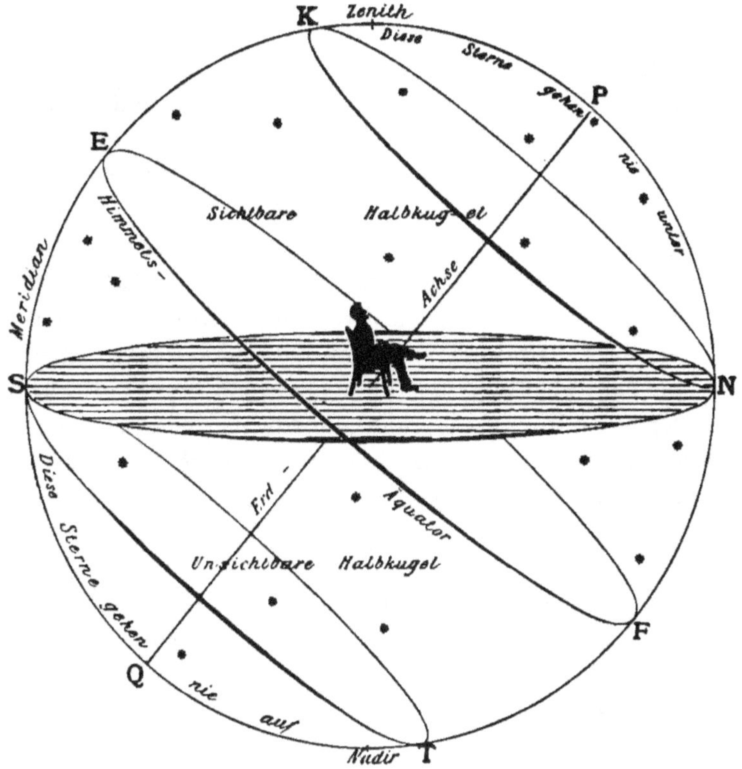

Fig. 1. Anblick der Himmelskugel.

Fig. 1 soll die Ansicht des Globus wiedergeben, der an zwei Zapfen *P* und *Q* befestigt ist, so daß er sich um die Achse *PQ* drehen kann. In der Mitte haben wir eine horizontale Plattform *NS*, deren Mitte unseren Beobachtungsplatz darstellen mag. Die Konstellationen mögen auf der Innenseite des Globus bezeichnet sein. Sie bedecken seine ganze innere

Fläche, diejenigen der unteren Hälfte sind jedoch dem Blick des Beobachters durch die Plattform entzogen. Es dürfte dem Leser klar sein, daß diese Plattform den Horizont darstellen soll.

Der Globus werde nun um die Zapfen *P* und *Q* gedreht. Was wird nun geschehen? Wir werden die dem Zapfen *P* zunächst stehenden Sterne sich um den letzteren drehen sehen. Die Sterne im Kreise *KN* werden den Rand der Plattform im Punkte *N* gerade streifen, während die weiter vom Zapfen entfernten Objekte je nach ihrem Abstande von *P* mehr oder weniger unter die Plattform tauchen werden. Sterne nahe dem Kreise *EF* halbwegs zwischen *P* und *Q* werden ihre Bahn halb oberhalb und halb unterhalb der Plattform vollenden. Endlich werden die Sterne innerhalb des Kreises *ST* sich niemals über die Oberfläche der Plattform erheben, und daher für uns dauernd unsichtbar bleiben.

Für den Erdbewohner stellt der Himmelsraum solch einen Globus von unendlichen Dimensionen dar, der sich in fortwährender Umdrehung um einen festen Zapfenpunkt am Himmel befindet. In ungefähr einem Tage vollendet dieser natürliche Globus eine Umdrehung und führt Sonne, Mond und die Sterne mit sich herum. Die Sterne behalten dabei ihre relative Stellung bei, als wenn sie an der sich drehenden Himmelskugel befestigt wären; mit anderen Worten, wenn wir von ihnen Photographien zu zwei verschiedenen Stunden der Nacht herstellen, so werden diese Photographien genau dasselbe Aussehen zeigen.

Der Zapfen, der mit *P* korrespondiert, wird der nördliche Himmelspol genannt. Für Bewohner der mittleren nördlichen Breiten liegt er am nördlichen

Himmel, fast in der Mitte zwischen dem Scheitelpunkt und dem nördlichen Horizont. Je südlicher wir sind, desto näher steht er dem Horizont; hieraus findet man, daß seine Erhebung über dem Horizont gleich der geographischen Breite des Beobachtungsortes ist. Ganz nahe am Pol steht der Polarstern, auf dessen genauere Stellung am Himmel wir später noch zurückkommen werden. Bei gewöhnlicher Beobachtung scheint dieser Stern sich niemals von der Stelle zu bewegen. Gegenwärtig ist er wenig mehr als einen Grad oder zwei Vollmondbreiten vom Pol entfernt.

Dem nördlichen Himmelspol gegenüber, daher so weit unter unserem Südhorizont, als der nördliche Pol über dem Nordhorizonte steht, liegt der südliche Himmelspol.

Es ist unverkennbar, daß die tägliche Bewegung der Sonne und der Sterne in unseren Breiten schräg gegen den Horizont erfolgt. Wenn die Sonne im Osten aufgeht, scheint sie nicht steil vom Horizont aufzusteigen, sondern sie bewegt sich nach Süden hinüber, in einem mehr oder weniger spitzen Winkel zum Horizont. Ebenso wenn sie untergeht, ist ihre Bewegung in der Richtung zum Horizont wieder geneigt.

Wir wollen uns weiterhin vorstellen, daß wir die eine Spitze eines Zirkels am nördlichen Himmelspol P festsetzen und mit dem Abstand des Pols vom Horizonte PN als Radius einen Kreis über die Himmelskugel ziehen. Dieser Kreis berührt an seinem niedrigsten Punkte den nördlichen Horizont und erstreckt sich in unseren Breiten an seinem höchsten Punkte ein wenig über den Scheitelpunkt hinaus. Die Sterne innerhalb dieses Kreises gehen nie auf und nie unter, sondern vollenden ihren täglichen Lauf um den Pol stets oberhalb des Horizontes. Der von uns gezogene Kreis ist somit die Grenze der sogenannten Zirkumpolarsterne.

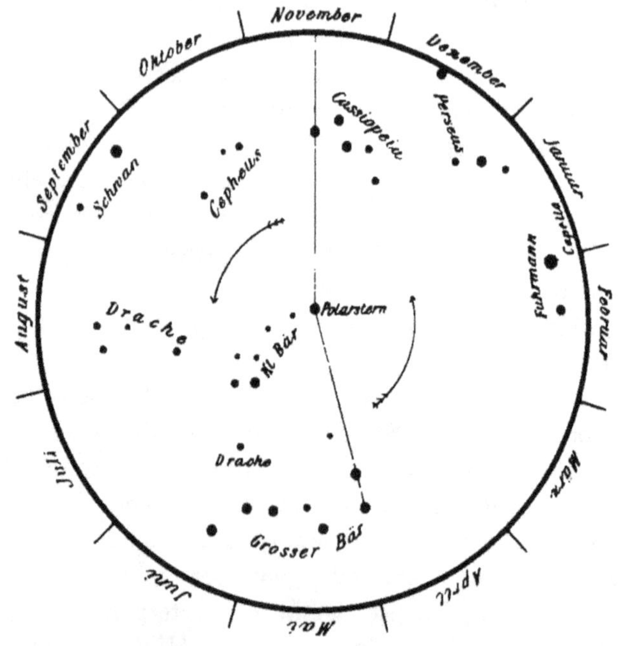

Fig. 2. Die in Europa zirkumpolaren Sternbilder und der Polarstern.

Die weiter südlich gelegenen Sterne gehen bereits auf und unter und vollenden nur einen Teil ihrer täglichen Bahn — die nördlichen mehr, die südlichen weniger — oberhalb unseres Horizontes; in der Nähe des Südpunktes zeigen sie sich kaum noch. Sterne, die noch südlicher stehen, gehen in unseren Breiten überhaupt nie auf.

Fig. 2 zeigt die hauptsächlichsten Zirkumpolarsterne des nördlichen Himmels für Mitteleuropa. Wenn wir die Karte so halten, daß einer der am Rande bezeichneten Monate oben steht, so werden wir die Sternbilder so vor uns haben, wie sie in dem betreffenden Monat ungefähr um 8 Uhr abends zu sehen sind. Den Polarstern, im Zentrum der Karte, finden wir leicht durch die Richtung der beiden letzten Sterne des großen Bären, wie es die Figur andeutet.

Nun wollen wir unsere geographische Breite ändern und zusehen, was dann geschieht. Wenn wir nach dem Äquator zu reisen, ändert sich die Lage unseres Horizonts und der Polarstern sinkt fortwährend tiefer und tiefer. Wenn wir uns dem Äquator nähern, steht er bereits dicht über dem Horizont, und erreicht ihn, sobald wir den Äquator erreichen. Zugleich wird auch der Kreis der Zirkumpolarsterne immer kleiner, bis er am Äquator zu existieren aufhört, da hier beide Pole im Horizont liegen. Hier erscheint uns auch die tägliche Bewegung des Himmels ganz anders, als bei uns auf der nördlichen Halbkugel. Sonne, Mond und Sterne beschreiben am Äquator vom Aufgang an ihren Weg senkrecht aufwärts; wenn ein Gestirn gerade im Osten aufgeht, so geht es auch später durch den Scheitelpunkt, den man auch Zenit nennt. Ein anderes, das südlich vom Ostpunkt aufgeht, zieht südlich vom Zenit weiter; ein anderes, das nördlich vom Ostpunkt aufgeht, bewegt sich nördlich am Zenit vorbei.

Reisen wir weiter nach der südlichen Erdhalbkugel, so finden wir, daß die Sonne, während sie immer noch im Osten aufgeht, doch meist nördlich am Zenit vorbeigeht. Der Hauptunterschied zwischen der Bewegung der Sonne auf den beiden Erdhälften ist der, daß jetzt, wo sie ihre größte Höhe im Norden erreicht, ihre scheinbare Bewegung nicht im Sinne des

Uhrzeigers erfolgt, wie bei uns, sondern in der entgegengesetzten Richtung. In mittleren südlichen Breiten verbleiben bereits die uns so vertrauten nördlichen Sternbilder dauernd unter dem Horizont, dagegen sehen wir neue im Süden auftauchen. Einige von ihnen, z. B. das südliche Kreuz, sind berühmt wegen ihrer Schönheit. Es ist sogar behauptet worden, daß der südliche Himmel schöner sei und mehr Sterne enthalte als der nördliche. Aber diese Ansicht ist jetzt als unrichtig erkannt. Sorgfältige Studien und Zählungen haben ergeben, daß die Sterne ungefähr gleichmäßig über beide Hemisphären verteilt sind. Wahrscheinlich ist der erwähnte Eindruck durch die größere Klarheit des Himmels in den südlichen Breiten entstanden, denn aus irgend einem Grunde, vielleicht infolge des trockenen Klimas, ist die Luft in den südlichen Gebieten Afrikas und Amerikas weniger mit Dunst und Nebel erfüllt als in unseren nördlichen Gegenden.

Was wir über die tägliche Bewegung der Sterne um den nördlichen Himmelspol herum gesagt haben, trifft auch bei den Sternen des südlichen Himmels zu. Ein südlicher Polarstern existiert jedoch nicht, und es gibt daher auch nichts, was die Stellung des südlichen Pols bezeichnet. Es sind zwar in seiner Nähe eine Anzahl schwacher Sterne vorhanden, aber sie stehen nicht dichter als in irgend einer anderen Gegend des Himmels. Natürlich hat auch jeder Ort der südlichen Erdhalbkugel seinen Kreis zirkumpolarer Sterne, der desto größer wird, je südlicher wir reisen. Auch hier gehen die Sterne in einem bestimmten Umkreise um den südlichen Himmelspol nie unter, sondern kreisen einfach um ihn herum, anscheinend in entgegengesetzter Richtung wie im Norden. Ebenso gibt es dort einen Grenzkreis beständiger Unsichtbarkeit, der die Gegend um den Nordpol umfaßt, also gerade diejenigen Sterne, die in unseren Breiten nie untergehen. Sobald wir den 20. Grad südlicher Breite überschreiten, sehen wir z. B. nichts mehr vom kleinen Bären, und noch weiter südlich wird auch der große Bär sich nur gelegentlich in größerer oder kleinerer Ausdehnung über dem Horizont zeigen.

Könnten wir unsere Reise bis zum Südpol ausdehnen, so würden wir hier keine Sterne mehr auf- und untergehen sehen; sie würden sich alle in horizontalen Kreisen um den im Zenit stehenden unsichtbaren Pol bewegen. Selbstverständlich tritt dieselbe Erscheinung auch am Nordpol auf.

Beziehungen zwischen Zeit und geographischer Länge.

Wir wissen, daß eine Linie, die durch irgend einen Punkt der Erde in nordsüdlicher Richtung gezogen wird, der Meridian dieses Ortes genannt wird. Genauer ausgedrückt ist ein Meridian auf der Erdoberfläche ein vom Nord- zum Südpol gezogener Halbkreis. Solche Halbkreise gehen vom Nordpol nach allen Richtungen hin, und man kann sie durch jeden beliebigen Punkt der Erdoberfläche ziehen. Der Meridian der königl. Sternwarte in Greenwich wird jetzt allgemein als Normalmeridian betrachtet, nach dem geographische Längen gemessen und auf See fast überall die Uhren gestellt werden. Jedem irdischen Meridian entspricht ein Himmelsmeridian, der durch den Himmelspol und durch das Zenit geht, den Horizont an seinem Südpunkt durchschneidet und schließlich den Südpol trifft. Bei ihrer Achsendrehung führt die Erde den irdischen Meridian mit sich, so daß er im Laufe eines Tages die ganze Himmelsphäre bestreicht. Uns erscheint es daher, als ob jeder Punkt des Himmels im Laufe eines Tages einmal im Süden und einmal im Norden durch den Meridian ginge.

12 Uhr mittags ist die Zeit, zu der die Sonne den Meridian passiert. Früher pflegte man die Uhren nach der Sonne zu stellen, aber infolge der Lage und der nicht kreisförmigen Gestalt der Erdbahn sind die Zeiten zwischen zwei aufeinanderfolgenden Sonnendurchgängen nicht immer ganz gleich, und die Sonne passiert den Meridian manchmal vor und manchmal nach Ablauf von genau 24 Stunden. Seitdem man dies weiß, unterscheidet man zwischen einer wahren und einer mittleren Zeit. Wahre Zeit nennt man die durch die unregelmäßige Bewegung der Sonne bestimmte Zeit, mittlere Zeit dagegen diejenige, die eine beständig richtig gehende Uhr zeigt. Der Unterschied zwischen diesen beiden Zeiten wird die Zeitgleichung genannt. Sie erreicht den höchsten Betrag um den ersten November und um Mitte Februar; Anfang November geht die Sonne 16 Minuten bevor die Uhr 12 Uhr mittags zeigt, im Februar 14 Minnten nach 12 Uhr durch den Meridian.

Um die ausgeglichene mittlere Zeit zu bestimmen, nehmen die Astronomen eine mittlere Sonne an, die sich immer am Himmlsäquator entlangt bewegt und den Meridian in völlig gleichen Zwischenzeiten passiert. Diese mittlere Sonne geht manchmal der wirklichen Sonne voraus, manchmal bleibt sie hinter ihr zurück. Sie allein bestimmt die Tageszeit.

Das Ganze wird vielleicht verständlicher, wenn wir uns die Erde für einen Moment stillstehend denken, während die mittlere Sonne sich um sie dreht und den Meridian aller Orte nacheinander durchschneidet. Wir denken uns also gewissermaßen die Mittagsstunde in fortwährender Reise um die Welt. In unseren Breiten bewegt sie sich rund 300 m in der Sekunde fort, d. h., wenn es an irgend einem Punkt, auf dem wir gerade stehen, 12 Uhr ist, wird es eine Sekunde später ungefähr 300 m weiter westlich 12 Uhr sein, in einer weiteren Sekunde wieder 300 m westlich, und so fort, bis es nach 24 Stunden wieder Mittag an dem Punkte ist, wo wir stehen. Infolgedessen haben zwei Orte, die auf demselben Meridian liegen, stets dieselbe Zeit; dagegen herrscht niemals an zwei Orten, die westlich oder östlich voneinander liegen, in demselben Augenblick die gleiche Tageszeit. Wenn wir nach Westen reisen, werden wir finden, daß an allen Orten, die wir erreichen, unsere Uhren vorgehen, während auf einer Fahrt nach Osten die Uhren nachgehen. Die von Ort zu Ort wechselnde Zeit wird Ortszeit oder astronomische Zeit genannt. Die letztere Bezeichnung ist darum üblich, weil bei astronomischen Beobachtungen in der Regel diese mittlere Ortszeit angegeben wird.

Die Normalzeiten.

Noch vor wenigen Jahren verursachte die Ortszeit den Reisenden manche Unbequemlichkeiten. Jede Bahnverwaltung ließ ihre Züge nach einer anderen Zeit abgehen, und gar oft verpaßte der Reisende den Anschluß, weil ihm der Zeitunterschied zwischen seiner Uhr und den Angaben der betreffenden Eisenbahnuhr nicht bekannt war. Aus diesen und anderen Gründen wurden gegen Ende des vorigen Jahrhunderts von den meisten Kulturstaaten der Erde sogenannte Normalzeiten eingeführt, die sich der mittleren Ortszeit des betreffenden Landes möglichst anpassen, sich aber dabei von der Greenwicher Zeit um volle Stunden unterscheiden. Hiernach wird z. B. für die Zeitrechnung im ganzen Deutschen Reich seit 1893 als Normalmeridian derjenige angenommen, dessen Länge von Greenwich genau 1 Stunde oder 15° Ost beträgt, dessen Ortszeit somit der Greenwicher Zeit gegenüber genau um 1 Stunde voraus ist. Der Zeitmoment also, in dem die Sonne um 12 Uhr mittags diesen Normalmeridian passiert, der etwa durch Stargard i. P. geht, wird als Grundlage der Zeitrechnung für das ganze Deutsche Reich östlich und westlich von diesem Normalmeridian benutzt. Die so definierte, außer in Deutschland auch in Österreich-Ungarn, Schweden, Norwegen, Dänemark, der Schweiz und Italien gebräuchliche Zeit wird Mitteleuropäische Zeit genannt, zum Unterschied von der Westeuropäischen (Greenwicher) und der Osteuropäischen Zeit, von denen die letztere durch den 30. Längengrad östlich von Greenwich bestimmt wird. In Nordamerika sind seit 1883 vier sogenannte Standardzeiten, die östliche, Zentral-, Berg- und Pazific-Zeit, gebräuchlich, die 5, 6, 7 und 8 Stunden gegenüber Greenwich zurückliegen.

Der Zeitunterschied zwischen den Ortszeiten zweier Punkte der Erdoberfläche ergiebt sofort ihren Längenunterschied. Man stelle sich vor, daß ein Beobachter in Berlin in dem Augenblick auf einen Telegraphentaster drückt, wenn es bei ihm genau Mittag ist, d. h. wenn die Sonne gerade den Meridian von Berlin passiert, und daß auch der Moment des Sonnendurchgangs in Greenwich dort in gleicher Weise registriert wird. Der Zeitunterschied zwischen den beiden Aufzeichnungen ist gleich dem Längenunterschied der beiden Orte. Dasselbe Resultat wird erhalten, wenn jeder Beobachter dem anderen zu einer beliebigen Tageszeit seine genaue Ortszeit telegraphiert.

Die Datumgrenze.

Mitternacht wandert fortwährend um die Erde und passiert nacheinander alle Meridiane. Bei jedem bezeichnet sie den Beginn eines neuen Tages auf dem betreffenden Meridian. Wenn es bei einem Durchgang Montag ist, wird es beim nächsten Mal Dienstag sein. Es muß also einen Meridian geben, wo Montag zu Dienstag wird, d. h. wo ein Wochentag in den nächsten plötzlich übergeht. Dieser Übergangsmeridian oder die sogenannte Datumgrenze kann nur nach internationalem Übereinkommen festgesetzt werden.

Als die Kolonisation sich nach Osten und Westen ausdehnte, brachten die Menschen die Wochentage gewissermaßen mit sich. Wenn die Reisen so weit gingen, daß die nach Osten Fahrenden denen, die nach Westen reisten, begegneten, so differierte die Zeitrechnung beider um einen vollen Tag. Was für den westwärts Reisenden noch Montag war, war für den ostwärts Reisenden bereits Dienstag geworden. Dies war z. B. der Fall, als Amerika Alaska erwarb. Die Russen hatten dieses Land von Westen her erreicht, und als die Amerikaner, von Osten kommend, es zu kolonisieren begannen, stellte es sich heraus, daß der amerikanische Sonnabend bereits russischer Sonntag war. Dies gab zu der Frage Veranlassung, ob die Einwohner beim Feiern der Sonntage und griechisch-katholischen Festtage sich nach der alten oder neuen

Tageszählung richten sollten. Die Frage wurde dem Oberhaupt der griechischen Kirche in St. Petersburg, zuletzt auch Struve als dem Direktor der Russischen Haupt-Sternwarte in Pulkowo zur Entscheidung vorgelegt. Struve entschied zu Gunsten der amerikanischen Zeitrechnung, die seitdem für Alaska maßgebend geworden ist.

Heute ist es allgemeiner Brauch, die Datumgrenze auf den Meridian zu verlegen, der dem Meridian von Greenwich gegenüber liegt. Dieser geht durch den Stillen Ozean und berührt auf seinem Wege sehr wenig Land; nur der nordöstliche Zipfel von Asien und die Fidschi-Inseln werden von ihm durchquert. Dieser glückliche Umstand verhindert ernstliche Unbequmlichkeiten, die ohne Frage entstehen würden, wenn die Datumgrenze durch das Innere eines dicht bevölkerten Landes ginge. In einem solchen Falle würden die Bewohner eines Ortes mit denen eines benachbarten jenseits der Datumgrenze in der Tageszählung um einen Tag differieren; es würde sogar möglich sein, daß die Bewohner auf den beiden Seiten einer und derselben Straße an verschiedenen Tagen Sonntag hätten. Auf dem Ozean dagegen bringt das Überspringen eines Wochentages keinerlei Schwierigkeiten mit sich. Die Datumgrenze braucht sogar nicht notwendigerweise gerade ein Meridian zu sein, sondern kann nach der einen oder anderen Seite etwas abweichen, um in ihrer ganzen Ausdehnung in den Bereich des Ozeans zu fallen. So zählen die Bewohner der Chatham-Inseln dieselben Wochentage wie die benachbarte Insel Neu-Seeland, trotzdem der Übergangsmeridian sie von einander trennt.

3. Wie der Ort eines Himmelskörpers bestimmt wird.

In diesem Kapitel müssen einige technische Ausdrücke gebraucht und erklärt werden. Die Begriffe, die sie ausdrücken, sind notwendig für ein vollkommenes Verständnis der Bewegungen am Himmel und der Ortsbestimmung der Sterne. Für diejenigen Leser, die nur einen allgemeinen Begriff von den Himmelserscheinungen erhalten wollen, ist dieses Kapitel nicht unbedingt notwendig. Ich wende mich hier an solche, die sich eine etwas gründlichere Kenntnis astronomischer Dinge erwerben und sich genauer mit dem Studium des Himmels beschäftigen möchten.

Betrachten wir zunächst Figur 3. Wir sehen hier zwei Kugeln; die eine von diesen Kugeln ist der wirkliche Erdball, auf dessen Oberfläche wir stehen. und der uns bei seiner fortwährenden täglichen Umdrehung mit sich herumführt. Die andere ist die scheinbare Himmelskugel, die unseren Erdball von allen Seiten in unendlicher Entfernung umgibt, und die wir uns, trotzdem sie in Wirklichkeit nicht existiert, doch vorstellen müssen, um zu erkennen, in welcher Richtung wir die Himmelskörper überhaupt zu suchen haben. Es ist zu beachten, daß wir in Wirklichkeit diese Kugel von ihrem Zentrum aus betrachten, so daß für uns sich alles auf ihrer inneren Oberfläche abspielt, während wir die Oberfläche der Erde nur von außen sehen.

Zwischen den Punkten und Kreisen auf beiden Kugeln herrscht vollkommene Übereinstimmung. Wir haben schon gezeigt, wie die Erdachse, die unseren Nord- und Südpol bestimmt, auch den Nord- und Südpol der Himmelskugel trifft, wenn wir sie in beiden Richtungen durch den Raum verlängern.

Wir wissen, daß der Äquator in gleicher Entfernung von beiden Polen rings um die Erde läuft. Ebenso haben wir an der Himmelskugel einen Himmelsäquator, der 90 Grad von beiden Polen entfernt liegt. Wenn er am Himmel wirklich gezogen werden könnte,

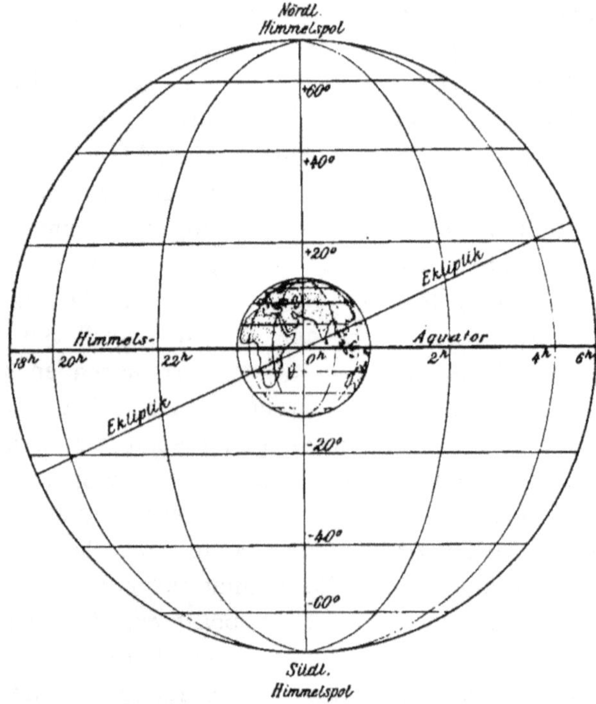

Fig. 3. Kreise an der Himmelskugel.

würden wir ihn ohne Unterbrechung, Tag und Nacht, in derselben Richtung und Lage am Himmel sehen; er würde den Horizont genau in seinem Ost- und Westpunkt schneiden. Der Bogen, den die Sonne in den 12 Stunden ihres Aufenthalts oberhalb des Horizontes Ende März oder Ende September am Himmel scheinbar beschreibt, entspricht fast genau der Lage des

Himmelsäquators über dem Horizont. Bei uns in Deutschland liegt der höchste Punkt des Himmelsäquators ungefähr halbwegs zwischen dem Zenit und dem südlichen Horizont; er steht dem Zenit desto näher, je südlicher wir sind, und nähert sich desto mehr dem Horizont, je weiter nach Norden wir reisen. Ebenso wie wir nördlich und südlich vom Erdäquator parallel laufende Breitengrade um die Erde annehmen, unterscheiden wir auch an der Himmelskugel Kreise, die parallel mit dem Himmelsäquator verlaufen, und deren Mittelpunkte auf der Verbindungslinie der beiden Himmelspole, der Weltachse, liegen. Ebenso wie die Breitenkreise auf der Erde kleiner und kleiner nach dem Pol zu werden, so werden auch die entsprechenden Kreise an der Himmelskugel kleiner und kleiner, je näher wir einem der Himmelspole kommen.

Wir wissen, daß die geographische Länge auf der Erde nach dem Meridian bestimmt wird, der vom Nord- zum Südpol durch den Ort geht, dessen Lage bestimmt werden soll. Der Winkel, den dieser Meridian mit dem Meridian der Sternwarte in Greenwich bildet, ist die geographische Länge des Ortes.

Dasselbe System haben wir auch am Himmel. Wir denken uns wieder Kreise von einem Himmelspol zum anderen nach jeder Richtung gezogen, die alle den Äquator unter rechten Winkeln schneiden, wie Fig. 3 zeigt. Diese Kreise werden Stundenkreise genannt. Der eine von ihnen heißt Stundenkreis Null und ist so auf Fig. 3 bezeichnet. Er geht durch das Frühlingsäquinoktium, einen Punkt des Himmelsäquators, dessen Bedeutung im nächsten Kapitel erklärt werden soll.

Der Ort eines Sterns an der Himmelskugel wird nun in derselben Weise angegeben, wie die Lage einer Stadt auf der Erde, nämlich durch Länge und Breite. Aber es sind für diese beiden Begriffe in der Astronomie andere Bezeichnungen üblich. Die Größe, die der Länge entspricht, wird Rektaszension oder gerade Aufsteigung genannt; die Winkelgröße dagegen, die der Breite entspricht, heißt Deklination oder Abweichung. Wir haben also die folgenden Definitionen zu unterscheiden, deren Bedeutung von großer Wichtigkeit ist.

Die Deklination eines Sterns ist seine scheinbare Winkelentfernung vom Himmelsäquator, nord- oder südwärts gerechnet.

Die Rektaszension eines Sternes an der Himmelskugel ist der Winkel, den der ihn schneidende Stundenkreis mit dem Stundenkreis Null bildet, also mit demjenigen Stundenkreise, der durch das Frühlingsäquinoktium geht.

Die Rektaszension eines Sternes wird nach astronomischem Brauch gewöhnlich in Zeitmaß, in Stunden, Minuten und Sekunden ausgedrückt, wie Fig. 3 zeigt. Aber sie kann ebenso in Graden ausgedrückt werden, wie wir es bei Bestimmung der Länge eines Ortes auf der Erde auch tun. Der in Stunden, Minuten und Sekunden ausgedrückte Winkelwert kann in Grade, Bogenminuten und Bogensekunden durch einfache Multiplikation mit 15 umgerechnet werden, da die Erde sich in einer Stunde genau um 15 Grad, in einer Minute genau um 15 Bogenminuten u. s. f. weiter dreht. Fig. 3 zeigt auch, daß während die Deklinationsgrade am ganzen Himmel die gleiche Größe haben, die Rektaszensionsgrade vom Himmelsäquator ab gerechnet fortwährend abnehmen, anfangs langsam, dann schneller, genau ebenso, wie die Längengrade auf der Erde. Am Äquator hat z. B. der Längengrad eine Ausdehnung von 111 km; bei dem 45. Breitengrad beträgt seine Länge nur noch ungefähr 79 km, bei 60 Grad Breite sind es schon weniger als 56 km, und am Pol wird jeder Längenunterschied Null, weil dort alle Meridiane in einem Punkte zusammenlaufen. Die lineare Umdrehungsgeschwindigkeit der Erde folgt demselben Gesetze der Abnahme. Da am Äquator 15 Grad ungefähr 1700 km darstellen, so rotiert hier die Erde mit einer Geschwindigkeit von 1700 km in der Stunde oder rund 460 m in der Sekunde, Bei 45 Grad Breite hat sich die Geschwindigkeit bereits bis auf etwas weniger als 330 m in der Sekunde verringert und bei 60 Grad Breite ist sie nur halb so groß wie am Äquator, um schließlich bei den Polen auf Null herabzusinken.

4. Die jährliche Bewegung der Erde.

Es ist bekannt, daß die Erde sich nicht nur um ihre Achse dreht, sondern daß sie auch einen jährlichen Umlauf um die Sonne vollendet. Die Folge dieser Bewegung oder richtiger die Erscheinung, durch die sie uns bemerkbar wird, ist der jährliche Umlauf der Sonne an der Himmelskugel unter den Sternen. Wenn wir uns um die Sonne bewegen, so werden wir diese nach und nach in verschiedenen Richtungen sehen, und es muß uns so erscheinen, als ob sie sich zwischen den Sternen die viel weiter als die Sonne entfernt sind, fortbewegte. Freilich ist diese Ortsveränderung nicht auf den ersten Blick erkennbar, weil die Sterne am Tage unsichtbar sind. Aber die Tatsache der Bewegung wird auch dem Laien sofort klar, wenn er nur Tag für Tag einen bestimmten Fixstern im Westen betrachtet. Er wird bald finden, daß der betreffende Fixstern von Abend zu Abend früher untergeht, oder mit anderen Worten der Sonne beständig näher und näher kommt. Da aber die wirkliche Richtung nach dem Stern unverändert bleibt, so nähert sich eigentlich nicht der Stern der Sonne, sondern die Sonne dem Stern. Könnten wir am Tage die Sterne rings herum

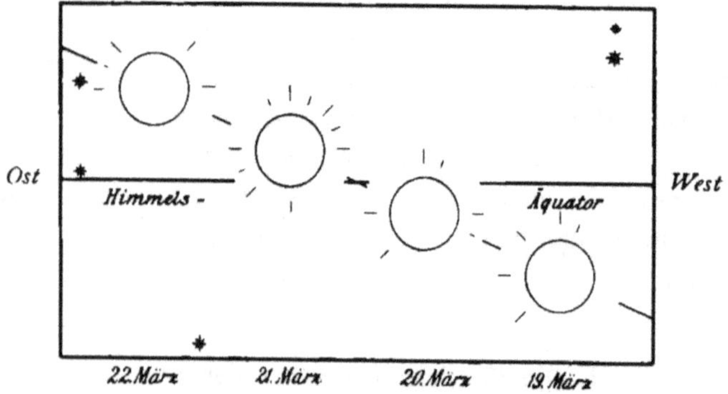

Fig. 4. Die Sonne überschreitet den Himmelsäquator um den 21. März.

um die Sonne sehen, so würde der Sachverhalt noch klarer sein. Wir könnten dann direkt beobachten, daß bei gleichzeitigem Aufgang der Sonne und eines Sternes die erstere im Laufe des Tages allmählich in östlicher Richtung an dem Stern vorüberzieht. Zwischen dem Auf- und Untergang würde sie fast um die Größe ihres Durchmessers nach Osten vorrücken. Am nächsten Tage würden wir sehen, daß sie sich bereits wesentlich vom Stern entfernt hat, und fast um zwei ihrer Durchmesser von ihm entfernt steht. Die Fig. 4 zeigt, wie dieser Vorgang zur Zeit des Frühlingsäquinoktiums um den 21. März sich abspielt. Diese Bewegung der Sonne setzt sich Monat für Monat in gleicher Weise fort, so daß sie im Laufe eines Jahres einen vollen Kreislauf am Himmel ausführt.

Die scheinbare Sonnenbahn und die Jahreszeiten.

Fig. 5 zeigt die Bahn der Erde um die Sonne. Wenn die Erde bei *A* steht, sehen wir die Sonne in der

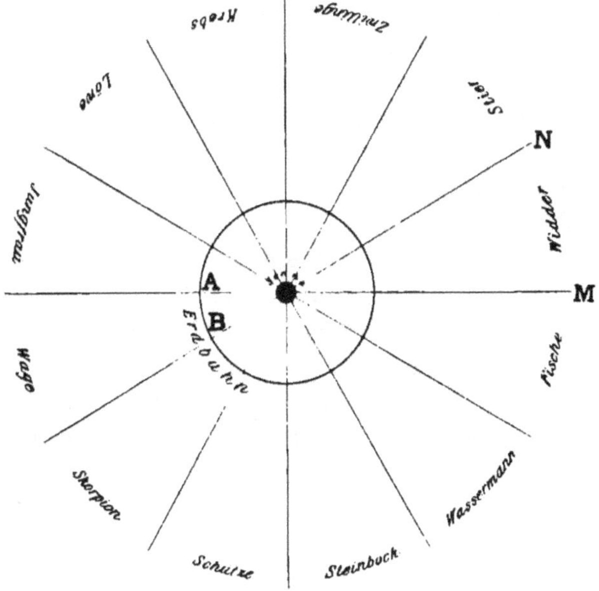

Fig. 5. Die Erdbahn und die Tierkreiszeichen.

Richtung *AM,* als wenn sie unter den Sternen bei *M* stände. Wenn uns die Erde von *A* nach *B* führt, scheint die Sonne sich von *M* nach *N* zu bewegen usw. das ganze Jahr hindurch. Diese scheinbare Bewegung der Sonne um die Himmelskugel im Laufe eines Jahres wurde schon von den Alten beobachtet, und sie haben sich viel Mühe gegeben, um sie zu erklären. Sie dachten sich rund um die Himmelskugel einen Kreis gezogen, welchem die Sonne in ihrem jährlichen Lauf beständig folgte, und nannten ihn die Sonnenbahn oder Ekliptik. Sie bemerkten, daß auch die Planeten, wenn auch nicht genau, so doch annähernd dieselbe Bahn wie die Sonne am Himmel zwischen den Sternen zurücklegten. Ein Gürtel, der sich so weit auf beiden Seiten der Ekliptik nach Norden und nach Süden ausdehnte, daß er die Bahnen aller bekannten Planeten und die der Sonne aufzunehmen imstande war, wurde Zodiakus oder Tierkreis genannt. Er wurde in zwölf Zeichen eingeteilt, von denen jedes durch ein Sternbild bezeichnet wurde. Die Sonne wanderte auf diese Weise durch je eines dieser Zeichen im Laufe eines Monats, und durch alle zwölf im Laufe eines Jahres. So entstanden die bekannten Zeichen des Tierkreises, die dieselben Namen erhielten, wie die Sternbilder, in deren Bereich sie lagen. Diese Übereinstimmung zwischen den Tierkreiszeichen und den gleichnamigen Sternbildern besteht nun heutzutage nicht mehr, infolge einer langsamen Änderung der Lage des Himmelsäquators, die man Präzession nennt, und die wir alsbald näher besprechen wollen.

Wir werden nun zeigen, daß die beiden größten Kreise Äquator und Ekliptik, die die ganze Himmelskugel überspannen, in ganz verschiedener Weise festgelegt sind.

Der Äquator wird bestimmt durch die Richtung, nach der die Erdachse weist, denn er umspannt die Sphäre in der Mitte zwischen den beiden Himmelspolen.

Die Lage der Ekliptik wird dagegen durch die Bewegung der Erde um die Sonne bestimmt.

Diese beiden Kreise fallen nicht zusammen, sondern schneiden einander in zwei entgegengesetzten Punkten unter einem Winkel von $23^1/_2$ Grad oder nahezu dem vierten Teil eines rechten Winkels. Dieser Winkel wird die Schiefe der Ekliptik genannt. Um einzusehen, woher diese Neigung der Ekliptik kommt, müssen wir uns die Definition der Himmelspole noch einmal vergegenwärtigen. Dieselben sind

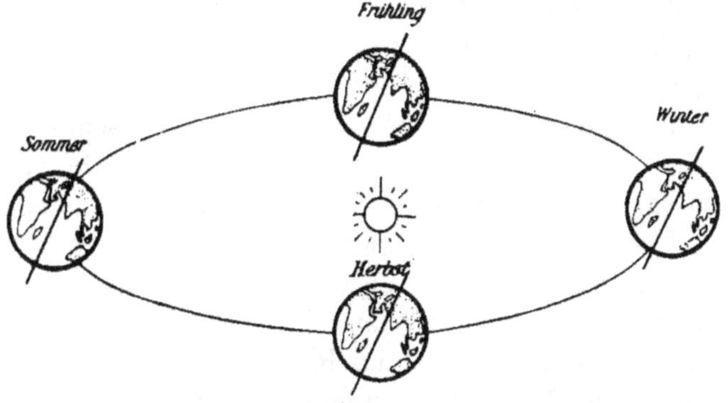

Fig. 6. Zusammenhang zwischen der Schiefe der Ekliptik und dem Wechsel der Jahreszeiten.

nach dem bisher Gesagten durch nichts anderes am Himmel bestimmt, als einzig und allein durch die Richtung der Erdachse, sie sind somit nur die beiden entgegengesetzten Punkte am Himmel, die genau in der Richtung der Erdachse liegen. Der Himmelsäquator, der größte Kreis halbwegs zwischen den beiden Polen, ist gleichfalls durch die Richtung der Erdachse und nur durch diese bestimmt.

Nun wollen wir annehmen, daß die Erdbahn um die Sonne horizontal liegt, und sie uns vorstellen als

Umfang einer runden ebenen Scheibe mit der Sonne in der Mitte. Wir wollen ferner annehmen, daß die Erde sich an der Peripherie dieser Kreisscheibe bewegt, und zwar derart, daß ihr Mittelpunkt stets in gleicher Höhe mit der Scheibe verbleibt. Würde nun die Erdachse senkrecht stehen, so würde auch der Äquator horizontal, in gleicher Ebene mit der Scheibe liegen und daher, während die Erde ihren jährlichen Kreislauf um die Sonne vollendet, stets gegen die im Mittelpunkt der Scheibe stehende Sonne gerichtet sein. Dann würde auch die durch den Umlauf der Sonne bestimmte Ekliptik mit dem Äquator genau zusammenfallen. Die vorhin erwähnte Schiefe der Ekliptik erklärt sich nun aus der Tatsache, daß die Erdachse nicht senkrecht zur Erdbahn steht, wie eben angenommen wurde, sondern $23^1/_2$ Grad gegen die vertikale Richtung geneigt ist. Die Schiefe der Ekliptik ist somit die Folge der Neigung der Erdachse. Eine wichtige Tatsache ist es nun, daß bei dem Umlauf der Erde um die Sonne die Richtung ihrer Achse im Raum unverändert bleibt. Daher ist ihr Nordpol der Sonne ab- oder zugewendet, je nach ihrer Stellung in der Bahn. Dies veranschaulicht Fig. 6, in der die Scheibe dargestellt ist, von der wir eben sprachen. Hier ist das nördliche Ende der Erdachse nach rechts gewendet. Der Nordpol bleibt nun stets nach dieser Richtung geneigt, ob die Erde im Osten, Westen, Norden oder Süden von der Sonne steht.

Um die Folgen dieser Neigung des Himmelsäquators gegen die Ekliptik einzusehen, wollen wir uns vorstellen, daß die Erde an einem 21. März um die Mittagsstunde plötzlich aufhört, sich um ihre Achse zu drehen, aber ihren Lauf um die Sonne weiter fortsetzt.

Was wir dann in den folgenden drei Monaten sehen würden, zeigt Fig. 7, bei deren Betrachtung wir uns vorstellen wollen, daß wir nach Süden schauen. Die Figur zeigt unter anderem den Himmelsäquator, der, wie schon erklärt wurde, durch den Ost- und Westpunkt des Horizonts geht und die Ekliptik im Äquinoktium schneidet. Die Sonne sehen wir zunächst im Meridian, wo sie anfangs still zu stehen scheint. Wenn wir sie aber während dreier Monate verfolgen könnten, so würden wir sie langsam längs der Ekliptik ziehen

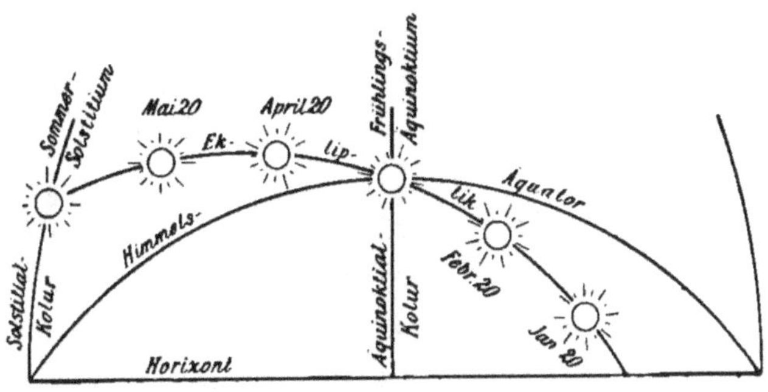

Fig. 7. Scheinbare Bewegung der Sonne längs der Ekliptik von Januar bis Juni.

sehen, bis zu der als „Sommersolstitium" bezeichneten nördlichsten Stelle der Ekliptik, die sie um den 22. Juni erreichen würde.

Fig. 8 läßt uns den Lauf der Sonne noch drei Monate länger verfolgen. Nachdem sie das Sommersolstitium überschritten hat, führt sie ihr Weg noch einmal zum Äquator, den sie wieder um den 23. September kreuzt. Während des übrigen Jahres stellt ihre Bahn das Gegenstück zu dem während der ersten sechs Monate zurückgelegten Wege dar. Am 22. Dezember steht sie am weitesten südlich vom Äquator und kreuzt ihn wieder am 21. März.

Wir erkennen somit vier Kardinalpunkte in dieser scheinbaren jährlichen Sonnenbahn. Die Stelle, an der wir unsere Beobachtungen begonnen haben, ist das Frühlingsäquinoktium oder die Frühlings-Tag- und Nachtgleiche (Frühlingspunkt); die Stelle, an der die Sonne den nördlichsten Punkt ihrer Bahn erreicht und sich dem Äquator wieder zu nähern beginnt,

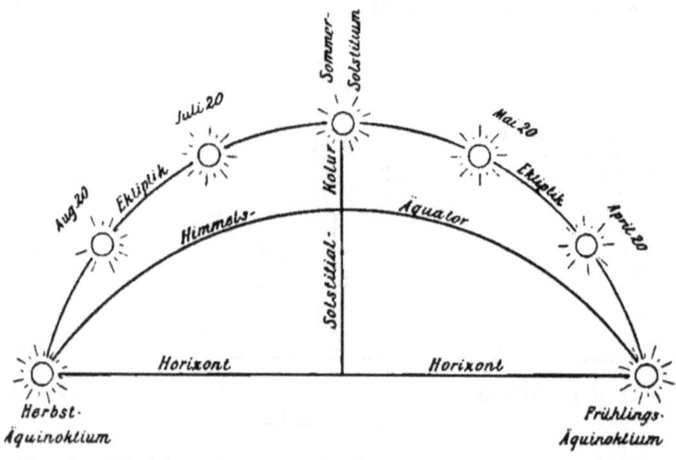

Fig. 8. Scheinbare Bewegung der Sonne von März bis September.

heißt das Sommersolstitium oder die Sommersonnenwende. Dem Frühlingsäquinoktium gegenüber liegt das Herbstäquinoktium oder die Herbst-Tag- und Nachtgleiche, die von der Sonne um den 23. September passiert wird. Dem Sommersolstitium gegenüber liegt schließlich der Punkt, an dem die Sonne ihre südlichste Lage im Jahre erreicht und der das Wintersolstitium oder die Wintersonnenwende genannt wird.

Die Stundenkreise, die von einem Himmelspol zum anderen durch diese Punkte rechtwinklig zum Äquator verlaufen, werden Koluren genannt. Derjenige Kolur, der durch das Frühlingsäquinoktium geht, fällt mit dem Nullmeridian am Himmel zusammen, von dem aus, wie bereits erwähnt, die Rektaszensionen gezählt werden. Die beiden rechtwinklig dazu stehenden Koluren heißen Solstitialkoluren.

Wir wollen jetzt die Beziehungen der scheinbaren Stellung der Sternbilder zu den Jahres- und Tageszeiten betrachten. Man stelle sich vor, daß heute die Sonne und ein Stern den Meridian gleichzeitig passieren; morgen wird die Sonne fast einen Grad östlich vom Stern stehen und infolgedessen wird der Stern den Meridian fast 4 Minuten früher als die Sonne passieren. Dieser Abstand wird sich von Tag zu Tag vergrößern, bis nach einem Jahre beide wieder den Meridian fast zu gleicher Zeit überschreiten. Der Stern hat also innerhalb eines Jahres einmal mehr als die Sonne den Meridian passiert; d. h. während die Sonne den Meridiän 365 mal durchkreuzt, überschreitet der Stern ihn 366 mal. Selbstverständlich wird ein Stern in dieser Zeit auch einmal mehr auf- und untergegangen sein als die Sonne. Die Astronomen tragen diesem gegenüber der bürgerlichen Zeitrechnung abweichenden Auf- und Untergehen der Sterne Rechnung, indem sie von einem Sterntag Gebrauch machen, der dem Intervall zwischen zwischen zwei aufeinanderfolgenden Durchgängen eines Sterns oder des Frühlingspunktes durch den Meridian gleich ist. Sie teilen diesen Tag in 24 Sternstunden, und diese wiederum in Minuten und Sekunden in der üblichen Weise ein. Sie benutzen auch Sternzeituhren, die gegenüber unseren gewöhnlichen Uhren täglich ungefähr um 3 Minuten 56 Sekunden voreilen, und auf diese Weise die Sternzeit angeben. Anfang des Sterntags ist der Augenblick, in dem der Frühlingspunkt durch den Meridian des Ortes geht. Die Uhr wird dann auf 0 Uhr 0 Minuten 0 Sekunden gestellt. So eingestellt und reguliert geht die Sternzeituhr genau mit der scheinbaren Umdrehung der Himmelskugel mit, so daß der Astronom nur auf seine Uhr zu blicken braucht, um bei Tag oder Nacht zu erkennen, welche Sterne in dem betreffenden Moment den Meridian passieren und welche Stellung die Sternbilder gerade am Himmel einnehmen.

Wenn die Erdachse senkrecht zur Ebene der Ekliptik stände, würde die letztere, wie wir gesehen haben, mit dem Äquator zusammenfallen, und wir würden im ganzen Jahr keinen Wechsel von Jahreszeiten haben. Die Sonne würde immer genau im Osten auf- und im Westen untergehen und stets die gleiche Mittagshöhe erreichen. Es würde sich nur eine geringe Änderung der Temperatur bemerkbar machen, insofern als die Erde der Sonne im Januar etwas näher steht, als im Juli. Aus der Schiefe der Ekliptik folgt dagegen, daß in der Zeit vom März bis zum September, während die Sonne nördlich vom Äquator steht, sie auf der nördlichen Erdhälfte einen größeren Teil des Tages scheint und ihre Strahlen unter einem größerem Winkel auffallen, als auf der südlichen Halbkugel, auf der die Verhältnisse naturgemäß gerade entgegengesetzt liegen. Infolgedessen haben wir Winter, wenn auf der südlichen Erdhalbkugel Sommer ist und umgekehrt.

Beziehungen zwischen wahrer und scheinbarer Bewegung.

Ehe wir weiter gehen, wollen wir noch einmal die Erscheinungen zusammenfassen, die wir von zwei Gesichtspunkten aus betrachtet haben, einmal mit Rücksicht auf die wahre Bewegung der Erde, und andererseits mit Rücksicht auf die scheinbare Bewegung der Himmelskugel, die durch die wahre Bewegung der Erde veranlaßt wird.

Die folgenden Tatsachen müssen wir vor allen Dingen festhalten:

Unter der wahren täglichen Bewegung verstehen wir die Drehung der Erde um ihre Achse.

Unter der scheinbaren täglichen Bewegung ist die Bewegung des Sternhimmels infolge der Erdrotation zu verstehen.

Als wahre jährliche Bewegung bezeichnet man die Bewegung der Erde um die Sonne.

Scheinbare jährliche Bewegung ist die Bewegung der Sonne an der Himmelskugel unter den Sternen.

Durch die wahre tägliche Bewegung wird die Ebene unseres Horizonts an der Sonne oder einem Stern vorübergeführt. Wir sagen dann, daß die Sonne oder ein Stern auf- bezw. untergeht.

Um den 21. März jeden Jahres geht die Ebene des Erdäquators von der nördlichen nach der südlichen Seite der Sonne, und um den 23. September geht sie wieder nach Norden zurück. Wir sagen dann, die Sonne schneidet den Äquator im März in der Richtung Süd-Nord und im September in der Richtung Nord-Süd.

Im Juni eines jeden Jahres ist die Ebene des Erdäquators am weitesten südwärts von der Sonne entfernt, im Dezember am weitesten nordwärts. Im ersteren Fall sagen wir, daß die Sonne in der nördlichen Sonnenwende, im zweiten Fall, daß sie in der südlichen Sonnenwende steht.

Die Erdachse ist $23^1/_2$ Grad gegen die Vertikale zur Erdbahn geneigt. Die notwendige Folge davon ist, daß auch die Ekliptik eine Neigung von $23^1/_2$ Grad gegen den Himmelsäquator aufweist.

Im Juni und in den anderen Sommermonaten ist die nördliche Halbkugel der Erde gegen die Sonne geneigt. Gegenden in nördlichen Breiten haben dann bei der Umdrehung der Erde mehr als die Hälfte des Tages Sonnenlicht, diejenigen in südlichen Breiten dagegen weniger als die Hälfte. Dies macht sich uns in der Weise bemerkbar, daß die Sonne dann mehr als die Hälfte des Tages über dem Horizont verweilt, und daß wir gerade heißes Sommerwetter haben, während auf der südlichen Halbkugel die Tage kurz sind und Winter herrscht. Während unserer Wintermonate ist das Entgegengesetzte der Fall. In dieser Zeit ist die südliche Erdhalbkugel gegen die Sonne geneigt und die nördliche von ihr abgewendet. Auf der südlichen Halbkugel herrschen dann Sommer und lange Tage, während wir Winter und kurze Tage haben.

Das Jahr und der Kalender.

Wir definieren in ganz natürlicher Weise das Jahr als das Zeitintervall, während dessen die Erde sich einmal um die Sonne dreht. Wie bereits angedeutet, gibt es zwei Methoden, um diese Zeitdauer zu bestimmen. Die eine besteht in der Ermittelung des Intervalles zwischen zwei Vorübergängen der Sonne an ein und demselben Stern, die zweite in der Bestimmung der Zeitdauer zwischen zwei Durchgängen der Sonne durch ein und dasselbe Äquinoktium. Wenn die Äquinoktialpunkte unter den Sternen festständen, würden beide Zeitintervalle vollkommen gleich sein. Aber bereits die alten Astronomen fanden auf Grund von Beobachtungen, die durch mehrere Jahrhunderte fortgesetzt waren, daß diese beiden Methoden nicht dieselbe Jahreslänge ergaben. Es stellte sich heraus, daß die Sonne zu einem Umlauf in bezug auf die unbeweglichen Sterne ungefähr 20 Minuten mehr brauchte, als zu einem Umlauf in bezug auf die Äquinoktien. Hieraus folgt, daß die Stellung der Äquinoktien sich dauernd unter den Sternen verschiebt. Diese stetige Verschiebung wird das Vorrücken oder die Präzession der Äquinoktien genannt. Die Erscheinung hat ihren Grund nicht in irgend einem Vorkommnis am Himmel, sondern entsteht lediglich durch eine langsame, von Jahr zu Jahr fortschreitende Veränderung in der Richtung der Erdachse bei der Bewegung der Erde um die Sonne.

Wenn die Erdbahnebene (Fig. 6) 6000 bis 7000 Jahre unverändert bliebe, und die Erde in dieser Zeit 6000 bis 7000 Umläufe um die Sonne ausführte, so würden wir nach Ablauf dieser Zeit finden, daß dann das Nordende der Erdachse, anstatt wie auf Fig. 6 nach rechts, nun gerade auf uns zu geneigt sein würde. Nach Verlauf von weiteren 6000 bis 7000 Jahren würde es nach links geneigt sein; am Ende einer dritten solchen Periode würde es von uns abgewendet sein, und nach Verlauf einer vierten, zusammen also nach ungefähr 26 000 Jahren würde die Erdachse wieder die heutige Stellung einnehmen. Da die Himmelspole durch die Richtung der Erdachse bestimmt werden, so läßt dieser Wechsel sie langsam einen Kreis um den Pol der Ekliptik beschreiben, dessen Radius ungefähr $23^1/_2$ Grad beträgt. Gegenwärtig ist der Polarstern nur wenig mehr als einen Grad vom Nordpol entfernt. Dieser nähert sich ihm noch weiterhin langsam und wird ihn erst in etwa 200 Jahren überholen. Nach 12000 Jahren wird der Nordpol des Himmels bereits in dem Sternbild der Leier stehen, ungefähr 5 Grade von der hellen Wega entfernt. Die alten Griechen

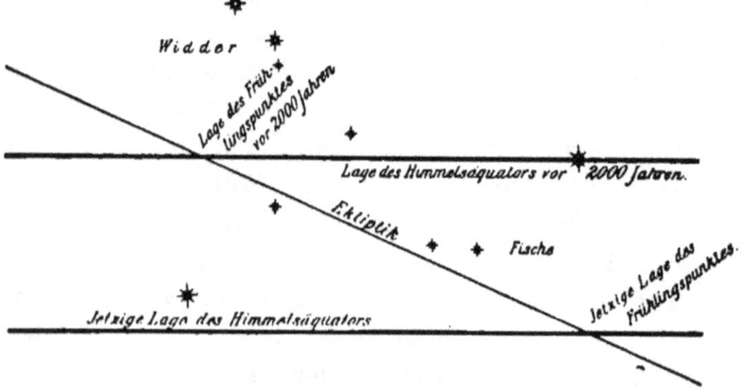

Fig. 9. **Präzession der Äquinoktien.**

kannten überhaupt noch keinen Polarstern, weil dieser damals 10 bis 12 Grad vom wahren Pol entfernt zwischen diesem und dem Sternbild des großen Bären stand. Er wurde von ihnen Kynosura genannt.

Aus dem bisher Gesagten folgt, daß auch der Himmelsäquator als größter Kreis in der Mitte zwischen den beiden Polen bei der Ortsänderung der letzteren ebenfalls eine entsprechende Verschiebung seiner Lage unter den Sternen erfahren muß. Die Art und Größe dieser nach Osten erfolgenden Verschiebung während der letzten 2000 Jahre zeigt Fig. 9. Da die Äquinoktien die Kreuzungspunkte der Ekliptik und des

Himmelsäquators sind, so ändern auch sie ihre Lage infolge dieser Bewegung. Auf diese Weise entsteht die Präzession der Äquinoktien.

Die beiden Jahreslängen, die wir unterschieden haben, werden tropisches und siderisches Jahr genannt. Das tropische oder Sonnenjahr ist das Intervall zwischen je zwei aufeinanderfolgenden Durchgängen der Sonne durch ein und dasselbe Äquinoktium. Seine Dauer beträgt 365 Tage 5 Stunden 48 Minuten und 46 Sekunden. Da die Jahreszeiten nur davon abhängen, ob die Sonne nördlich oder südlich vom Äquator steht, so ist das tropische Jahr für die Zeitrechnung allein maßgebend. Die alten Astronomen fanden bereits seine Dauer zu rund gleich 365¼ Tagen. Aber schon vor dem Zeitalter des Ptolemäus wurde die Jahresdauer genauer bestimmt und erkannt, daß sie einige Minuten kleiner war. Der gregorianische Kalender, den jetzt fast alle zivilisierten Nationen benutzen, beruht auf einem sehr engen Anschluß an die genaue Jahreslänge.

Das siderische Jahr ist das Intervall zwischen zwei Vorübergängen der Sonne an ein und demselben Stern. Seine Dauer beträgt 365 Tage 6 Stunden 9 Minuten und 9 Sekunden.

Nach dem Julianischen Kalender, der in der christlichen Welt bis 1582 in Gebrauch war, wurde das Jahr genau gleich 365¼ Tagen angenommen. Der Bruchteil von ¼ Tag wurde bei je drei aufeinanderfolgenden Jahren vernachlässigt und bei jedem vierten Kalenderjahre, dessen Jahreszahl durch 4 teilbar war, dem Schaltjahre, zu einem vollen Tage zusammengezogen. 365¼ Tage sind aber, wie wir gesehen haben, 11 Minuten 14 Sekunden mehr als die richtige Länge des tropischen Jahres. Infolge dieser falschen Annahme mußten sich die Jahreszeiten im Laufe der Jahrhunderte ein wenig verschieben. Um dieses zu verhindern, und um über ein Jahr zu verfügen, dessen durchschnittliche Länge so richtig wie möglich ist, erließ Papst Gregor XIII. ein Dekret, daß von den Schlußjahren der Jahrhunderte, wie 1600, 1700 usw., also den sog. Säkularjahren, nur die durch 400 teilbaren Schaltjahre, die anderen Gemeinjahre sein sollten. Im Julianischen Kalender war nämlich das Schlußjahr eines jeden Jahrhunderts ein Schaltjahr. Nach diesem neuen Gregorianischen Kalender sollte also das Jahr 1600 noch ein Schaltjahr sein, aber 1700, 1800 und 1900 sollten als gewöhnliche Jahre gezählt werden, so daß erst 2000 wieder ein Schaltjahr sein wird.

Der Gregorianische Kalender wurde alsbald von allen katholischen Ländern angenommen, allmählich bürgerte er sich auch in protestantischen Ländern ein, so daß er seit etwa 150 Jahren Allgemeingut aller zivilisierten Völker ist. Nur Rußland hält bis zum heutigen Tage am Julianischen Kalender fest. Infolgedessen ist in diesem Lande die Zeitrechnung jetzt um 13 Tage hinter derjenigen der anderen christlichen Länder zurück. Das russische Neujahr 1900 begann, als wir den 13. Januar schrieben. Im Februar dieses Jahres zählten wir nur 28 Tage, die Russen dagegen 29. Daher rückte 1901 das russische Neujahr noch weiter bis zum 14. Januar unserer Zeitrechnung vor.

Zweiter Teil.

DIE ASTRONOMISCHEN INSTRUMENTE.

1. Der Refraktor.

Es gibt kaum einen Zweig der Himmelskunde, der das Publikum so interessiert, wie derjenige, der das Fernrohr betrifft. In seiner vollkommensten Form, so wie der Astronom es auf der Sternwarte benutzt, sieht das Instrument recht kompliziert aus, aber seine wesentlichen Bestandteile kann man bei einiger Aufmerksamkeit leicht verstehen lernen. Wenn der Leser sich über das Wesen eines Fernrohres klar geworden ist, wird er beim Besuche einer Sternwarte das Instrument mit viel größerem Verständnis betrachten, als wenn er gar nichts hierüber wüßte.

Der eine Hauptzweck des Fernrohrs ist, wie wir alle wissen, ferne Gegenstände dem Auge näher zu bringen, einen Gegenstand, der meilenweit entfernt ist, so zu sagen bis auf wenige Meter heranzurücken. Die optischen Vorrichtungen, durch die dieser Zweck erreicht wird, sind sehr einfach. Es geschieht dies z. B. durch große, gut polierte Linsen, von derselben Art, wie sie in Brillen gebraucht werden; sie unterscheiden sich von diesen nur durch ihre Größe und allgemeine Vervollkommnung. Ein Fernrohr bedarf zunächst einer Vorrichtung, die das von dem Gegenstande ausgehende Licht so sammelt, daß ein Abbild dieses Gegenstandes entsteht. Es gibt zwei Wege, die Lichtstrahlen in dieser Weise zu sammeln. Der eine besteht darin, daß man sie eine Reihe von Linsen durchlaufen, der andere, daß man sie von einem Hohlspiegel zurückwerfen läßt. Wir haben danach zwei verschiedene Arten von Fernrohren zu unterscheiden: den Refraktor, der ein Bild eines Gegenstandes durch Strahlenbrechung erzeugt, und das Spiegelteleskop oder den Reflektor, bei dem derselbe Erfolg durch die Zurückwerfung der Lichtstrahlen erreicht wird. Wir wollen zunächst das erstere besprechen, weil es das gebräuchlichere ist.

Die Linsen eines Fernrohres.

Die Linsen eines Refraktors umfassen zwei Kombinationen oder Systeme; das Objektivglas oder das Objektiv, wie es der Kürze wegen genannt wird, welches das Bild eines fernen Gegenstandes in den Brennpunkt des Instruments bringt, und das Okular, mit dem dieses Bild betrachtet wird.

Das Objektiv ist der wirklich kostbare und zarte Teil des Instruments. Seine Konstruktion verlangt eine größere Geschicklichkeit, als sie bei der Herstellung aller anderen Teile zusammen genommen notwendig ist.

Das Objektiv, wie es gewöhnlich gebaut wird, besteht aus zwei großen Linsen. Die Lichtstärke des Fernrohrs hängt einzig und allein von dem Durchmesser dieser Linsen ab, der auch die Öffnung des Fernrohrs genannt wird. Bei kleinen Fernrohren, wie sie Liebhaber der Astronomie benutzen, variiert sie zwischen

3 und 4 Zoll, während das größte existierende Fernrohr, der Refraktor der Yerkes-Sternwarte bei Chicago, eine Öffnung von mehr als 40 Zoll aufzuweisen hat. Der Grund, warum die Leistungsfähigkeit eines Fernrohrs von dem Durchmesser des Objektivglases abhängt, liegt darin, daß wir, um einen Gegenstand so und so viel mal vergrößert und doch in seiner natürlichen Helligkeit zu sehen, auch einer entsprechend größeren Lichtmenge bedürfen, die durch das Quadrat der Vergrößerungszahl ausgedrückt wird. So brauchen wir z. B. bei einer 100maligen Vergrößerung 100×100 = 10000 mal so viel Licht, als beim Betrachten des Gegenstandes in seiner natürlichen Größe. Es soll damit nicht gesagt sein, daß diese Lichtstärke immer nötig ist; in vielen Fällen kann man bei der Vergrößerung eines Gegenstandes die Abnahme seiner Helligkeit ruhig mit in Kauf nehmen, ohne daß die Deutlichkeit der Wahrnehmung wesentlich beeinträchtigt wird.

Damit im Fernrohr ein deutliches Bild des fernen Gegenstandes zustande kommt, ist es von größter Wichtigkeit, daß das Objektiv alle Lichtstrahlen, die von irgend einem Punkt des beobachteten Gegenstandes ausgehen, in ein und denselben Brennpunkt bringt. Wenn dies nicht erreicht wird, wenn die Strahlen in verschiedene Brennpunkte gelangen, dann wird der Gegenstand unscharf erscheinen, als ob wir ihn durch eine Brille betrachteten, die nicht für unser Auge paßt. Nun bringt aber eine einzelne Linse, einerlei von welcher Art Glas sie verfertigt ist, nie alle Strahlen in denselben Brennpunkt. Dem Leser ist zweifellos bekannt, daß gewöhnliches Licht, ob es nun von der Sonne oder einem Stern kommt, unzählige

Farben enthält, welche man durch ein dreikantiges Prisma von einander getrennt sehen kann. Diese Farben reihen sich in der Stufenleiter rot, gelb, grün, blau und violett aneinander. Eine einzelne Linse bringt diese verschiedenen Farben in verschiedene Brennpunkte. Die roten Strahlen werden am weitesten vom Objektiv vereinigt, während das Violett dem Objektiv am nächsten zu liegen kommt. Diese Trennung der verschiedenen Lichtarten beim Durchgang des weißen Lichtes durch eine Glaslinse nennt man Dispersion.

Die vor zwei Jahrhunderten lebenden Astronomen bemühten sich vergeblich, diesen Übelstand ihrer Objektive zu beseitigen. Erst um 1750 fand Dollond in London, daß es möglich ist, diesen Fehler durch Benutzung von zwei verschiedenen Glassorten, nämlich Crownglas und Flintglas, wenigstens zum größten Teil aufzuheben. Das Prinzip, nach dem das geschieht, ist sehr einfach. Flintglas hat fast dasselbe Brechungsvermögen wie Crownglas, dagegen nahezu die doppelte Dispersion. Dollond fertigte nun ein Objektiv von zwei Linsen an, deren Durchschnitt in Fig. 10 zu sehen ist. Er benutzte zunächst eine konvexe Crownglaslinse gewöhnlicher Konstruktion. Mit dieser verband er eine konkave Linse von Flintglas. Diese beiden Linsen wirken entsprechend ihren entgegengesetzten Krümmungen auch auf das Licht in entgegengesetzter Weise. Das Crownglas sucht das Licht in einem Brennpunkt zu vereinigen, während umgekehrt das konkav geschliffene Flintglas die Lichtstrahlen zerstreut. Dieses Flintglas hat etwas mehr als

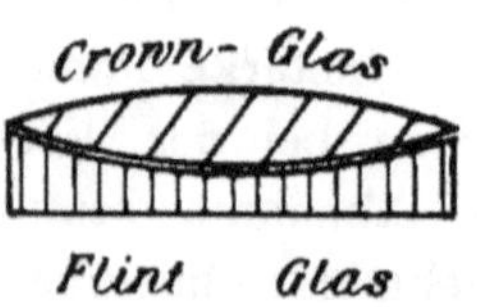

Fig. 10. Querschnitt durch das Objektivglas eines Fernrohrs.

die halbe Stärke des Crownglases. Bei der doppelt so starken Dispersion des Flintglases genügt diese Stärke, um die Zerstreuung des Crownglases zu neutralisieren, während die Strahlenbrechung, nicht aufgehoben, sondern nur auf wenig mehr als die Hälfte reduziert wird. Infolge dieser Kombination werden alle durch dieses Linsensystem gehenden Strahlen in annähernd denselben Brennpunkt vereinigt der nun allerdings doppelt so weit vom Objektiv entfernt ist, wie der Brennpunkt des einfachen Crownglases.

Wir sagten soeben annähernd in denselben Brennpunkt. Leider liegen nämlich die Verhältnisse so, daß es auch der vereinigten Wirkung der beiden Linsen unmöglich ist, alle Strahlen der verschiedenen Farben in absolut denselben Brennpunkt zu bringen. Die Brennpunktsdifferenz der helleren Strahlen kann wohl stark eingeschränkt, aber nicht gänzlich aufgehoben werden. Je größer das Fernrohr ist, desto beträchtlicher und störender ist der übriggebliebene Fehler. Wenn man einen hellen Stern durch einen großen Refraktor betrachtet, wird man ihn gewöhnlich von blauen oder violetten Strahlen umgeben sehen. Dieser farbige Rand wird durch das blaue oder violette Licht hervorgebracht, das durch die Linsen nicht in dem Brennpunkt der anderen Strahlengattungen vereinigt worden ist. Dies hat seinen Grund darin, daß nach dem violetten Ende zu die Dispersion des Flintglases mehr wächst, als bei Crownglas.

Eine Vorstellung von den zu überwindenden Schwierigkeiten gewinnt man auf folgende Weise.

Wir wollen ein Prisma von Crownglas nehmen und von dem auffallenden weißen Licht drei Strahlen auswählen, einen roten *r*, einen gelben *g* und als dritten einen blauen *b*, und zwar so, daß bei alleiniger Einwirkung des Crownglases der Winkel zwischen dem roten und dem gelben Strahl beim Austritt aus dem Crownglasprisma demjenigen zwischen dem gelben und

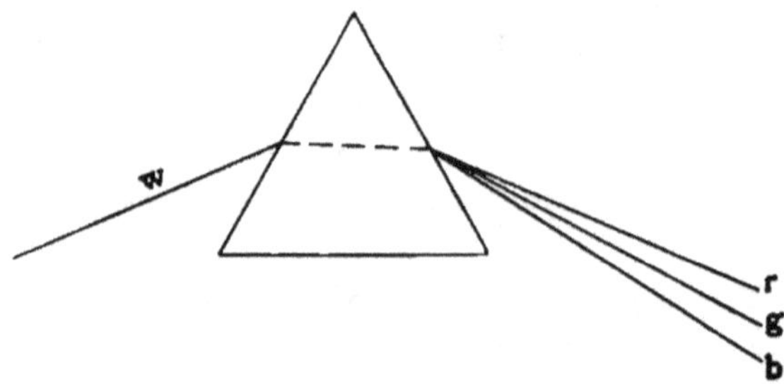

Fig. 11. Zerstreuung des weißen Lichtes durch ein Crownglasprisma.

dem blauen Strahl gleich ist. Nun nehme man ein Flintglas und verfolge die Brechung in gleicher Weise. Man wird finden, daß die beiden Winkel zwischen den Strahlen nicht mehr gleich sind, sondern daß der Winkel zwischen *r* und *g*, wie die Figur zeigt, kleiner ist, als

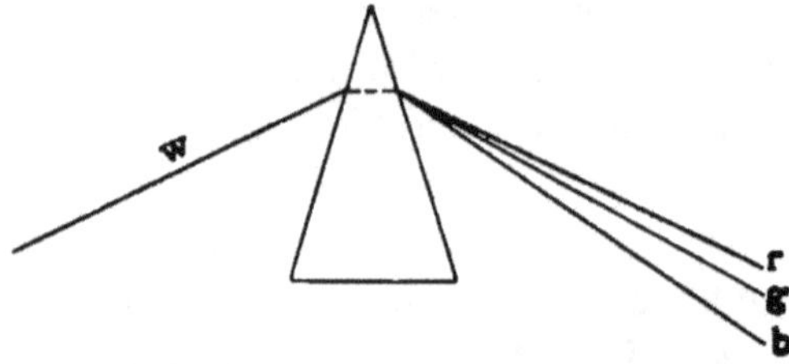

Fig. 12. Zerstreuung des weißen Lichtes durch ein Flintglasprisma.

derjenige zwischen *g* und *b*. Wenn wir den brechenden Winkel des Flintglasprismas so wählen, daß die Totalzerstreuung zwischen rot und blau gleich derjenigen im Crownglasprisma wird, und dann das Prisma umkehren, so daß die Zerstreuung für gelb so genau wie möglich neutralisiert wird, so werden wir finden, daß die Dispersion der blauen und roten Strahlen noch nicht völlig aufgehoben ist. Beim Refraktor rührt die blaue Aureole von einer Mischung dieser blauen und roten Strahlen her.

Der erwähnte Mangel ist sehr ernster Natur, da er mit der Größe des Fernrohrs zunimmt. Seine Wirkung kann einigermaßen durch Verlängerung der Brennweite des Objektivs verringert werden, und aus diesem Grunde werden neuerdings große Fernrohre mit verhältnismäßig längerer Brennweite gebaut, als kleine.

Will man die Farbenzerstreuung ganz aufheben, so muß man Spiegelteleskope benutzen, die in einem der nächsten Kapitel beschrieben werden sollen.

Abbe und andere haben sich unter Mitwirkung der Firma Schott und Genossen in Jena bemüht, eine Kombination von Glas zu finden, die das Licht gleichartig zerstreut. Einiger Erfolg ist nach dieser Richtung hin errungen, aber das Resultat ist noch nicht in jeder Beziehung befriedigend, so daß größere Refraktorobjektive noch von den älteren Glasarten hergestellt werden müssen.

Das Bild eines entfernten Gegenstandes.

Durch die Fähigkeit des Objektives, Lichtstrahlen in einem Brennpunkte zu vereinigen, wird das Bild in die Brennebene gebracht. Diese Ebene geht durch den Brennpunkt und steht senkrecht auf der Lichtachse oder Absehenslinie des Fernrohrs.

Was man unter dem Bild versteht, das durch ein Fernrohrobjektiv hervorgebracht wird, erkennt man am besten, indem man bei einem Photographen auf die

Mattscheibe schaut, wenn er seinen Apparat für eine Aufnahme einstellt. Man sieht dann auf der Mattscheibe ein Gesicht oder eine ferne Landschaft. Die Kamera ist in jeder Hinsicht ein kleines Fernrohr, und das mattgeschliffene Glas, d. h. diejenige Stelle, an der die lichtempfindliche Platte befestigt werden soll, um ein Bild aufzunehmen, ist die Brennebene des photographischen Objektives. Wir können den Satz auch umkehren und sagen, das Fernrohr ist eine große Kamera mit langer Brennweite, mit der wir den Himmel ebenso photographieren können, wie der Photograph mit seiner Kamera Personen und Gegenstände aufnimmt.

Manchmal können wir besser begreifen, was ein Gegenstand ist, wenn wir erfahren, was er nicht ist. Vor etwa einem halben Jahrhundert wurde bei einem berühmten Mondschwindel eine Behauptung aufgestellt, die erkennen läßt, was das durch eine Linse entworfene Bild nicht ist. In einer von einem bekannten Astronomen anonym verfaßten Schrift war gesagt, Herschel behaupte stets, der Mangel an genügender Lichtstärke verhindere die Anwendung stärkerer Vergrößerungen; einer seiner Gehilfen hätte aber diesem Übelstande durch künstliche Beleuchtung des Bildes abgeholfen und zwar mit so glänzendem Erfolge, daß sogar Lebewesen auf dem Mond in dem Teleskop sichtbar wurden. Wenn nicht viele Leute, selbst sehr gescheite, durch diese Mystifikation irregeführt worden wären, brauchte man kaum zu erwähnen, daß ein im Fernrohr erhaltenes Bild durch kein von außen kommendes Licht verbessert werden kann. Es ist eben kein tatsächliches Bild im gewöhnlichen Sinne, sondern eine Erscheinung, die so zu verstehen ist, daß alle Lichtstrahlen, die von jedem einzelnen Punkte eines fernen Gegenstandes ausgehen, in einem entsprechenden Punkte der Brennebene zusammentreffen und sich von hier wieder ausbreiten.

Wenn ein Bild des Gegenstandes schon durch das Objektiv hervorgebracht wird, so könnte man fragen, warum denn noch ein Okular zu seiner Betrachtung nötig ist und warum der Beobachter nicht einfach nach dem Objektiv hinblickt und das gewissermaßen in der Luft schwebende Bild direkt betrachtet. Er kann dies aber wirklich tun, und wenn er ein mattgeschliffenes Glas in die Brennebene einsetzt, wie es der Photograph in der Kamera tut, so kann er auch das Bild direkt auf der Mattscheibe sehen. Wegen der Kleinheit dieses Bildes würde jedoch der Vorteil gegenüber dem direkten Anblick des Gegenstandes nur gering sein. Um es deutlicher betrachten zu können, verwendet man das Okular. Dies ist nichts weiter als eine kleine Lupe, von der Art, wie der Uhrmacher sie braucht, um das Werk der Taschenuhren zu untersuchen. Je kleiner die Lupe, desto genauer ist die Untersuchung und desto stärker die Vergrößerung.

Vergrößerungsstärke und Fehler eines Fernrohrs.

Gar oft wird die Frage gestellt, wie stark wohl die Vergrößerungskraft irgend eines berühmten Fernrohrs sei. Hierauf kann man nur antworten, daß die Vergrößerungsstärke nicht vom Objektiv, sondern vom Okular abhängt. Je kleiner das letztere ist, desto stärker ist die Vergrößerungskraft. Astronomische Fernrohre sind mit einem großen Satz von Okularen ausgestattet, von den schwächsten bis zu den stärksten, die je nach Bedarf des Beobachters verwendet werden.

Theoretisch können wir also jede beliebige Vergrößerung selbst bei einem kleinen Fernrohr anwenden. Wenn wir das Brennpunktbild eines Vierzöllers mit einem gewöhnlichen Mikroskop betrachten würden, wie es die Ärzte benutzen, so könnten wir schon mit diesem kleinen 4zölligen Fernrohr dieselbe Vergrößerung erhalten, wie sie Herschel an seinem großen Spiegelteleskop verwendet hat. Aber in der Praxis ergeben sich Schwierigkeiten, die es verbieten, die Vergrößerung eines Instruments über ein bestimmtes Maß hinaus zu steigern. Zunächst reicht bei kleinen Fernrohren die Lichtstärke des Brennpunktbildes für stärkere Vergrößerungen nicht aus. Wenn wir z. B. den Saturn mit einem 3zölligen Teleskop bei 200- oder gar 300facher Vergrößerung betrachten, so erscheint der Planet trübe und undeutlich. Es gilt als allgemeine Regel, daß man die Vergrößerung für jeden Zoll der Öffnung nicht über 50 oder höchstens 100 steigern soll, d. h. es ist nicht vorteilhaft, bei einem 3zölligen Fernrohr eine Vergrößerung von viel über 150, geschweige denn eine über 300 anzuwenden.

Aber auch ein großes Fernrohr hat seine Fehler, die in erster Reihe ihren Grund darin haben, daß es nicht möglich ist, alle Lichtstrahlen in genau demselben Brennpunkte zu vereinigen. Es gibt stets auch hier eine Grenze für die anzuwendende Vergrößerung. Diese Grenze läßt sich zwar schwer zahlenmäßig angeben, von ihrer Existenz kann sich aber jeder überzeugen, wenn er den störenden, besonders bei starken Vergrößerungen hervortretenden Einfluß des blauen Strahlenkranzes betrachtet.

Es gibt noch ein anderes Beobachtungshindernis, das den Astronomen oft mehr als alles andere ärgert, und dessen Tragweite das Publikum nur selten versteht.

Wir sehen einen Himmelskörper durch eine Atmosphärenschicht, die zu der Dichtigkeit der uns umgebenden Luft zusammengepreßt etwa bis zu 10 km Höhe reichen würde. Wir wissen aber alle, daß wenn wir einen 10 km entfernten Gegenstand ansehen, uns seine Umrisse undeutlich und verwischt erscheinen. Das kommt hauptsächlich daher, daß die Luftschicht, welche die Strahlen durchdringen, fortwährend in Bewegung ist und daher eine unregelmäßige Strahlenbrechung hervorbringt, die uns den Körper wellig und zitternd erscheinen läßt. Diese störende Erscheinung wird im Fernrohr gerade so viel mal vergrößert, wie der Gegenstand selbst. Die Folge hiervon ist, daß wir bei Anwendung einer stärkeren Vergrößerung auch die Unruhe des Bildes in demselben Verhältnis verstärken. Der Astronom trachtet somit besonders danach, seine Beobachtungen bei möglichst klarer oder, richtiger gesagt, bei möglichst ruhiger Luft anzustellen, um die Himmelskörper im Fernrohr scharf begrenzt zu sehen.

Man liest häufig von Berechnungen, die zeigen, wie nahe uns der Mond durch eine starke Vergrößerung gebracht werden kann, z. B. sehen wir ihn bei 1000facher Vergrößerung so, als wenn er rund 385 km entfernt wäre, bei ungefähr 5000facher Vergrößerung, als wäre er rund 75 km entfernt usw. Diese theoretische Berechnung stimmt, so weit die scheinbare Größe eines Gegenstandes auf dem Monde in Betracht kommt, aber sie nimmt weder auf die Unvollkommenheiten des Fernrohrs Rücksicht, noch auf den ungünstigen Einfluß der Erdatmosphäre. Auf diese beiden Mängel ist es zurückzuführen, wenn solche Berechnungen den tatsächlichen Verhältnissen durchaus nicht entsprechen. Es ist sehr zweifelhaft, ob ein Astronom mit irgend einem jetzt vorhandenen Fernrohr beim Studium des Mondes oder irgend eines Planeten, von einer 1000fachen Vergrößerung irgend einen Vorteil erzielen würde, abgesehen von den sehr seltenen Fällen einer ungewöhnlich stillen und ruhigen Atmosphäre.

Die Aufstellung eines Fernrohrs.

Wer noch niemals ein Fernrohr gesehen hat, ist geneigt zu denken, daß die Tätigkeit der Beobachtung einfach darin besteht, daß man das Rohr auf einen Himmelskörper richtet und den letzteren dadurch betrachtet. Der Verfasser erinnert sich, daß, als James Lick die seitdem so berühmt gewordene Sternwarte auf dem Mount Hamilton gründete, den Stifter das große Fernrohr ausschließlich interessierte, und daß es sein Plan war, fast alle Mittel für die Anschaffung einer möglichst großen Linse zu verwenden. Er sah nicht ein, warum nicht ein einfaches großes Fernrohr für die Beobachtungen genüge und weshalb solch ein kompliziertes Instrument, wie es die Astronomen sonst benutzen, notwendig sein sollte. Das Problem der Beobachtung eines Himmelskörpers durch ein Fernrohr mußte ihm erst erklärt werden.

Machen wir einmal den Versuch, ein großes Fernrohr auf einen Stern einzustellen. Anstatt im Gesichtsfelde (so bezeichnen wir das kleine runde Stück des Himmels, das wir durch das Fernrohr sehen) zu bleiben, tritt der soeben eingestellte Stern infolge der Bewegung der Erde sehr bald aus demselben heraus. Das kommt daher, daß die Erde sich um ihre Achse dreht, und der Stern sich daher in der entgegengesetzten Richtung zu bewegen scheint. Diese Bewegung wird so viel mal verstärkt, wie das Fernrohr vergrößert, und bei starker Vergrößerung ist der Stern aus dem Gesichtsfelde verschwunden, ehe wir Zeit finden, ihn uns genauer anzusehen.

Ferner muß noch daran erinnert werden, daß das Gesichtsfeld um so kleiner wird, je höher wir die Vergrößerung treiben. Wird z. B. eine 1000 fache Vergrößerung angewendet, so würde das Gesichtsfeld in einem gewöhnlichen Fernrohr ungefähr zwei Bogenminuten betragen und einen so kleinen Fleck am Himmel einschließen, daß er dem bloßen Auge vollkommen wie ein Punkt erscheinen würde. Die Verhältnisse liegen dann etwa so, als wenn wir einen bestimmten Stern durch ein Loch von 3 mm Durchmesser im Dach einer 5 m hohen Halle aufsuchen wollten. Wenn wir uns die Schwierigkeit vorstellen, die darin bestehen würde, durch solch ein Loch überhaupt etwas zu sehen und gar erst den Stern dann zu finden, so wird es uns klar werden, wie schwer es ist, einen bestimmten Stern im Fernrohr einzustellen und seiner Bewegung zu folgen.

Diese Schwierigkeit wird durch eine zweckmäßige Aufstellung des Fernrohrs beseitigt, die darin besteht, daß es um zwei, im rechten Winkel gegeneinander geneigte Achsen drehbar aufgestellt ist. Auf dieser Aufstellung beruht das ganze Maschinensystem, mit dessen Hülfe das Fernrohr auf einen Stern gerichtet und der täglichen Bewegung der Gestirne nachgeführt wird. Um nicht die Aufmerksamkeit des Lesers zu zerstreuen, wollen wir das Instrument noch nicht gleich in allen Einzelheiten erläutern, sondern erst einen Umriß geben, indem wir zunächst die Beziehung der Achsen, um die das Fernrohr sich dreht, erklären. Die Hauptachse, Polar- oder Stundenachse genannt, ist parallel zur Erdachse gestellt und daher gegen den Himmelspol gerichtet. Da die Erde sich von Westen nach Osten dreht, so ist mit der Stundenachse ein Uhrwerk verbunden, das diese mit genau derselben Geschwindigkeit von Osten nach Westen dreht. Auf diese Weise wird die Erdbewegung durch die genau gleiche Bewegung des Fernrohrs nach der entgegengesetzten Richtung sozusagen aufgehoben. Wenn das Instrument auf einen Stern gerichtet wird, und das Uhrwerk in Gang gesetzt ist, verbleibt der einmal eingestellte Stern dauernd im Gesichtsfelde.

Damit das Fernrohr auf irgend einen beliebigen Punkt am Himmel gerichtet werden kann, muß noch eine zweite Achse rechtwinklig zur Polarachse vorhanden sein. Diese wird Deklinationsachse genannt. Sie geht durch eine Büchse, die am oberen Ende der Polarachse befestigt ist. Wenn wir das Fernrohr um diese beiden Achsen drehen, kann es auf jeden Punkt des Himmels gerichtet werden.

Eine solche Aufstellung nennt man eine parallaktische Aufstellung oder Montierung; ein Refraktor in parallaktischer Montierung wird Äquatorial genannt.

Da die Polarachse des Instruments parallel mit der Erdachse ist, so ist ihre Neigung zum Horizont gleich der geographischen Breite des Ortes. Auf Sternwarten in der Nähe des Äquators liegt daher die Polarachse des Äquatorials fast horizontal, während sie auf den Sternwarten im Norden Europas sich der senkrechten Lage nähert.

Man wird einsehen, daß die eben beschriebene Aufstellung noch nicht die Aufgabe löst, einen be-

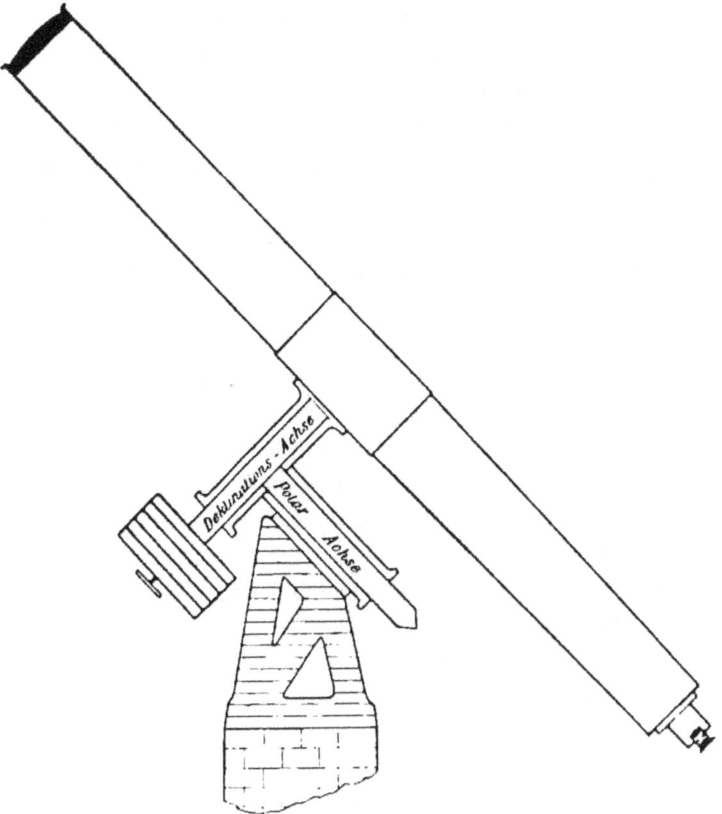

Fig. 13. Parallaktische Aufstellung eines astronomischen Fernrohres.

stimmten Stern in das Gesichtfeld des Fernrohrs zu bringen oder, wie wir gewöhnlich sagen, einzustellen. Wir könnten minuten- oder gar stundenlang am Himmel umhertappen, ohne den Stern zu erreichen. Es gibt nun zwei Wege, um hier zum Ziel zu gelangen.

Bei jedem Fernrohr, das astronomischen Zwecken dienen soll, ist ein kleineres Fernrohr, der sog. Sucher, am unteren Ende parallel mit dem Hauptfernrohr fest angebracht. Dieser Sucher hat nur eine geringe Vergrößerung und daher ein großes Gesichtsfeld. Indem der Beobachter an ihm entlang sieht, kann er, sobald er den Stern mit freiem Auge gefunden hat, das Fernrohr leicht so richten, daß der Stern in das Gesichtsfeld des Suchers kommt. Hierauf bewegt er das Fernrohr so, daß der Stern genau in die Mitte des Gesichtsfeldes des Suchers kommt. Ist diese Einstellung gelungen, so ist der Stern auch im Gesichtsfelde des Hauptfernrohrs.

Nun sind aber die meisten Himmelskörper, die der Astronom zu beobachten hat, für das bloße Auge gänzlich unsichtbar. Er muß daher ein anderes Mittel besitzen, um ein Fernrohr auf einen Stern auch dann richten zu können, wenn die Suchereinstellung versagt. Es geschieht dies mit Hilfe von geteilten Kreisen, von denen je einer an jeder Achse befestigt ist. Auf dem Deklinationskreise sind Grade und Minuten verzeichnet, um die Deklination des Punktes am Himmel anzugeben, auf den das Fernrohr gerichtet wird; der andere an der Polarachse befestigte Kreis, der Stundenkreis genannt wird, ist in 24 Stunden und diese wieder in je 60 Minuten eingeteilt. Wenn der Astronom einen Stern einzustellen wünscht, blickt er zunächst auf die Sternzeituhr, subtrahiert von der abgelesenen Sternzeit die Rektaszension des Objektes und erhält auf diese Weise den Stundenwinkel des Sterns d. h. seine Winkelentfernung östlich oder westlich vom Meridian, die nun am Stundenkreise eingestellt wird. Ebenso stellt er am Deklinationskreis die Deklination des Sterns ein, d. h. er dreht das Fernrohr um die Deklinationsachse, bis die Ablesung am Kreise, die durch eine Lupe erfolgt, genau gleich der Deklination des Sterns ist; darauf setzt er das Uhrwerk in Gang und nun braucht er nur in das Okular des Fernrohrs hinein zu blicken, um den Stern im Gesichtsfelde zu finden.

Erscheinen alle diese Manipulationen dem Leser noch sehr kompliziert, so braucht er nur eine Sternwarte zu besuchen, um zu sehen, wie einfach und rasch diese Handgriffe ausgeführt werden. Er wird dann auch in wenigen Minuten eine anschauliche Vorstellung bekommen von Begriffen wie Sternzeit, Stundenwinkel, Deklination usw., und die ganze Einrichtung wird ihm viel klarer werden, als beim Lesen einer bloßen Beschreibung.

Die Herstellung von Linsen und Fernrohren.

Wir wollen jetzt auf einige interessante, meist historisch bedeutungsvolle Punkte eingehen, die mit dem Bau von Fernrohren zusammenhängen. Die Hauptschwierigkeit, deren Überwindung eine besondere angeborene Geschicklichkeit verlangt, besteht in der Herstellung eines guten Objektivglases. Die geringste Abweichung von der Form, ein Fehler, der vielleicht nur darin besteht, daß an irgend einer Stelle das Objektiv um $^1/_{10000}$ eines Millimeters zu dünn geschliffen ist, genügt, um das Bild zu verderben.

Die Geschicklichkeit des Optikers, der das Objektiv herstellt, d. h. der es aus dem Rohmaterial in die richtige Form schleift, ist hierbei durchaus nicht allein maßgebend. Die Herstellung großer Glasblöcke von der nötigen Gleichmäßigkeit und Reinheit stellt eine Aufgabe dar, die mindestens ebenso schwierig zu lösen ist. Irgend eine Abweichung von der vollkommensten Gleichmäßigkeit des Glases ist nachher ebenso nachteilig und störend, wie ein Fehler in der Form des Objektives. Leute, die nicht mit den einzelnen Punkten der schwierigen Aufgabe vertraut sind, schlagen oft vor, diese Schwierigkeiten durch Herstellung eines Objektivs aus kleineren Einzelstücken zu umgehen. Diese Idee, so scharfsinnig sie auch erscheinen mag, ist völlig unausführbar aus dem einfachen Grunde, weil es unmöglich ist, zwei Glasstücke von genau demselben Brechungsvermögen herzustellen.

Vor 100 Jahren machte es besondere Schwierigkeiten, Flintglas von der nötigen Gleichmäßigkeit herzustellen. Diese Glassorte enthält eine beträchtliche Menge Blei, das während des Schmelzprozesses zu Boden sank und dadurch dem unteren Teil der Schmelzmasse ein größeres Brechungsvermögen erteilte, als dem oberen. Infolgedessen gehörte in jener Zeit ein Fernrohr, wenn es 4 oder 5 Zoll Öffnung hatte, schon zu den größeren. Ganz zu Anfang des vorigen Jahrhunderts erfand Guinand, ein Schweizer, eine Methode, nach der größere Blöcke gleichmäßigen Flintglases gegossen werden konnten. Er gab vor, hierbei ein Geheimverfahren anzuwenden, doch bestand sein Geheimnis wohl nur darin, daß er das flüssige Glas während des Schmelzprozesses dauernd umrührte.

Zur weiteren Verarbeitung dieser Glasblöcke in die richtige Linsenform bedurfte man eines Optikers, der im Schleifen und Polieren ebenso geschickt war, wie Guinand im Gießen des Rohmaterials. Ein solcher Künstler fand sich in der Person eines einfachen

Glasersohnes in München, Fraunhofer mit Namen, der zuerst als Lehrling bei einem Glasschleifer beschäftigt, bald von Stufe zu Stufe bis zum alleinigen Leiter eines großen optischen Instituts sich emporarbeitete. Bereits um 1820 gelang es Fraunhofer, Fernrohre von 25 cm Öffnung herzustellen, und sein Nachfolger Merz brachte es um 1840 sogar bis auf 38 cm. Die mit diesen Objektiven ausgestatteten beiden Fernrohre sind damals als Wunderwerke angestaunt worden. Das eine wurde von der Sternwarte in Pulkowo, das andere von dem Harvard-Observatorium in Cambridge (Nordamerika) erworben, und beide Instrumente sind noch jetzt, also nach einem Zeitraum von mehr als einem halben Jahrhundert, in praktischem Gebrauch. Noch größere Objektive sind erst in den sechziger Jahren durch Cooke in York (England) und durch Alvan Clark in Amerika hergestellt worden.

Clark war ursprünglich ein bescheidener, in weiteren Kreisen gänzlich unbekannter Portraitmaler in Cambridgeport in Nordamerika, und die Tatsache, daß er trotz seiner kaum elementaren Vorbildung und ohne jegliche Erfahrung auf dem Gebiete der Optik bald als Verfertiger von Objektiven die führende Rolle übernahm, beweist deutlich, welch ein wichtiger Faktor im Menschenleben angeborenes Talent ist. Freilich kostete es Clark anfangs viele Mühe, sich in seiner Heimat Anerkennung zu verschaffen, und erst durch Dawes, einen eifrigen englischen Doppelsternbeobachter, der Clark eines seiner ersten Instrumente abkaufte, wurde die Fachwelt, insbesondere in Amerika, auf den jungen Künstler aufmerksam. Für die Universität von Mississippi wurde ihm ein größerer Refraktor in Auftrag gegeben, der 1860 vollendet wurde und mit seinen 46 cm

Öffnung alle übrigen Fernrohre jener Zeit weit übertraf. Während seiner Prüfung in der Werkstatt machte Clarks Sohn damit eine höchst interessante Entdeckung; er fand nämlich einen Trabanten des Sirius, dessen Vorhandensein durch seine Anziehung auf Sirius von Bessel bereits nachgewiesen war, den aber noch kein menschliches Auge gesehen hatte. Der Ausbruch des Bürgerkrieges verhinderte die Abnahme des Fernrohres und es wurde schließlich von Chicagoer Bürgern erworben. Es ist heute in der Nordwest-Universität in Evanston aufgestellt.

Inzwischen wurden Glasblöcke von immer größeren Dimensionen in den Glaswerken von Chance & Co. in England und von Feil in Paris, dem Schwiegersohn von Guinand, gegossen. Aus dem Material dieser beiden Glaswerke stellte Clark weiterhin den 26zölligen Refraktor für die Sternwarte in Washington und ein ebensolches Instrument für die Universität von Virginia her. Dann folgte der 30 Zöller (76 cm) für die Sternwarte in Pulkowo, der 36zöllige (91 cm) Refraktor für die Licksternwarte und schließlich das große Fernrohr der Yerkes-Sternwarte, das 102 cm im Durchmesser mißt und auch heute noch den größten Refraktor darstellt, der wissenschaftlichen Zwecken dient.

Von europäischen Optikern sind in neuerer Zeit größere Objektive hergestellt worden für die Sternwarten in Wien (68 cm) und Greenwich (71 und 66 cm) von Grubb in Dublin, für Nizza (77 cm) von Henry in Paris und für Potsdam (80 und 50 cm) von Steinheil in München.

Das optische Material zu dem Yerkesrefraktor ist von Feils Nachfolger Mantois geliefert worden, während das Glas zu den neuesten Fernrohren europäischer Sternwarten, insbesondere zu dem großen Doppelfernrohr in Potsdam, in den Glaswerken von Schott u. Gen. in Jena gegossen worden ist.

Fig. 14. Vierzigzölliger Refraktor der Yerkes-Sternwarte.

Mit der Zunahme der Objektiv- und Fernrohrdimensionen gestaltete sich auch die technische Aufgabe einer vorteilhaften Montierung solcher Rieseninstrumente immer schwieriger. In Amerika sind die beiden soeben genannten großen Fernrohre, der Lick- und der Yerkesrefraktor, von Warner & Swasey aufgestellt worden, während die Montierung der meisten europäischen Instrumente größerer Dimensionen von den Gebrüdern Repsold in Hamburg angefertigt ist, einer Werkstätte, die seit Generationen Weltruf in der Herstellung astronomischer Instrumente besitzt. Zu der Bewegung, Richtung und Einstellung von solch großen Refraktoren reicht die Kraft des Beobachters häufig nicht mehr aus. Derartige Instrumente, ihre drehbaren Kuppeln, Beobachtungsstühle u. dgl. stellen daher heutzutage komplizierte Maschinen dar, deren Bewegung oft durch elektrische oder hydraulische Vorrichtungen meist vom Okular des Fernrohrs aus bewerkstelligt wird.

2. Das Spiegelteleskop.

Obgleich in der astronomischen Praxis der Refraktor im Allgemeinen wohl am meisten Verwendung findet, gibt es zur Beobachtung der Gestirne noch ein anderes Instrument von grundverschiedener Konstruktion. Bei diesem wird die Hauptaufgabe des Objektivs von einem leicht konkav geschliffenen Spiegel übernommen. Ein solcher Spiegel hat die Eigenschaft, daß er parallele Strahlen, die auf ihn fallen, in einem Brennpunkt vereinigt, der ungefähr in der Mitte zwischen dem Spiegel und seinem Krümmungsmittelpunkt liegt.

Ein derartiges Instrument hat gegenüber dem Refraktor den großen Vorzug, daß es frei ist von störender Farbendispersion. Ein anderer Vorteil liegt darin, daß es in viel größeren Dimensionen gebaut werden kann, als ein Refraktor. Beim Refraktor bedeuten die 40 Zoll Öffnung des Yerkes-Fernrohrs heutzutage schon eine Grenzleistung. Dagegen baute bereits vor mehr als einem halben Jahrhundert Lord Rosse ein großes Spiegelteleskop von mehr als sechs Fuß Öffnung. Nach den Größenverhältnissen allein zu urteilen, hätte dieses Instrument wesentlich viel mehr Licht geben und folglich auch viel schwächere Sterne zeigen müssen, als irgend ein bis jetzt gebauter Refraktor. Aber aus irgend einem Grunde hat seine Leistungsfähigkeit, wie überhaupt diejenige der älteren Spiegelteleskope, den Größenverhältnissen nicht entsprochen.

Die praktischen Schwierigkeiten beim Gebrauch des Teleskops sind mannigfach. Die erste und augenfälligste besteht darin, daß die Strahlen in derselben Richtung zurückgeworfen werden, aus der sie kommen. Um das Bild zu sehen, muß also der Beobachter notgedrungen in den Spiegel hineinschauen. Tut er das von oben herein, so schneiden sein Kopf und seine Schultern das Licht ab, das sonst auf die Mitte des Spiegels fallen würde. Es ist daher eine Vorrichtung nötig, die es ermöglicht, das zurückgeworfene Bild seitwärts abzulenken. Hierfür gibt es zwei Wege.

In dem nach Cassegrain benannten Spiegelteleskop wird ein kleiner, leicht konvex geschliffener Spiegel zwischen dem Brennpunkt und dem Hauptspiegel eingeschaltet. In dem Zentrum des Letzteren wird eine Öffnung gebohrt, durch welche die von dem kleinen Spiegel zurückgeworfenen Strahlen heraustreten können. Die Krümmung und die Stellung der beiden Spiegel wird so gewählt, daß das Bild des fernen Objektes in dieser Öffnung erscheint, und hier mit Hilfe eines Okulars betrachtet werden kann. Das einzige Fernrohr dieser Art in praktischem Gebrauch ist das große Melbourne-Spiegelteleskop von 4 Fuß Durchmesser, das von Howard Grubb verfertigt ist.

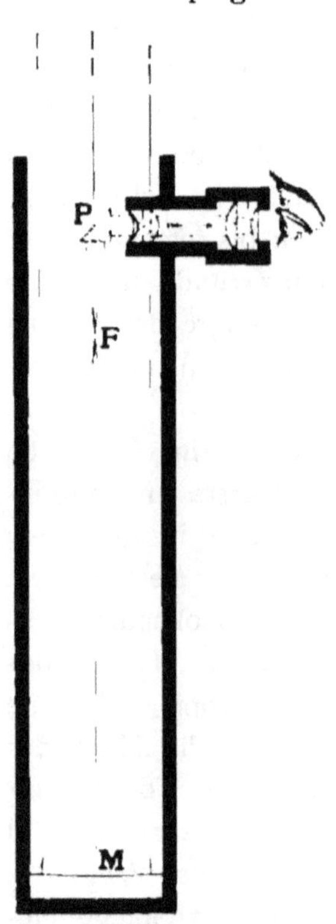

Fig. 15.
Durchschnitt durch ein Newtonsches Spiegelteleskop.

Die am meisten gebrauchte Vorrichtung zur Ablenkung der reflektierten Strahlen aus der Richtung der Teleskopachse stammt von Isaac Newton. Sie besteht, wie Fig. 15 zeigt, aus einem schrägen Spiegel, der ein einfaches Glasprisma sein kann, und der fast genau in dem Brennpunkt des Hauptspiegels angebracht wird. Seine spiegelnde Ebene bildet einen Winkel von 45 Grad mit der Achse des Teleskops und reflektiert daher die Strahlen seitlich nach dem Ansatzrohr. Hier wird das Brennpunktsbild mit einem gewöhnlichen Okular beobachet.

Es ist bemerkenswert, daß trotz der außerordentlichen Verbesserung der mechanischen Vorrichtungen, die der Bau und die Aufstellung eines Spiegelteleskops erfordern, niemals ein Versuch gemacht wurde, auf Lord Rosses Rieseninstrument ein gleich großes folgen zu lassen. Die größten Spiegelteleskope, die mit Erfolg in der astronomischen Praxis verwendet worden sind, hatten ungefähr 4 Fuß im Durchmesser. Die Hauptschwierigkeit bei dem Gebrauche noch größerer Spiegel beruht darin, daß sie sich unter dem Einfluß ihres eigenen Gewichts durchbiegen und dann unvollkommene Bilder liefern. Es scheint fast, als wenn es kein Mittel gibt, diesen Fehler bei Spiegeln von mehr als 4 bis 5 Fuß Durchmesser völlig zu beseitigen.

Während gegenwärtig für direkte Beobachtungen kaum noch größere Spiegelteleskope angefertigt werden, haben diese Instrumente auf einem anderen Gebiete der Himmelskunde, nämlich in der Astrophotographie, gerade in der letzten Zeit umfassende Verwendung gefunden. Es hat sich gezeigt, daß die Spiegelteleskope bei Aufnahmen lichtschwacher Objekte, wie Kometen, Sternhaufen und Nebelflecken, den Refraktoren nicht nur gleichkommen, sondern sie sogar weit übertreffen. Besonders bekannt sind in dieser Beziehung die Leistungen des von Common verfertigten und von Crossley der Licksternwarte geschenkten Crossley-Reflektors von 91 cm Öffnung. Die Erfolge, die Keeler mit diesem Instrumente erzielte, haben in erster Linie dazu beigetragen, daß das Spiegelteleskop in der astronomischen Praxis von neuem Bürgerrecht erhalten hat. So wird an der Yerkes-Sternwarte gegenwärtig ein Spiegel von Ritchie mit 60 cm Durchmesser, in Heidelberg ein solcher von Zeiss mit 70 cm Durchmesser zu Himmelsaufnahmen erfolgreich verwendet.

Bei den älteren Instrumenten von Lord Rosse, Lassell u. a. war der Spiegel aus einer Kupferzinnlegierung, die als Spiegelmetall bekannt ist, verfertigt; in neuerer Zeit verwendet man jedoch nach dem Vorgang von Steinheil und Foucault als reflektierende Fläche eine dünne Silberschicht, die auf Glas aufgetragen ist. Der Hohlspiegel besteht dabei aus einer großen dicken Glasscheibe, deren eine Seite genau parabolisch geschliffen ist. Diese letztere Form der Krümmung ist notwendig, um alle Strahlen in genau demselben Brennpunkt zu vereinigen. Ein dünner Überzug von Silber wird dann auf die Oberfläche des Glases gebracht, und man erhält so einen Spiegel, welcher der feinsten Politur fähig ist, und viel mehr Licht reflektiert als poliertes Metall.

3. Das photographische Fernrohr.

Einen der größten Fortschritte der praktischen Astronomie unserer Zeit hat die Anwendung der Photographie in der Himmelskunde mit sich gebracht; bei der Einfachheit des Verfahrens mag sogar die späte Einführung der Photographie in die astronomische Praxis fast unverständlich erscheinen. Zwar versuchte schon Daguerre, der Begründer der Photographie, Himmelsaufnahmen anzufertigen, doch waren seine Resultate bei der Unempfindlichkeit der damaligen Platten wenig ermutigend. Erst nach der Erfindung des nassen Kollodiumverfahrens gelang es im Jahre 1863 Draper in New York mit einem selbst konstruierten Spiegel von etwa 40 cm Öffnung die ersten brauchbaren Mondaufnahmen herzustellen. Ausgezeichnete Photographien der Sonne lieferten Foucault und Fizeau, ferner Warren de la Rue, der bei seinen Himmelsaufnahmen ebenfalls ein Spiegelteleskop anwandte, während Rutherfurd in New York sich bereits eines speziell für photographische Strahlen korrigierten Fernrohrs bediente. Gerade Rutherfurd brachte es schließlich so weit, daß seine Aufnahmen der Sonne, des Mondes und einiger Sternhaufen sich ruhig mit modernen Leistungen messen können und bei ihrem verhältnismäßig hohen Alter für die Wissenschaft noch heute einen großen Wert besitzen.

Trotz dieser Erfolge konnte bei der Umständlichkeit des damaligen photographischen Verfahrens von einer allgemeineren Verwertung der Photographie in der Himmelskunde kaum die Rede sein. Erst als im Jahre 1871 Maddox in England das noch heute gebräuchliche bequeme Trockenplattenverfahren erfand, wurde es möglich, in verhältnismäßig kurzer Zeit und ohne große Vorbereitungen Aufnahmen nicht nur von den helleren, sondern auch von den schwächsten Himmelsobjekten anzufertigen.

Eine Himmelsaufnahme kann mit jeder gewöhnlichen Kamera hergestellt werden, wenn wir sie nur wie ein Äquatorial parallaktisch aufstellen und mit einem Uhrwerk versehen, so daß sie dem Stern in seiner täglichen Bewegung nachgeführt wird. Eine Expositionszeit von wenigen Minuten genügt bereits, um ein Bild von mehr Sternen zu erhalten, als man mit bloßem Auge wahrnehmen kann; bei Verwendung eines großen, lichtstarken Objektivs ist hierzu sogar noch weniger Zeit erforderlich.

Von den Astronomen wird zur Photographie der Gestirne nach Rutherfurds Vorgang jetzt meist ein besonderes photographisches Fernrohr benutzt. Jedes gewöhnliche Fernrohr würde eigentlich für den Zweck zu verwenden sein; um jedoch vollkommen scharfe Bilder zu erhalten, muß das Objektiv in erster Linie diejenigen Lichtsorten in ein und demselben Brennpunkt vereinigen, für welche die photographische Schicht besonders empfindlich ist, nämlich die blauen und die violetten Strahlen. Man kann jedoch ein gewöhnliches, besonders für gelbe Strahlen korrigiertes Objektiv mit Erfolg für photographische Zwecke benutzen, wenn man nur zwischen Objektiv und Platte einen gelben Filter einschaltet, der die blauen und violetten Strahlen absorbiert. Bei hellen Objekten, wie Sonne und Mond, gibt diese Methode sehr gute Resultate, bei Sternaufnahmen erfordert sie jedoch zu lange Expositionszeiten und überdies die Anwendung besonderer, für gelbe Strahlen empfindlicher Plattensorten, weshalb sie heute nur noch bei ganz speziellen Untersuchungen angewendet wird.

Nach den bisherigen Erfolgen der Himmelsphotographie zu urteilen, ist es wohl möglich, daß in Zukunft vielleicht der größte Teil der astronomischen Arbeiten auf photographischem Wege erledigt werden wird. Der Hauptvorteil der Methode liegt darin, daß, wenn einmal von einem Fixstern oder einem anderen Himmelskörper ein Bild aufgenommen ist, es mit Muße und mit aller Sorgfalt zu jeder Zeit studiert und ausgemessen werden kann, während für die Beobachtung am Himmel stets nur wenige Nachtstunden zur Verfügung stehen und die Messungen am Fernrohr infolgedessen stets mehr oder weniger eilig ausgeführt werden müssen.

Früher wurden z. B. die Sonnenflecken durch direkte Beobachtung am Fernrohr, durch Zählung und und Messung ihrer Stellung auf der Sonnenscheibe usw. untersucht; jetzt wird an einer ganzen Anzahl großer Sternwarten täglich eine Aufnahme der Sonne gemacht, und die Orte der Flecken werden durch Ausmessung der Photographie abgeleitet. In dieser Weise wird das Studium der Sonne und der auf ihrer Oberfläche vorgehenden Veränderungen von Tag zu Tag verfolgt. Ebenso legte früher der Astronom seine Wahrnehmungen an dem Aussehen eines Kometen in einer Zeichnung nieder. Das war ein etwas unsicheres Verfahren, und in der Regel stimmten nicht zwei Beobachter bezüglich der feineren Einzelheiten mit einander überein. Jetzt wird der Komet photographiert und auf dem Negativ studiert. Ebenso liegen die Verhältnisse bei den Nebelflecken. Zeichnungen werden nicht mehr von ihnen angefertigt, da die Photographieen viel mehr Einzelheiten zeigen, als die beste Zeichnung.

Das größte photographische Fernrohr, das bis jetzt gebaut wurde, ist der große photographische Refraktor des Astrophysikalischen Observatoriums in Potsdam. Er hat 80 cm Öffnung und seine Linsen sind so geschliffen, daß sie nur die photographisch wirksamen Strahlen genau in denselben Brennpunkt bringen. Ein solches Instrument kann infolgedessen zu optischen Zwecken direkt nicht benutzt werden; es ist jedoch die Einrichtung getroffen, daß eine Korrektionslinse in den Strahlengang eingeschaltet werden kann, wodurch eine bessere Vereinigung der optischen Strahlen erzielt wird, so daß der Refraktor dann auch zu direkten visuellen Beobachtungen benutzt werden kann, mit dem einzigen Nachteil, daß durch die Korrektionslinse das Gesichtsfeld des Fernrohrs verkleinert wird.

Der Potsdamer Refraktor ist übrigens ein Doppelfernrohr. Das photographische Rohr ist mit einem optischen Rohr von 50 cm Öffnung fest verbunden, das außer zu direkten Beobachtungen auch noch als

Leitfernrohr bei photographischen Aufnahmen mit dem 80 cm-Rohr dient. Da nämlich die kleinen Unregelmäßigkeiten im Gang des Uhrwerks auf die Schärfe des photographischen Bildes einen großen Einfluß haben, so ist es erforderlich, daß während der ganzen Aufnahmezeit, die sich oft auf mehrere Stunden erstreckt, ein Beobachter den Gang des Uhrwerks ununterbrochen kontrolliert, bezw. beobachtet, ob das anvisierte und gleichzeitig photographierte Objekt auch dauernd im Fadenkreuz des Leitfernrohrs verbleibt.

Als eine der großartigsten internationalen Unternehmungen auf dem Gebiete der Astrophotographie ist die gegenwärtig im Gange begriffene Herausgabe einer photographischen Himmelskarte größten Maßstabes anzusehen. 18 Sternwarten der Erde beteiligen sich an der riesigen Arbeit, die den Grundstock für alle zukünftigen Untersuchungen über den Bau des Weltalls bilden wird. Das Unternehmen umfaßt zwei Hauptaufgaben: erstens die Herstellung einer vollständigen Karte des gestirnten Himmels, welche alle Fixsterne bis zur 14. Größenklasse enthält; zweitens die Ableitung der genauen Positionen und die Anfertigung eines Kataloges aller Fixsterne bis zur 11. Größe. Um die Einheitlichkeit der Arbeit zu sichern, werden alle hierfür bestimmten Aufnahmen mit Fernrohren von genau der gleichen Größe und Bauart angefertigt. In Deutschland beteiligt sich die Sternwarte in Potsdam an diesem Unternehmen.

4. Das Spektroskop.

Das Spektroskop ist ein Instrument zur Analyse des Lichts. Es ist ein viel neueres Instrument als das

Fernrohr, da es für astronomische Zwecke zuerst vor 40 Jahren in Anwendung kam. Um dem Leser die Anwendung des Spektroskops zu erklären, muß etwas über die Wärme- und Lichtstrahlen gesagt werden, die von den Himmelskörpern ausgehen.

Wir wissen, daß die Sonne uns sowohl Wärme wie Licht spendet. Eine sehr einfache Beobachtung zeigt, daß die Wärmestrahlen sich genau so wie die Lichtstrahlen in gerader Richtung fortpflanzen und daß sie durch Luft und andere durchsichtige Körper gehen, ohne diese zu erwärmen. Wenn wir in einem völlig kalten Zimmer ein großes Feuer in dem Kamin anzünden, so werden wir die Hitze in unserem Gesicht verspüren, trotzdem die Luft ringsum kalt ist. Ein überraschendes Experiment läßt sich ausführen, wenn man eine Linse aus Eis herstellt und sie als Brennglas benutzt. Die Sonnenstrahlen, die durch das Eis ihren Weg nehmen, können so konzentriert werden, daß sie die Hand verbrennen, ohne daß dabei das Eis schmilzt.

Früher nahm man an, Wärme und Licht seien zwei verschiedene Dinge, jetzt ist es bekannt, daß das nicht der Fall ist. Da sie beide von einem glühenden Körper ausgestrahlt werden, können sie den Gesamtnamen Strahlen führen. Alle Strahlen bringen, wenn sie auf eine Ebene fallen, Wärme hervor, ebenso wie die Glut des Feuers Hitze auf der Zimmerwand hervorbringt. Aber nicht alle Strahlen wirken auf den Augennerv derart, daß sie eine Empfindung von Licht hervorbringen.

Man weiß jetzt, daß Strahlen eine Art von Wellen in einem Medium, dem sog. Äther, sind, der den ganzen Himmelsraum selbst bis zum fernsten Fixstern erfüllt. Diese Wellen sind außerordentlich kurz. Um einen

Begriff von ihrer geringen Länge zu erhalten, müssen wir sie nach einem Maß, das **Mikron** heißt, bestimmen worunter man $^1/_{1000}$ mm versteht. Jene Wellen, die eine Empfindung von Licht im Auge hervorbringen, liegen zwischen $^4/_{10}$ und $^7/_{10}$ eines Mikrons. Dieses gibt 15000 bis 25000 Wellen auf den Zentimeter. Figur 16 zeigt ein Stück einer solchen Wellenlinie. Die Entfernung zwischen den punktierten Linien, zwei Wellenbergen, ist dann die Wellenlänge. Die Strahlen, welche die Sonne oder irgend ein anderer leuchtender Körper aussendet, haben aber nicht alle gleiche, sondern sehr verschiedene Wellenlängen, und sind im weißen Lichte alle durcheinander gemischt. In dieser

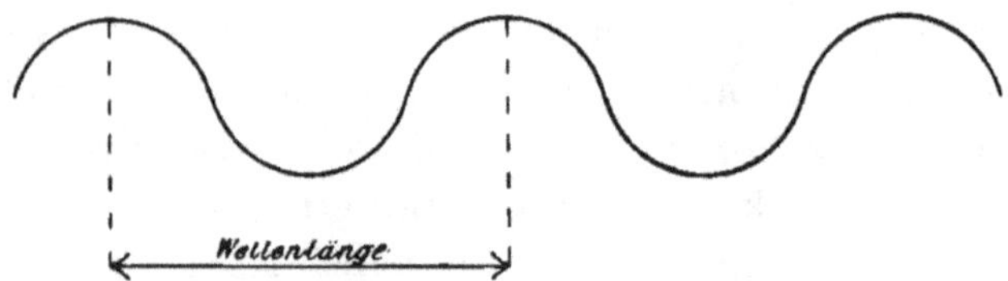

Fig. 16. Wellenlänge des Lichtes.

Hinsicht sind die Strahlen wie die Wellen des Ozeans, welche in der Länge von einigen Hundert Metern bis zu wenigen Zentimetern variieren und sich in ähnlicher Weise überlagern.

Wenn die Lichtstrahlen durch ein Glasprisma gehen, werden sie von ihrem Wege abgelenkt. Strahlen von verschiedener Wellenlänge werden verschieden gebrochen, aber so, daß Wellen der gleichen Länge stets in dem gleichen Maße gebrochen werden. Diese verschiedene Brechbarkeit von Strahlen verschiedener Wellenlänge läßt sich am einfachsten vorführen, wenn man ein Sonnenspektrum unter Zuhilfenahme eines dreikantigen Prismas entwirft. Wenn wir das farbige Licht auf einem weißen Schirm auffangen, sehen wir rotes Licht unten, darüber gelbes, dann in der Reihenfolge grün, blau und violett. Diese Anordnung der Farben in einer Ebene nennt man Spektrum. Die Farbe des Lichtes im Spektrum hängt allein von der Wellenlänge ab. Wenn die Wellenlänge eines Strahles größer ist als ungefähr $^{75}/_{100}$ eines Mikrons, so sieht das Auge ihn nicht mehr und für unsere Empfindung wirkt er dann einfach als Wärme. Von dieser Länge bis zu $^{67}/_{100}$ Mikron sieht das Licht rot, ist die Wellenlänge noch kürzer, so sieht es scharlachrot aus; dann kommt gelb usw. Ist die Wellenlänge kürzer als $^{42}/_{100}$ eines Mikrons, so ist es schwer, dieses Licht überhaupt noch wahrzunehmen. Aber gerade dieses schwache violette Licht wirkt stärker auf die photographische Platte, als das gelbe Licht, das dem Auge im Spektrum am glänzendsten erscheint. Das Licht, das am stärksten photographisch wirksam ist, liegt im Blau und Violett, und je weiter wir gegen Rot vordringen, desto mehr nimmt diese photographische Wirksamkeit ab.

Alle Körper senden Strahlen aus, doch sind bei gewöhnlicher Temperatur die Wellen dieser Strahlen zu lang, um vom Auge wahrgenommen zu werden. Erst wenn wir einen Körper bis zur Rotglut erwärmen, sendet er Strahlen von genügend kurzer Wellenlänge aus, die dem Auge als Licht erscheinen. Sobald wir ihn noch mehr erhitzen, strahlt er immer mehr Wellen von großer Länge, aber dabei auch immer mehr Wellen von kurzer Länge aus. Wenn wir z. B. Eisen erhitzen, so erscheint es anfangs rot- und nachher weißglühend.

Die Möglichkeit von Schlüssen über die Zusammensetzung eines heißen Körpers auf Grund des Lichtes, das er ausstrahlt, beruht auf der Tatsache, daß verschiedene Körper Licht von verschiedener Wellenlänge ausstrahlen. Handelt es sich um einen festen leuchtenden Körper, so strahlt er Licht von allen Wellenlängen aus, und wir können dann nicht viel aus seinem Spektrum erkennen. Ist er aber eine Masse durchsichtigen Gases, so strahlt er nur Licht von bestimmten Wellenlängen aus, je nach der Natur des betreffenden Stoffes.

Die leichteste Art, ein Gas zum Leuchten zu bringen, besteht darin, daß man einen elektrischen Funken durch dasselbe sendet. Wenn wir dann das durch den Funken hervorgerufene Licht mit einem Prisma analysieren, so finden wir, daß das Spektrum aus einer oder mehreren glänzenden Linien zusammengesetzt ist, die je nach der Natur des Gases an verschiedener Stelle stehen. So haben wir ein Spektrum von Wasserstoff, ein anderes von Sauerstoff usw., kurz Spektra von fast allen Körpern, die wir kennen. Feste Körper, alle Metalle eingeschlossen, können auf ihr Spektrum untersucht werden, wenn man sie so intensiv durch den elektrischen Funken erhitzt, daß ein Teil des Körpers gasförmig und leuchtend wird. Wir können so ein Spektrum von Eisen erhalten, das der geübte Beobachter an der Stellung und Anordnung der Linien sogleich als Eisenspektrum erkennt.

Spektralanalyse der Gestirne.

Das Grundprinzip der Spektralanalyse läßt sich wie folgt ausdrücken: Wenn das Licht eines weißglühenden Körpers durch ein Gas geht, das kälter ist, als der leuchtende Körper, so werden durch das Gas alle Wellenlängen aus dem Lichte ausgemerzt und absorbiert, die es selbst ausstrahlen würde, wenn es weißglühend wäre. Das Spektrum des festen Körpers erscheint in einem solchen Falle von gewissen dunklen Linien durchzogen, die von der Natur des Gases abhängig sind, durch welches das Licht hindurchgegangen ist. Wenn wir also beispielsweise einen elektrischen Lichtbogen durch ein Prisma aus unmittelbarer Nähe betrachten, so wird sein Spektrum von dem einen bis zum anderen Ende kontinuierlich erscheinen. Steht dagegen das Licht in weiter Entfernung, so werden wir es von einer großen Zahl dunkler Linien durchbrochen sehen. Diese Linien werden von der Luft verursacht, durch die das Licht gegangen ist und die in dem Spektrum Strahlen von bestimmten Wellenlängen ausgelöscht hat. Es ist von Interesse, daß hierbei der Wasserdampf in der Luft die wichtigste Rolle spielt und eine große Anzahl von Linien erzeugt, durch deren Auftreten sein Vorhandensein in der Luft augenblicklich festgestellt werden kann. Die dunkelsten Linien, die man im Sonnenspektrum gefunden hat, sind in Fig. 17 mit *A, B, C* usw. bezeichnet.

Wir können somit das Spektroskop in der verständlichsten Weise als ein Instrument definieren, das dazu dient, Spektra von Körpern sowohl am Himmel wie auf der Erde zu beobachten und die auftretenden Linien durch Ausmessung festzulegen.

Die Entwicklung der Spektralanalyse ist fast gänzlich eine Errungenschaft der Neuzeit, obwohl ihre Anfänge, wie bei jeder anderen Wissenschaft, mehrere Jahrhunderte zurückdatieren. Die dunklen Linien des Spektrums waren sogar schon Newton bekannt. Später wurden sie im ersten Viertel des vorigen Jahrhunderts zuerst von Wollaston und dann mit größerer Genauigkeit von Fraunhofer in München studiert, nach dem sie als Fraunhofersche Linien bezeichnet werden. Fraunhofer war auch der erste, der eine Zeichnung des Sonnenspektrums in großem Maßstabe anfertigte. Man hatte auch schon vor der Mitte des 19. Jahrhunderts erkannt, daß die Linien wahrscheinlich durch die Wirkung von absorbierenden Gasen zwischen Spektroskop und Lichtquelle hervorgebracht werden, eine eigentliche Theorie der Spektralanalyse wurde jedoch erst durch die Entdeckungen von Kirchhoff und Bunsen in Heidelberg in den Jahren 1857—63 geliefert. Sie wurde in der berühmten Veröffentlichung Kirchhoffs in Poggendorfs „Annalen der Physik und Chemie“ niedergelegt.

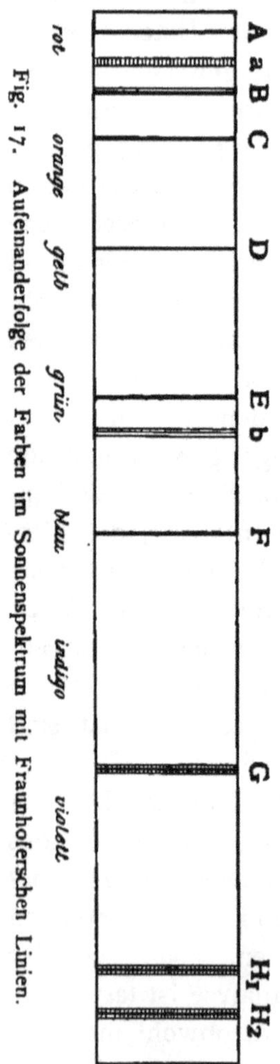

Fig. 17. Aufeinanderfolge der Farben im Sonnenspektrum mit Fraunhoferschen Linien.

Wir untersuchen heute die Himmelskörper mit dem Spektroskop aus zwei Gründen, einerseits um die chemische Beschaffenheit der Körper zu bestimmen, andererseits um ihre Bewegung auf uns zu oder von uns fort zu erkennen. Die Möglichkeit, mit dem Spektroskop auch Bewegungen nachzuweisen, stellt eine der wunderbarsten Errungenschaften der neueren Wissenschaft dar. Wenn ein Stern auf uns zu kommt, so wird die Wellenlänge des von ihm ausgehenden Lichtes infolge der Bewegung etwas kürzer, wenn er sich dagegen von uns entfernt, wird sie länger. Auf diese Weise ist es möglich, aus der Messung von Verschiebungen der Linien im Spektrum eines Sternes zu ermitteln, ob er sich uns nähert, oder von uns entfernt.

In den letzten Jahren ist die Untersuchung der Sternspektra fast ausschließlich mit Hilfe der Photographie ausgeführt worden. Man hat gefunden, daß wie in vielen anderen Fällen so auch hier die jetzt gebräuchlichen photographischen Trockenplatten Eindrücke aufnehmen, die so schwach sind, daß das Auge am Fernrohr sie nicht mehr empfindet. Die Photographie eines Spektrums zeigt dem Astronomen nicht nur diejenigen Linien, die er im Spektroskop sieht, sondern häufig noch viele andere. Die gegenseitige Stellung der Linien auf dem Negativ wird dann gemessen und zu weiteren Studien und Schlußfolgerungen verwertet.

5. Andere astronomische Instrumente.

Es wird gewöhnlich vom Publikum angenommen, daß die Haupttätigkeit eines Astronomen darin besteht, die Gestirne im Fernrohr zu betrachten und zu studieren. Dies trifft nur in dem Sinne zu, als ein Fernrohr ein notwendiger Bestandteil eines jeden astronomischen Instruments ist. Aber das Betrachten der Gestirne mit einem Fernrohr stellt nur einen sehr kleinen Teil der Tätigkeit eines Astronomen dar. Der wichtigste praktische Nutzen der Astronomie für die Menschheit besteht in der Ermittelung der Zeit und in der Bestimmung von Breiten und Längen der einzelnen Punkte auf der Erdoberfläche, damit wir wissen, wo Städte und andere wichtige Orte liegen, und damit wir imstande sind, von ganzen Ländern und einzelnen Gebieten Karten zu entwerfen. Alle diese Arbeiten erfordern eine Kenntnis der genauen Stellung der Sterne, ihrer Rektaszensionen und Deklinationen. Wir haben in einem früheren Kapitel gezeigt, wie diese beiden Größen auf der Himmelskugel mit der Länge und Breite auf der Erdoberfläche zusammenhängen. Auf Grund dieser Beziehungen ist es dem Beobachter möglich, die Breite seines Beobachtungsortes aus der Deklination eines Sternes und die Länge aus seiner Rektaszension und der Sternzeit eines Ortes von bekannter Länge abzuleiten. Die Gestalt und Größe der Planeten, die Bewegung der Trabanten, die Bahnen von Planeten und Kometen, die Struktur der Nebel und Sternhaufen bieten für sich ein endloses Feld für astronomische Untersuchungen, und um derartige Forschungen anzustellen, bedarf der Astronom außer dem Fernrohr noch anderer Instrumente.

Meridiankreis und Uhr.

Eine der wichtigsten und schwierigsten Aufgaben des praktischen Astronomen umfaßt die Bestimmung der Stellung der Himmelskörper an der Himmelskugel. Das Hauptinstrument für diese Bestimmungen ist das Meridianinstrument, auch Meridiankreis genannt (Fig. 18).

Ein Meridiankreis besteht aus einem, auf einer horizontalen Achse rechtwinklig befestigten, im Osten und im Westen unterstützten Fernrohr, dessen Visierlinie nur längs des Meridians bewegt werden kann. Von der Stellung an, in der es genau nach dem Südpunkt des Horizontes gerichtet ist, kann man es emporbewegen, bis die Absehenslinie durch das Zenith geht, und noch weiter bis sie den Pol und den Nordpunkt des Horizontes trifft. Dagegen kann man es nicht nach Osten oder Westen drehen. Es könnte scheinen, als ob diese eigentümliche Aufstellung die Anwendbarkeit eines Meridianinstrumentes sehr beschränkte, aber gerade auf diese Beschränkung gründet sich sein Nutzen. Die große Bedeutung dieses Instruments liegt darin, daß es gestattet, die Rektaszension eines Sterns lediglich durch Zuhilfenahme der Sternzeit zu bestimmen. In einem früheren Kapitel wurde der Begriff Sternzeit erklärt und dabei erwähnt, daß ihre Einheiten (Stunden, Minuten und Sekunden) etwas kürzer sind, als bei unserer gewöhnlichen Sonnenzeit, so daß eine Sternzeituhr von Monat zu Monat ungefähr zwei Stunden gegenüber der üblichen Zeitrechnung gewinnt. Der Sternzeitmoment, in dem ein Stern durch den Meridian geht, ist aber genau gleich der Rektaszension des Sterns; die Aufgabe, die letztere zu bestimmen, ist infolgedessen ganz einfach zu lösen. Wir setzen die Sternzeituhr in Gang, stellen sie auf genaue Sternzeit ein, richten das Meridianinstrument auf verschiedene Stellen der Mittagslinie in dem Moment, wenn dort gerade Sterne im Begriff sind, zu kulminieren und notieren den genauen Zeitpunkt ihres Meridiandurchganges. In dem Instrument ist der Meridian durch einen sehr feinen senkrechten Spinnfaden im Brennpunkte des Fernrohrs bezeichnet. Der Augenblick, in dem der Faden den vorüberziehenden Stern schneidet, stellt den Durchgang durch den Meridian dar. Die an der Sternzeituhr abgelesene Zeit gibt dann direkt die Rektaszension des Sterns. Wenn die Uhr vollkommen genau ginge, und das Instrument sich absolut genau in der Ebene des Meridians drehte, so würde die Rektaszension eines Sterns in dieser einfachen Weise bestimmt werden können.

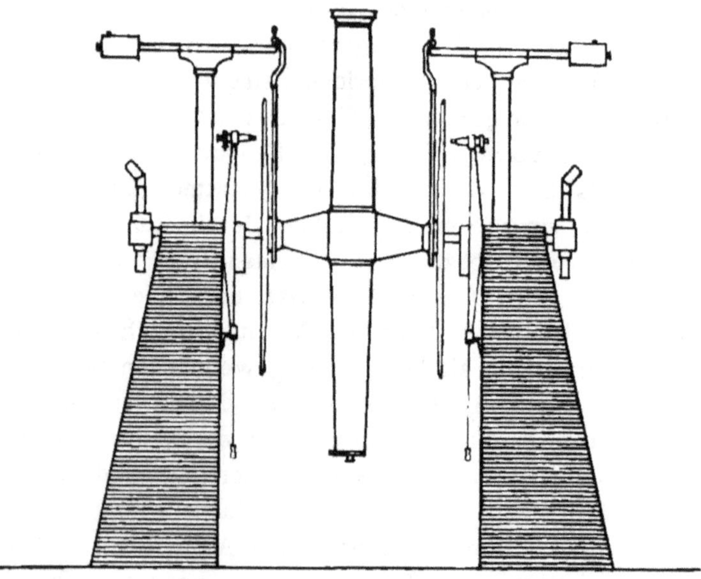

Fig. 18. Meridiankreis.

Leider liegen die Verhältnisse so, daß keine astronomische Uhr so genau reguliert werden kann, daß sie die Zeit bis auf Zehntel oder gar Hundertstel einer Sekunde genau angibt. Überdies ist es unmöglich, die Achse des Meridianinstruments so genau von Ost nach West zu legen, daß die Absehenslinie nicht ein wenig vom Meridian abwiche. Der Astronom muß deshalb bei jeder Beobachtung die kleinen Fehler seiner Uhr und des Instrumentes noch in Betracht ziehen, und dies erfordert sorgfältige Beobachtungen und Rechnungen. Aber selbst wenn er alle Instrumentalfehler berücksichtigt und auch sonst mit der größten Sorgfalt arbeitet, wird eine einzelne Beobachtung doch noch stets mit kleinen Fehlern behaftet sein, die er nach Möglichkeit herabdrücken muß. Er erlangt dies dadurch, daß er einen jeden Stern seines Programms wiederholt beobachtet. Bei der großen Zahl der Sterne muß er sich im allgemeinen mit drei oder vier Beobachtungen zufrieden geben; von den helleren, oder sonst irgendwie interessanten Sternen liegen allerdings Hunderte von Beobachtungen vor.

Um die Deklination eines Sternes an einem solchen Instrument zu bestimmen, ist ein eingeteilter Kreis nötig. Dieser besteht aus einem Messing- oder Stahlreifen, dessen Achse mit derjenigen, um die das Fernrohr des Meridianinstruments sich dreht, genau zusammenfällt. Der Kreis ist an der Achse befestigt, so daß er sich mit dem Fernrohr drehen muß, wenn das letztere am Himmelsmeridian entlang bewegt wird. Die Einteilung des Kreises besteht aus sehr feinen, ringsherum eingeritzten Querstrichen. Da der Kreis in 360 Grade eingeteilt wird, so ist jeder Grad durch einen solchen Strich bezeichnet. Zwischen den einzelnen Gradstrichen werden gewöhnlich noch 29 Teilstriche, die somit zwei Minuten von einander entfernt sind, eingeritzt. An einem oder an beiden der Steinpfeiler, die das Instrument tragen, sind vier Mikroskope derart angebracht, daß sie die genaue Ablesung der Gradteilung auf dem Kreise ermöglichen. Wenn das Instrument um seine Achse gedreht wird, passieren die Gradteile nacheinander eine im Gesichtsfeld eines jeden Mikroskopes angebrachte Marke. Ist das Fernrohr gerade auf einen Stern gerichtet, so wird die Deklination einfach durch Ablesen der unter dieser Marke befindlichen Stelle des Kreises gefunden.

Das Äquatorial und der Meridiankreis sind die Hauptmessinstrumente in dem astronomischen Inventar einer Sternwarte. Die vielen anderen Apparate dienen mehr oder weniger speziellen Zwecken und haben nur für diejenigen Interesse, die die Astronomie als Fachstudium betreiben. Wer sie genauer kennen lernen will, möge zu Büchern greifen, die speziell für Berufsforscher geschrieben sind.

Die Genauigkeit, mit der ein geübter Beobachter die Zeit eines Sterndurchganges durch den Faden seines Instruments verzeichnen kann, ist außerordentlich groß. Eine Methode der Beobachtung besteht darin, daß man auf die Schläge einer Uhr horcht und sie zählt, wenn der Stern ins Gesichtsfeld tritt und den Faden kreuzt. Man beobachtet dann die genaue Stellung des Sterns bei dem Sekundenschlag vor der Kreuzung des Fadens und dann wieder bei dem nächsten Schlag. Indem der Beobachter im Geiste die jeweiligen Entfernungen des Sterns von dem Faden bei den beiden Schlägen miteinander vergleicht, kann er die Zahl der Zehntel der Sekunde, in der die Überschreitung stattgefunden hat, schätzen und den Moment in seinem Buche notieren.

Diese Methode ist jetzt auf den meisten Sternwarten verdrängt durch die elektrische Registrierung der Meridiandurchgänge auf einen Chronographen. Dieses Instrument ist einem Telegraphenapparat sehr ähnlich; es besteht aus einem sich selbsttätig abrollenden Papierstreifen und zwei darauf ruhenden Schreibstiften. Wenn der Apparat in Tätigkeit gesetzt ist, ziehen diese Stifte auf dem Papiere zwei parallele Linien. Der eine von den Stiften ist nun durch einen elektrischen Strom mit dem Pendel der Uhr, und der andere mit einem Taster in der Hand des Beobachters derart verbunden, daß jeder Schlag der Uhr und jeder Druck des Tasters durch den Beobachter eine Kerbe in der Spur des betreffenden Stiftes macht. Wenn der Beobachter sieht, daß ein Stern den Faden seines Instruments erreicht hat, drückt er auf den Taster, und die Lage der Kerbe in der Stiftspur zwischen den zwei Kerben, welche die Uhr dicht darunter oder darüber hervorgebracht hat, ergibt den Augenblick, in dem auf den Taster gedrückt wurde.

Die bei den Beobachtungen verwendeten Uhren müssen von der denkbar höchsten Vollkommenheit sein, und dürfen in einem ganzen Tag keine Abweichung von einem Zehntel einer Sekunde zeigen. Bei einer gewöhnlichen Hausuhr würden schon durch den Wechsel der Temperatur zwischen Tag und Nacht Abweichungen von mehreren Sekunden entstehen. Daher müssen bei astronomischen Uhren zunächst diese Temperaturänderungen aufgehoben (kompensiert) werden. Dies geschieht, indem man das Pendel aus einer solchen Verbindung von verschiedenen Metallen herstellt, daß deren ungleiche Ausdehnungen sich gegenseitig aufheben. Die gebräuchlichste Form eines Kompensationspendels ist eine Stahlstange, die an ihrem unteren Ende ein Gefäß von Stahl oder Glas trägt, das mit Quecksilber gefüllt ist und die Pendellinse der gewöhnlichen Uhren ersetzt. Wenn die Temperatur steigt, kompensiert die Ausdehnung des Quecksilbers nach oben die Ausdehnung des Stahls nach unten.

Dritter Teil.

SONNE, ERDE UND MOND.

1. Überblick über das Sonnensystem.

Wir haben gesehen, wie die verhältnismäßig kleine Familie von Weltkörpern, von denen einer unseren Wohnsitz bildet, eine kleine Kolonie für sich darstellt. So klein sie auch im Vergleich mit dem ganzen Weltall ist, so bildet sie doch für uns den wichtigsten Teil desselben. Ehe wir zu einer eingehenden Beschreibung der einzelnen Glieder dieser Familie übergehen, wollen wir erst einen allgemeinen Überblick über die Natur und die Zusammensetzung der einzelnen Körper zu gewinnen suchen.

Der wichtigste Körper ist die Sonne, das große strahlende Zentralgestirn, das allen anderen Wärme und Licht spendet, und das ganze System durch seine mächtige Anziehung zusammenhält.

An zweiter Stelle kommen die Planeten, die sich in regelmäßigen Bahnen um die Sonne bewegen, und zu denen auch unsere Erde gehört. Das Wort Planet bedeutet Wandelstern, ein Ausdruck, der seit alter Zeit gebräuchlich ist, da diese Körper, anstatt eine feste Stellung unter den Fixsternen dauernd zu bewahren, zwischen ihnen umherzuwandern scheinen. Die Planeten werden in zwei getrennte Klassen eingeteilt, die man als große und kleine Planeten bezeichnet. Von den großen Planeten gibt es acht; sie bilden nächst der Sonne die größten Körper unseres Systems. Es sind dies, geordnet nach ihren Entfernungen von der Sonne, die Planeten Merkur, Venus, Erde, Mars, Jupiter, Saturn, Uranus und Neptun. Im großen und ganzen zeigen ihre Abstände von der Sonne eine gewisse regelmäßige Anordnung; ihre Entfernungen von der Sonne liegen zwischen rund 58 000 000 km bei Merkur, und 4 500 000 000 km bei Neptun. Der Letztere ist daher 78 mal so weit von der Sonne entfernt, wie Merkur. Noch größer sind die Unterschiede ihrer Umlaufszeiten. Merkur vollendet einen Umlauf um die Sonne in 88 Tagen, während Neptun über 164 Jahre zur Zurücklegung seiner langen Bahn braucht. Seit seiner Entdeckung im Jahre 1846 hat er noch keinen halben Umlauf vollendet.

Die großen Planeten werden nach ihrer Entfernung von der Sonne in zwei Gruppen von je vier Planeten eingeteilt, die eine recht breite Lücke zwischen sich lassen. Die innere Gruppe wird von viel kleineren Planeten gebildet als die äußere; alle vier inneren Planeten zusammengenommen würden noch nicht den siebenten Teil der Masse des kleinsten von der äußeren Gruppe ausmachen.

In der Lücke zwischen Mars und Jupiter bewegen sich die kleinen Planeten oder Asteroiden, wie sie auch zuweilen genannt werden. Sie sind, mit den großen Planeten verglichen, sehr klein. Ihre Mehrzahl ist ungefähr drei- oder viermal so weit von der Sonne entfernt, als die Erde. Gegenüber den großen Planeten ist ihre Zahl außerordentlich groß; man kennt jetzt schon fast 700 kleine Planeten, und neue Entdeckungen erfolgen noch in solchem Maße, daß die Gesamtzahl sich nicht einmal schätzen läßt.

Eine dritte Klasse von Himmelskörpern im Sonnensystem umfaßt die Satelliten oder Monde. Einige der großen Planeten haben einen oder mehrere solcher Monde, die sie umkreisen und daher beim Umlauf um die Sonne begleiten. Die beiden innersten Planeten, Merkur und Venus, haben keine Satelliten, so weit wir bis jetzt wissen. Bei den anderen Planeten schwankt ihre Zahl zwischen einem (unser Erdmond) und zehn, die das Gefolge des Saturn bilden. Außer Merkur und Venus bildet daher jeder große Planet den Mittelpunkt eines besonderen Systems, das eine gewisse Ähnlichkeit mit dem ganzen Sonnensystem hat. So haben wir das Marssystem, gebildet durch Mars und seine beiden Monde, das Jupitersystem, bestehend aus Jupiter und seinen sieben Monden, das Saturnsystem, welches Saturn, seine Ringe und seine zehn Monde umfaßt.

Eine vierte Klasse von Körpern im Sonnensystem bilden die Kometen. Sie bewegen sich um die Sonne in sehr exzentrischen Bahnen; wir sehen sie daher nur bei ihrer Annäherung an die Sonne, die bei den meisten Kometen nur in Zwischenzeiten von Jahrhunderten oder gar Jahrtausenden eintritt. Selbst dann kann es unter ungünstigen Bedingungen vorkommen, daß der Komet unsichtbar bleibt.

Außer den genannten Körpern haben wir in unserem Planetensystem eine unendliche Zahl von kleinen kosmischen Massen oder Meteoren, die sich gleichfalls in regelmäßigen Bahnen um die Sonne bewegen; sie stehen wahrscheinlich in einem engen Zusammenhang mit den Kometen. Für gewöhnlich sind sie völlig unsichtbar, nur wenn sie unsere Atmosphäre streifen und dabei glühend werden, sehen wir sie als Sternschnuppen aufleuchten und verschwinden.

Die nachfolgende Zusammenstellung gibt eine Übersicht über die Anordnung des Planetensystems, die Entfernungen, Umlaufszeiten und Massen der Planeten:

Planet	Entfernung von der Sonne in Mill. Kilometer	Umlaufzeit Tage	Masse in Einheiten der Erdmasse
Merkur	58	88	0,02
Venus	108	225	0,81
Erde .	149	365	1,00
Mars .	228	687	0,11
Jupiter	778	4 333	317,58
Saturn	1426	10 759	95,03
Uranus	2869	30 586	14,65
Neptun	4496	60 188	17,22

2. Die Sonne.

Der große Zentralkörper unseres Systems beansprucht naturgemäß zunächst unsere Aufmerksamkeit. Wir sehen, daß die Sonne eine leuchtende Kugel ist, und die ersten Fragen, die sich uns aufdrängen, betreffen die Größe und die Entfernung dieser Kugel. Die Größe und die Entfernung eines Körpers stehen aber in einem gewissen Zusammenhange zu einander. Wir können den Winkel messen, unter dem der Durchmesser der Sonne erscheint. Ist nun außerdem die Entfernung der Sonne bekannt, so kann man daraus den wahren Durchmesser der Sonne genau ermitteln. Dieses ist eine einfache Aufgabe der Trigonometrie. Es mag hier fürs erste die Angabe genügen, daß der scheinbare Durchmesser der Sonne unserem Auge unter einem

Winkel von 32 Minuten erscheint, und daß dies nach einfachen trigonometrischen Regeln soviel bedeutet, daß die Entfernung der Sonne ungefähr 107,5 mal so groß ist, als ihr Durchmesser. Kennen wir daher die Entfernung, so brauchen wir sie nur durch 107,5 zu dividieren, um den wahren Sonnendurchmesser zu erhalten.

Die verschiedenen Methoden zur Bestimmung der Sonnenentfernung werden wir in einem späteren Kapitel erläutern. Hier sei nur mitgeteilt, daß als Ergebnis aller dieser Untersuchungen folgt, daß die Entfernung der Sonne von der Erde nahezu 150000000 Kilometer beträgt. Wenn wir diese Zahl durch 107,5 dividieren, so erhalten wir den Durchmesser der Sonne zu ungefähr 1390000 Kilometer. Dies ist ungefähr 110mal so viel wie der Durchmesser der Erde. Daraus folgt, daß das Volumen oder der Rauminhalt der Sonne um rund 1300000mal größer ist als der Rauminhalt der Erde.

Die Sonne ist für uns von besonderer Bedeutung, weil sie unsere größte Licht- und Wärmequelle bildet. Würde diese verschwinden, so würde die Erde nicht nur in ewige Nacht, sondern nach kurzer Zeit auch in ewige Kälte versinken. Wir wissen alle, daß während einer klaren Nacht die Oberfläche der Erde infolge der Ausstrahlung der während des Tages von der Sonne empfangenen Wärme kälter wird. Würde die Erde nicht täglich neuen Wärmezuschuß von der Sonne erhalten, so würde ihr Wärmeverlust weiter fortschreiten, und die Kälte um uns herum würde schließlich weit diejenige überschreiten, die wir jetzt in den Polargegenden antreffen. Eine Vegetation wäre dann nicht mehr möglich, die Meere würden zufrieren und alles Leben auf der Erde würde bald erloschen sein.

Die uns sichtbare Oberfläche der Sonne heißt Photosphäre. Für das bloße Auge sieht dieselbe ganz gleichförmig aus. Aber in einem Fernrohr erscheint sie gekörnt, ein Aussehen, das man ganz treffend mit

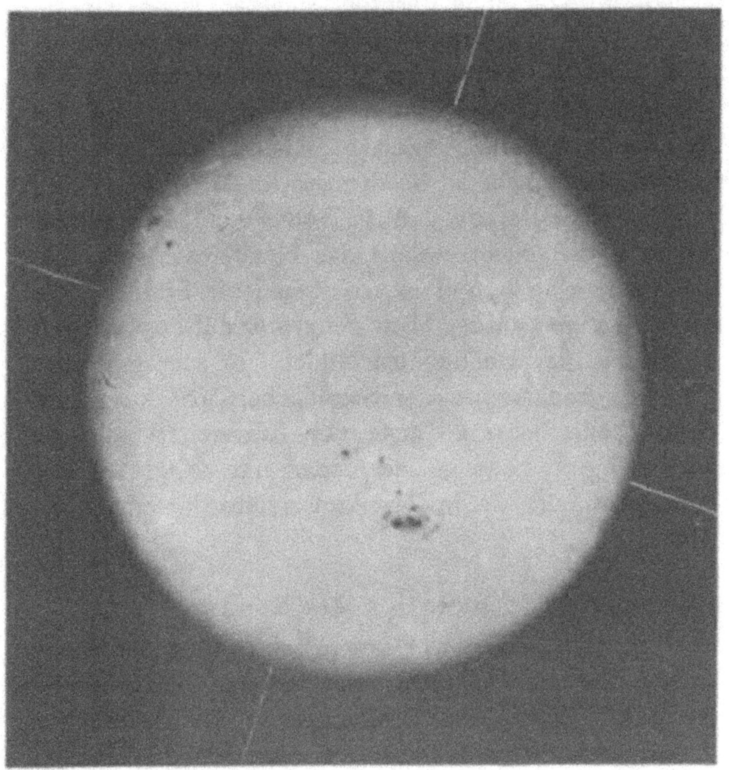

Fig. 19. Photographie der Sonne am 13. Februar 1892.

einem Teller dicker Reissuppe verglichen hat. Eine Untersuchung der Photosphäre unter den günstigsten Bedingungen zeigt, daß diese Erscheinung tatsächlich von kleinen und sehr unregelmäßigen beweglichen

Körnern herrührt, die über die ganze Photosphäre verbreitet sind.

Wenn wir die Helligkeit der einzelnen Teile der Photosphäre genau vergleichen, so finden wir, daß die Mitte der Scheibe heller ist, als der Rand. Der Unterschied ist sogar ohne Fernrohr sichtbar, wenn wir die Sonne durch ein dunkles Glas oder bei ihrem Untergang durch die Dünste des Horizontes betrachten. Die Abnahme des Lichtes erfolgt besonders schnell bei der Annäherung an den Rand der Scheibe. Die Intensität ist dort kaum halb so hell als in der Mitte.

Es folgt hieraus, daß die Sonne von einer Atmosphäre umgeben ist, welche das Licht absorbiert. Da die Sonne eine Kugel ist, so stehen die Strahlen, die wir empfangen, in der Mitte senkrecht auf der Sonnenoberfläche, am Rande aber schief. Je schräger aber die Lichtstrahlen von der Sonnenoberfläche ausgehen, desto größer ist die Dicke der Atmosphäre, die sie durchdringen müssen, und daher um so größer die Absorption, die sie in der Atmosphäre der Sonne erleiden.

Die Rotation der Sonne.

Sorgfältige Beobachtungen zeigen, daß die Sonne ebenso wie die Planeten sich um eine Achse dreht, die durch ihren Mittelpunkt geht. Wir gebrauchen dieselben Bezeichnungen wie bei der Erde und nennen die Punkte, in denen die Achse die Oberfläche schneidet, die Pole der Sonne und den Kreis in der Mitte zwischen den Polen den Sonnenäquator. Die Dauer der Umdrehung beträgt bei der Sonne ungefähr 26 Tage. Da der Umfang der Sonne rund 110mal so groß ist, wie der Umfang der Erde, so ist die Geschwindigkeit der Sonnenrotation mehr als 4mal so groß, wie diejenige der Erde. Ein Punkt des Sonnenäquators legt in 1 Sekunde etwa 2 Kilometer zurück.

Die Sonnenrotation zeigt aber die merkwürdige Erscheinung, daß sie am Äquator schneller erfolgt als nördlich und südlich von demselben. Wäre die Sonne ein fester Körper, wie die Erde, so hätten alle ihre Teile gleiche Rotationszeit; es folgt hieraus, daß die Sonne kein fester Körper ist, sondern daß sie entweder flüssig oder gasförmig sein muß, mindestens an ihrer Oberfläche.

Der Sonnenäquator ist um 7 Grad gegen die Ebene der Erdbahn geneigt und zwar so gerichtet, daß in unserem Winter der Nordpol 7 Grad von uns abgewendet ist, und der Mittelpunkt der Sonnenscheibe ungefähr um diesen Betrag südlich vom Sonnenäquator liegt. In unserem Sommer ist das Umgekehrte der Fall.

Die Sonnenflecken.

Wenn man die Sonne aufmerksam durch ein Fernrohr beobachtet, findet man gewöhnlich, obgleich nicht immer, einen oder mehrere dunklere Flecken auf ihrer Oberfläche. Sie werden selbstverständlich bei der Umdrehung der Sonne mitgeführt, und durch die Beobachtung ihrer Bewegung wird auf die leichteste Art die Zeit der Umdrehung der Sonne bestimmt. Wenn ein Fleck in der Mitte der Sonnenscheibe auftritt, gelangt er in 6 Tagen zum westlichen Rande und wird unsichtbar. Nach ungefähr 2 Wochen wird er am östlichen Rande wieder sichtbar, wenn er nicht, wie es oft vorkommt, inzwischen verschwunden ist.

Die Größe dieser Flecken ist außerordentlich verschieden. Einige stellen winzige Punkte, Poren, dar, die mit einem guten Fernrohr eben sichtbar sind, während manchmal ein Fleck so groß ist, daß man ihn mit bloßem Auge durch ein dunkles Glas sehen kann. Sie erscheinen oft in Gruppen und man kann dann manchmal mit bloßem Auge auf der Sonnenscheibe einen Fleck erkennen, der sich im Fernrohr als eine ganze Fleckengruppe herausstellt.

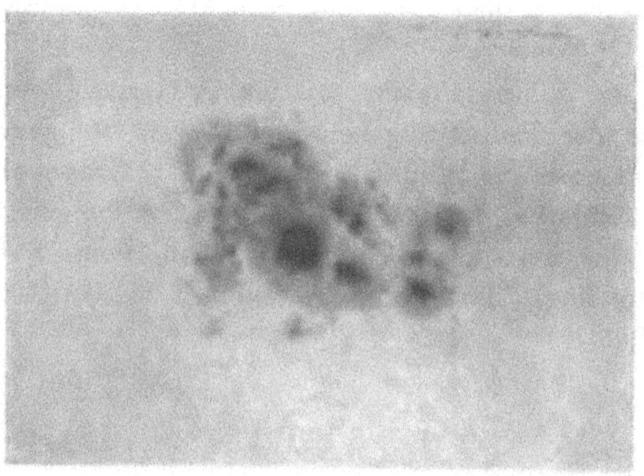

Fig. 20. Photographie eines Sonnenflecks am 5. Februar 1905.

Ist die Luft ruhig, und wird ein größerer Fleck sorgfältig durch ein Fernrohr beobachtet, so sieht man, daß er aus einem dunklen, zentralen Gebiete, dem Kern, besteht, der von einem schattierten Rande, dem Halbschatten oder der Penumbra, umgeben ist. Sind alle Bedingungen günstig, so erscheint dieser Rand streifig, wie der Rand eines Strohdaches.

Die Flecken sind von sehr verschiedener und unregelmäßiger Gestalt, häufig nach vielen Richtungen zerspalten. Der schattierte Rand oder die schilfartigen

Strahlen, die ihn bilden, greifen häufig noch in den Kern hinein über, ja sie können ihn sogar an einzelnen Stellen überbrücken.

Eine höchst merkwürdige Erscheinung der Sonnenflecken, die durch Beobachtungen von drei Jahrhunderten sich ergeben hat, besteht darin, daß ihre Häufigkeit in einer regelmäßigen Periode von rund 11 Jahren wechselt. Manchmal tritt während fast eines halben Jahres gar kein Fleck auf, wie dies z. B. in den Jahren 1890 und 1902 der Fall war. Im folgenden Jahre erscheinen dann einige wenige Flecken und ihre Zahl nimmt während der nächsten 5 Jahre immer mehr zu. Dann beginnt die Häufigkeit von Jahr zu Jahr abzunehmen, bis nach Ablauf der 11jährigen Periode die Anzahl der Sonnenflecken wieder zunimmt. Dieser Wechsel ist bis auf Galilei zurückgeführt worden, obwohl erst Schwabe im Jahre 1843 fand, daß er an eine regelmäßige Periode gebunden sei.

Die folgende Zusammenstellung gibt die Maxima und Minima im Auftreten der Sonnenflecken, wie sie in den letzten Jahren eingetreten sind und in den nächsten Jahren voraussichtlich eintreten werden.

Maxima:	Minima:
1871	1867
1884	1879
1894	1890
1905	1902
1916	1912
1927	1923

Die Sonnenflecken erscheinen nicht an allen Stellen der Sonnenscheibe, sondern nur in bestimmten Breiten. Sie sind ziemlich selten am Sonnenäquator, ein wenig nördlich oder südlich vom Äquator bis zu 15 Grad Breite werden sie jedoch zahlreicher. Von da ab bis zu 20 Grad ist ihre Häufigkeit am größten, dann nimmt sie ab, so daß über den 30. Grad hinaus nur selten ein Fleck vorkommt. Diese Verteilung zeigt Fig. 21, wo die Stärke der Schattierung die Häufigkeit der Flecken anzeigt.

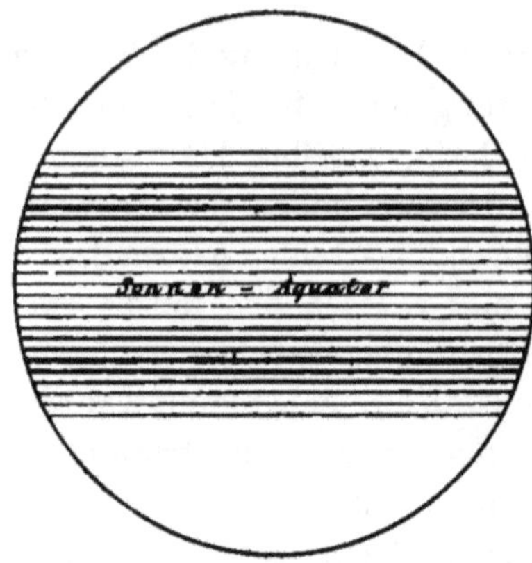

Fig. 21. Häufigkeit der Sonnenflecken in verschiedenen Breiten.

Die Sonnenfackeln.

Außer den dunklen Sonnenflecken werden auf der Sonne auch Ansammlungen von zahlreichen kleinen hellen Flecken oder Adern, die wesentlich heller sind als die Photosphäre, beobachtet. Diese werden Sonnenfackeln genannt. Sie erscheinen oft in der Nachbarschaft eines Sonnenflecks und kommen am häufigsten am Sonnenrande in den Gebieten der größten Fleckentätigkeit vor, sie sind jedoch nicht ganz auf diese Gebiete beschränkt. Indessen treten sie in der Nähe der Sonnenpole nur selten auf.

Daß die Flecken und Fackeln aus einer gemeinsamen Ursache stammen, ist durch Beobachtungen mit dem Spektroheliographen nachgewiesen worden. Es ist dies ein Instrument, das die Aufnahmen von Sonnenphotographieen in einer bestimmten Strahlengattung, beispielsweise in der Spektrallinie des Kalziumdampfes, ermöglicht. Die Wirkung dieses Instrumentes ist dieselbe, als wenn wir die Sonne durch ein Glas ansehen würden, das nur die Kalziumstrahlen durchläßt, aber alle anderen absorbiert. Wir würden dann nur das Kalziumlicht auf der Sonne und kein anderes sehen.

Wenn die Sonne im Lichte der Kalziumlinie mit diesem Instrument photographiert wird, ergibt sich das merkwürdige Resultat, daß die Gebiete größter Sonnenfleckentätigkeit heller als alle anderen erscheinen, und daß die Fackeln überall auf der Sonne auftreten. Wir ersehen hieraus, daß Gaseruptionen, deren Hauptbestandteil Kalziumdampf ist, beständig und überall stattfinden, besonders zahlreich aber in den Zonen der Sonnenflecken. Die Sonnenflecken bilden somit das Ergebnis von Vorgängen, die zu jeder Zeit und überall auf der Sonne auftreten, aber die Entstehung von Flecken nur ausnahmsweise veranlassen.

Früher nahm man an, daß die Sonnenflecken Öffnungen oder Vertiefungen in der Photosphäre seien, durch die ein dunkles Innere sichtbar würde. Diese Ansicht gründete sich auf die öfters auftretende Erscheinung, daß bei einem Fleck am Rande der Sonnenscheibe der Halbschatten nach dem Sonnenrande zu breiter erscheint als gegenüber, wodurch der Eindruck einer teller- oder trichterartigen Vertiefung hervorgerufen wird; wir können trotzdem noch nicht mit Bestimmtheit sagen, ob die Flecken über oder unter der Photosphäre liegen. Wir werden später sehen, daß die letztere keine einfache dünne Schicht ist, wie sie uns erscheint, sondern eine Hülle von 100 oder mehr Kilometern Dicke darstellt. Die Flecken gehören zweifellos dieser Hülle an und sind kältere Teile derselben;

ihre genauere Lage innerhalb der Photosphäre läßt sich jedoch vorläufig noch nicht angeben.

Die Protuberanzen und die Chromosphäre.

Die nächste bemerkenswerte Erscheinung auf der Sonne, die wir beschreiben wollen, sind die Protuberanzen. Unsere Kenntnis dieser Gebilde hat eine interessante Geschichte, auf die wir bei Gelegenheit der Sonnenfinsternisse näher eingehen werden. Das Spektroskop zeigt uns, daß große Massen von glühendem und leuchtendem Dampf aus jedem Teil der Sonne hervorbrechen. Diese Gasmassen haben eine solche Ausdehnung, daß die Erde in ihnen, wie ein Sandkorn in der Flamme einer Kerze, verschwinden würde. Sie werden mit enormen Geschwindigkeiten, die manchmal Hunderte von Kilometern in der Sekunde betragen, emporgeschleudert. Gleich den Fackeln sind sie zahlreicher in den Sonnenfleckenzonen, aber nicht auf diese Gebiete beschränkt. Der grelle Lichtschein um die Sonne, der durch die Reflexion des Lichtes in der Erdatmosphäre entsteht, macht sie für die direkte Beobachtung selbst bei Benutzung eines Fernrohrs gänzlich unsichtbar, wenn wir von den seltenen Momenten totaler Sonnenfinsternisse absehen, bei denen dieser helle Lichtschein um den Sonnenrand durch das Dazwischentreten des Mondes aufgehoben wird. Sie können dann selbst mit bloßem Auge am Rande der schwarzen Mondscheibe gesehen werden.

Die Protuberanzen lassen sich zweckmäßig in zwei Gruppen trennen, in eruptive und wolkenähnliche Protuberanzen. Die ersteren steigen wie riesenhafte Flammengarben von der Sonne auf, die letzteren scheinen in Ruhe über ihr zu schweben, wie die

Wolken in der Luft. Nun gibt es aber keine eigentliche Luft in der Sonnenumgebung, die sie tragen könnte, und wir können nicht mit Sicherheit sagen, was sie schwebend erhält. Sehr wahrscheinlich indessen ist dies die Wirkung einer abstoßenden Kraft der Sonnenstrahlen, von der in einem späteren Kapitel noch die Rede sein wird.

Die Spektralanalyse zeigt, daß die Protuberanzen hauptsächlich aus Wasserstoff bestehen, vermischt mit Kalzium- und Magnesiumdämpfen. Von dem Wasserstoff kommt ihre rote Farbe her. Die fortgesetzte Beobachtung der Protuberanzen hat einen Zusammenhang derselben mit einer dünnen Schicht von Gasen bewiesen, welche die Photosphäre umgibt und auf ihr ruht. Diese Schicht wird Chromosphäre genannt, nach ihrer tiefroten Farbe, ähnlich derjenigen der Protuberanzen. Ebenso wie diese verdankt sie ihr Leuchten hauptsächlich dem Wasserstoff, aber sie enthält außerdem noch eine Menge anderer Substanzen in anscheinend wechselnder Menge.

Einen weiteren Bestandteil der Sonne bildet die Korona. Dieselbe wird nur bei totalen Sonnenfinsternissen als matter Glanz sichtbar und breitet sich von ihr in langen Strahlen aus, die häufig länger als der Sonnendurchmesser sind; ihre Zusammensetzung und ihre Beziehung zur Sonne sind noch nicht aufgeklärt. Sie wird im Kapitel der Finsternisse näher beschrieben werden.

Die Zusammensetzung und Dichte der Sonnenmaterie.

Wir wollen hier noch einmal zusammenfassen, was die Sonne ist und woraus sie besteht.

Wenn wir die Sonne ansehen, erblicken wir zunächst ihre leuchtende Oberfläche, die Photosphäre. Eine wirkliche Oberfläche ist es eigentlich nicht, sondern wahrscheinlich eine Hülle von Gasen, einige Hundert Kilometer tief, die uns als Oberfläche erscheint. Diese Hülle ist von Flecken unterbrochen, und in oder über ihr befinden sich die Fackeln.

Über der Photosphäre ruht eine Schicht von Gasen, die Chromosphäre, die jederzeit mit einem Spektroskop beobachtet werden kann, aber außer bei totalen Sonnenfinsternissen niemals durch visuelle Beobachtung wahrgenommen wird.

Durch die rote Chromosphäre oder von ihr aus werden die ebenfalls roten Flammen, die Protuberanzen, emporgeschleudert.

Über der Chromosphäre und den Protuberanzen erstreckt sich weit in den Weltraum die Korona.

Das ist die Sonne, wie wir sie sehen. Was weiß man nun von ihrer wirklichen Zusammensetzung? Vor allem, ist sie eine feste, flüssige oder gasförmige Masse?

Daß sie kein fester Körper ist, zeigt schon die Eigentümlichkeit der veränderlichen Rotation. Sie kann aber auch nicht flüssig sein, wie geschmolzenes Metall, weil sie eine solche Wärmemenge von ihrer Oberfläche in den Weltraum ausstrahlt, daß geschmolzenes Metall leicht abkühlen und in sehr kurzer Zeit erstarren würde. Seit mehr als 30 Jahren nimmt man an, daß das Innere der Sonne eine gasförmige Masse ist, die durch den enormen Druck der über ihr liegenden Teile bis zur Dichtigkeit einer Flüssigkeit zusammengepreßt wird. Aber man glaubte anfangs doch noch, daß die

Photosphäre eine Art Kruste darstellt und die ganze Sonne gewissermaßen einen ungeheuren Sprudel bildet. Diese Ansicht ist indessen kaum mehr haltbar, und es ist unwahrscheinlich, daß es irgend eine feste Masse auf der Sonne gibt.

Manche Versuche sind gemacht worden, um die Temperatur der Photosphäre zu bestimmen. Wahrscheinlich übertrifft sie jede Temperatur, die wir auf der Erde experimentell hervorbringen können, ja selbst diejenige des elektrischen Ofens; denn wie könnte sonst Kalzium, das Grundelement des Kalkes, einer der feuerfestesten Substanzen auf der Erde, dort in Dampfform vorkommen? Wir wissen alle, daß die Luft kühler und dünner wird, wenn wir uns über die Erdoberfläche erheben — eine Wirkung der Schwerkraft und des daraus folgenden Gewichtes der Atmosphäre — und daß in gleicher Weise beim Hinabsteigen in die Tiefe ein beständig zunehmender Druck sich bemerkbar macht. Nun ist die Schwerkraft auf der Sonne 27½ mal größer als auf der Erde. Daher nehmen die Temperatur und der Druck auf der Sonne bei der Annäherung an ihren Mittelpunkt in viel schnellerem Maße zu, als auf der Erde. Selbst in der Photosphäre ist die Temperatur bereits eine solche, daß die „Massen in Fluß sind", und wenn wir unter ihre Oberfläche steigen, muß die Hitze bei jedem Kilometer abwärts nach Hunderten von Graden zunehmen. Hieraus folgt, daß im Innern der Sonne die Gase zwei entgegengesetzten Kräften unterworfen sind, die nach dem Mittelpunkte zu an Intensität zunehmen. Diese Kräfte sind die Ausdehnung durch die Hitze und der Druck der Gase von oben, hervorgebracht durch die enorme Schwerkraft der Sonne.

Die Kräfte, die allein in den äußeren Teilen des Sonnenballes in dieser Weise wirken, lassen sich nicht in einfacher Weise veranschaulichen. Vielleicht dürfen wir die Explosion der Pulverladung bei Abfeuerung einer 40-Zentimeter-Kanone als Beispiel für die Kraft entzündeter Gase anführen. Nun denke man sich jeden Fleck in einem ganzen Lande mit solchen Kanonen bedeckt, alle nach oben gerichtet und alle auf einmal abgeschossen! Und doch würde die Wirkung im Verhältnis zu dem, was im Innern der Photosphäre vorgeht, etwa so sein, als wenn man die Knallbüchse eines Knaben mit einer Kanone vergleichen wollte!

Aus der mittleren Dichtigkeit der Sonne folgt das mittlere spezifische Gewicht der Materie, welche die Sonne zusammensetzt, d. h. das Verhältnis ihres Gewichtes zu demjenigen eines gleichen Volumens Wasser. Die Dichtigkeit der Sonne beträgt nun ungefähr $^1/_4$ derjenigen der Erde (genau 0,2554) oder 1,41 mal diejenige des Wassers. Die Masse oder das Gewicht der Sonne ist danach ungefähr 333 000 mal so groß, als die Masse der Erde.

Würde ein menschliches Wesen zur Sonne gelangen können, so würde ein Durchschnittsmensch dort 2000 Kilogramm wiegen und durch sein eigenes Gewicht zerdrückt werden.

Die Quelle der Sonnenwärme.

Vom praktischen Standpunkte aus gehört vielleicht zur verständlichsten und wichtigsten Aufgabe der Sonnenphysik die Beantwortung der Frage: Wie erhält sich die Sonnenwärme? Bevor die Gesetze der Wärme völlig erkannt waren, schien diese Frage keine Schwierigkeiten zu bieten. Selbst heutigen Tags wird von Leuten, die mit dem Gegenstande nicht hinreichend vertraut sind, angenommen, daß die Wärme, die wir von der Sonne empfangen, in irgend einer Weise vom Durchgang ihrer Lichtstrahlen durch unsere Atmosphäre abhängt, und daß tatsächlich die Sonne keine Wärme ausstrahle, ja vielleicht gar kein besonders heißer Körper sei. Aber die Wissenschaft zeigt, daß Wärme nur bei Aufwendung von Energie in irgend einer Form erzeugt werden kann. Die Sonnenenergie kann somit nicht unbeschränkt sein, sondern nimmt durch die Ausstrahlung beständig ab.

Man kann sich die Sonne vorstellen als eine weißglühende Kugel, die abkühlt, indem sie Hitze nach allen Richtungen ausstrahlt. Wir wissen sogar aus eingehenden Beobachtungen, wieviel Wärme die Sonne aussendet. Die Methode dieser Messung mag in folgender Weise erklärt werden:

Man nehme eine flache Schale mit ebenem Boden von der Tiefe eines Zentimeters und fülle sie ganz mit Wasser. Nun setze man die Schale den senkrecht auffallenden Sonnenstrahlen aus. Die Wärme, mit der die Sonne sie bestrahlt, wird genügen, um die 1 cm hohe Wasserschicht in 1 Minute auf ungefähr $3^1/_2$—4 Zentigrade zu erwärmen. Wenn wir uns nun eine dünne Kugelschale von Wasser von 1 cm Dicke vorstellen, die den gleichen Radius hat, wie die Erdbahn, und in deren Mittelpunkt die Sonne steht, so wird auch die innere Fläche dieser Hohlkugel mit der eben erwähnten Geschwindigkeit um $3^1/_2$—4 Grad erwärmt werden und die Wärmemenge, die sie empfängt, stellt dann den gesamten Betrag der Wärme dar, den die Sonne in 1 Minute ausstrahlt. Wir können also durch den obigen Versuch jederzeit feststellen, wieviel Wärme die Sonne jede Minute, jeden Tag, jedes Jahr in den Weltraum abgibt.

Eine sehr einfache Berechnung zeigt, daß die Sonne, wenn sie eine Art weißglühender Kugel wäre, sie so schnell abkühlen würde, daß ihre Wärme nicht länger als wenige Jahrhunderte vorhalten könnte. In Wirklichkeit hat sie aber aller Wahrscheinlichkeit nach bereits Millionen von Jahren vorgehalten. Woher kommt also der Ersatz? Die Antwort auf diese Frage geht nach dem heutigen Stande der Wissenschaft dahin, daß die von der Sonne ausgestrahlte Wärme durch die Verkleinerung ihres Volumens ersetzt wird, indem dieses sich in gleichem Maße zusammenzieht, wie der Sonne Wärme entzogen wird.

Wir wissen alle, daß in manchen Fällen Wärme entsteht, wo Bewegung vernichtet wird. Wenn ein Kanonenschuß auf die Panzerplatte eines Kriegsschiffes abgefeuert wird, so erhitzt schon der Aufschlag des Geschosses sowohl die Panzerplatte wie die Kugel. Ebenso kann der Schmied durch Hämmern das Eisen heiß machen. Solche Tatsachen sind zu dem Gesetz verallgemeinert worden, daß, wenn ein Körper fällt, und bei seinem Fall durch Reibung oder durch einen Schlag in irgend einer Art aufgehalten wird, Wärme entsteht. Aus demselben Gesetz folgt auch, daß das Wasser des Niagara nach dem Aufschlagen auf dem Grunde des Falles ungefähr $^1/_4$ Grad wärmer ist, als während des Absturzes. Wir wissen auch, daß ein heißer Körper sich zusammenzieht, wenn er sich abkühlt. Diese Zusammenziehung eines gasförmigen Körpers, und als solchen sehen wir die Sonne an, ist dabei größer als diejenige eines festen oder flüssigen Körpers. Wir können uns nun vorstellen, daß die

Sonnenhitze durch Materie ausgestrahlt wird, die beständig vom Innern zur Oberfläche emporsteigt, hier ihre Hitze abgiebt und abgekühlt wieder zurücksinkt. Die Wärme, die durch dieses Zurücksinken der Materie, sowie durch die langsame aber stetige Abnahme des Sonnendurchmessers verursacht wird, erhält die Sonnenenergie.

Es mag fast unmöglich scheinen, daß eine Wärme, die Millionen von Jahren vorgehalten hat, in dieser Weise erzeugt werden kann, aber die genaue Kenntnis der Schwerkraft auf der Sonnenoberfläche setzt uns in den Stand, sogar genauere Berechnungen über diesen Gegenstand auszuführen. Man hat gefunden, daß es zur Erhaltung einer unveränderlichen Wärmestrahlung der Sonne nur nötig ist, daß ihr Durchmesser sich um 6 km im Jahrhundert verkleinert. Dieses Zusammenschrumpfen der Sonne würde von der Erde aus nicht vor Jahrtausenden bemerkt werden. Wie dem auch sei, der Prozeß der Zusammenziehung muß einmal zum Abschluß kommen und daher muß auch, wenn unsere Anschauungen richtig sind, die Energie der Sonne einst ein Ende haben. Wann dies erreicht sein wird, können wir nicht mit Bestimmtheit sagen, wir wissen nur, daß der Abkühlungsprozeß einige, wenngleich nicht sehr viele Millionen von Jahren dauern kann.

Aus derselben Theorie folgt, daß die Sonne in früheren Zeiten größer war, als sie jetzt ist, und desto größer gewesen sein muß, je weiter wir in ihrer Geschichte zurückgehen. Es gab eine Zeit, wo sie so groß wie das ganze Sonnensystem gewesen sein muß. Damals ist sie sicher nichts anderes als ein großer Nebel gewesen, und man nimmt an, daß die Sonne und das

Sonnensystem aus der Zusammenziehung eines solchen Nebels hervorgegangen sind. Diese Ansicht ist als Nebularhypothese bekannt. Darüber, ob die Nebularhypothese als ein gesichertes Ergebnis der Wissenschaft gelten kann, sind die Ansichten geteilt. Viele Tatsachen stützen sie, so die Wärme im Innern der Erde, der Umlauf und die Rotation aller Planeten in derselben Richtung; aber vorsichtige und konservative Denker verlangen weitere Beweise für die Theorie, ehe sie diese Hypothese als gesichert ansehen wollen. Aber selbst wenn wir sie als bewiesen annehmen, bleibt noch die Frage offen: Wie entstand der Urnebel selbst und wie begann seine Zusammenziehung? Dies führt uns in jene Grenzgebiete, wo die Wissenschaft wohl noch eine Frage aufwerfen, aber nicht mehr beantworten kann.

3. Die Erde.

Unsere Erde, auf der wir leben, ist einer der Planeten und erfordert schon als solcher unsere Aufmerksamkeit. So unbedeutend sie auch im Vergleich mit den großen Körpern des Weltalls oder selbst mit den vier Riesenplaneten unseres Systems ist, so ist sie doch der größte von der Gruppe der inneren Planeten, zu denen sie in erster Linie gehört. Der Rang, den sie als Sitz des Menschengeschlechtes beansprucht, interessiert uns hier nicht weiter.

Was ist die Erde? Wir können sie am einfachsten definieren als eine Kugel von fast 13 000 km im Durchmesser, bestehend aus einer Materie, die durch gegenseitige Anziehung aller ihrer Teile zusammengehalten wird. Wir wissen, daß die Erde nicht genau kugelförmig ist, sondern rings am Äquator eine geringe

Anschwellung zeigt. Die Bestimmung ihrer genauen Form und Größe ist eine außerordentlich schwierige Aufgabe, und ein ganz befriedigendes Resultat ist sogar bisher noch nicht erreicht. Die Schwierigkeit solcher Messungen ist leicht verständlich, denn es gibt keine Möglichkeit, Entfernungen quer über den weiten Ozean zu ermitteln, und die Messungen sind da notgedrungen auf solche Inseln beschränkt, die von den Küsten der Kontinente aus oder voneinander sichtbar sind. Auch können Messungen nicht bis zu den Polen ausgedehnt werden. Die Größe und Gestalt der Erde muß also allein aus der Vermessung der Kontinente, die nur $^1/_5$ der Erdoberfläche ausmachen, ermittelt werden. Wegen der Wichtigkeit dieser Aufgabe haben alle führenden Nationen sich zusammengetan, um eine möglichst exakte Lösung mit vereinten Kräften anzustreben. Jedes Land hat sein Gebiet mit einer Reihe von Dreiecksnetzen überspannt und diese Dreiecke ausgemessen. Die betreffenden Beobachtungen werden in der „Internationalen Erdmessung", einer Kooperation fast aller Kulturstaaten der Welt, weiter verwertet. Das Zentralbureau dieser „Internationalen Erdmessung", das die gesamte Bearbeitung einheitlich durchzuführen hat, befindet sich in Potsdam.

Die Geodäten bezeichnen übrigens als Erdgestalt nicht die wirkliche Gestalt der Kontinente, sondern die Oberfläche der flüssigen Teile auf der Erde. Eine solche Oberfläche würde man erhalten, wenn das Wasser der Meere durch eine große Anzahl von Kanälen kreuz und quer über die Festländer sich verbreiten könnte. Die so definierte Erdgestalt bildet annähernd ein Ellipsoid, dessen kleinerer Durchmesser durch die Pole geht, und das die folgenden Dimensionen hat:

Äquatorialdurchmesser	12756,5 km.
Polardurchmesser	12713,0 km.

Man sieht hieraus, daß der Äquatorialdurchmesser der Erde um 43 $^1/_2$ km größer ist, als der Polardurchmesser, daß die Erde somit an den Polen abgeplattet ist.

Das Erdinnere.

Was wir von der Erde durch direkte Beobachtungen wissen, ist fast ganz auf ihre Oberfläche beschränkt. Die größte Tiefe, bis zu der ein Mensch jemals hat vordringen können, stellt sich im Vergleich zu ihrer Größe nur wie die Dicke einer Apfelschale zu der Frucht selbst dar.

Beschäftigen wir uns zunächst mit dem Gewicht, dem Druck und der Schwerkraft auf der Erde. Denken wir uns einen Kubikfuß Erdoberfläche, so drückt dieser auf seine Unterlage mit seinem Eigengewicht, das etwa 70 kg beträgt. Der Kubikfuß darunter wiegt ebensoviel und drückt daher auf seine Unterlage mit einer Kraft, die gleich ist seinem Eigengewicht vermehrt um das Gewicht der Erde darüber. Dieser Druck nimmt zu, je tiefer wir hinabsteigen. Jeder Quadratfuß im Erdinnern erfährt einen Druck gleich dem Gewicht der Erdsäule, die sich über ihm bis zur Erdoberfläche erhebt. Wenige Meter unter der Oberfläche beträgt dieser Druck bereits mehrere Tons, in der Tiefe von 1 km 20 bis 30 Tons, in der Tiefe von 100 km Tausende von Tons, und desto mehr, je näher wir dem Erdzentrum kommen. Unter diesem enormen Druck wird die Masse des inneren Teils der Erde zu der Dichtigkeit der Metalle zusammengepreßt. Durch Beobachtungen, auf die wir später zurückkommen werden, weiß man, daß die mittlere Dichtigkeit der

Erde $5\frac{1}{2}$ mal so groß ist, als diejenige des Wassers, während die Dichtigkeit ihrer Oberflächenteile nur zwei bis dreimal so groß ist.

Auch die Temperatur nimmt, je tiefer wir unter die Erdoberfläche dringen, beständig zu. Das Maß der Zunahme ist an verschiedenen Punkten der Erde und in verschiedenen Breiten verschieden. Im Mittel beträgt die Zunahme etwa 1 Grad Celsius auf beinahe 30 Meter.

Man kann nun fragen: wie weit erstreckt sich diese Wärmezunahme nach dem Erdinnern zu? Wir können darauf nur antworten, daß sie nicht allein in den oberen Schichten auftreten kann, weil dann die äußeren Teile längst abgekühlt wären und sich beim Tiefersteigen keine beträchtliche Wärmezunahme mehr bemerkbar machen würde. Die Tatsache, daß die eigene Wärme der Erde sich erhalten hat, so lange sie besteht, zeigt, daß sie im Innern noch sehr heiß sein muß, und daß die an der Oberfläche beobachtete Wärmezunahme sich noch viele Kilometer ins Erdinnere hinein fortsetzt.

Nach dem Maße der an der Erdoberfläche beobachteten Temperaturzunahme zu urteilen, muß man schließen, daß in einer Tiefe von 15 bis 20 km die Substanzen, welche die Erdkruste zusammensetzen, bereits rotglühend sind, und daß bei 200 bis 300 km Tiefe die Hitze bereits so groß ist, daß sich dort alles in geschmolzenem Zustande befindet. Diese Überlegung führte die Geologen zu der Annahme, daß unsere Erdkugel in Wirklichkeit eine geschmolzene Masse ist, bedeckt mit einer abgekühlten Kruste von wenigen Kilometern Dicke, auf der wir wohnen. Das Vorhandensein von Vulkanen und das Auftreten von

Erdbeben gaben dieser Ansicht eine weitere Stütze, ebenso noch einige andere geologische Erscheinungen, die auf wesentliche Veränderungen der Erdoberfläche im Laufe der Zeit hinweisen.

In den letzten Jahren haben jedoch die Astronomen und Physiker gewisse sichere Anzeichen dafür gefunden, daß die Erde als ein fester Körper gelten muß, von ihrem Mittelpunkte an bis zur Oberfläche, ja daß sie selbst noch starrer ist, als eine eben so große Masse von Stahl. Die Frage wurde zuerst von Lord Kelvin ausführlich behandelt, der zeigte, daß wenn die Erde eine von einer Rinde umgebene flüssige Masse wäre, die Anziehung des Mondes keine Gezeiten hervorrufen könnte, sondern daß dann der Mond nur danach trachten würde, eine Verlängerung der ganzen Erde in der Richtung nach ihm herbeizuführen, bei der die gegenseitige Lage der Erdrinde und des Wassers ungeändert bleiben würde.

Ebenso beweiskräftig ist eine merkwürdige Erscheinung, auf die wir gleich zu sprechen kommen werden, nämlich die sogenannte Polschwankung und die damit verbundene Veränderlichkeit der Breiten auf der Erdoberfläche. Weder eine Kugel, deren Inneres weich oder gar flüssig ist, noch selbst eine Stahlkugel kann eine derartige Rotation haben, wie sie nach der Beobachtung der Polschwankung die Erde vollführt.

Wie sollen wir aber nun die enorme Hitze des Erdinnern mit der Starrheit der Masse in Einklang bringen? Es scheint da nur eine Lösung möglich, nämlich die, daß die Masse des Erdinnern durch den enormen Druck der Erdrinde fest erhalten wird. Man hat durch Experimente festgestellt, daß wenn Massen, wie z. B. die Gesteine der Erde, bis zum Schmelzpunkte erhitzt, und einem starken Druck ausgesetzt werden, sie dann wieder erstarren. Und so steht es wohl auch mit der Erde: Die Zunahme des Druckes nach ihrem Inneren zu hält vollständig Schritt mit dem Anstieg der Temperatur, und auf diese Weise wird die ganze Masse starr erhalten.

Gewicht und Dichte der Erde.

Wir wissen alle, daß ein Stück Blei schwerer ist als ein gleich großes Stück Eisen, und daß letzteres wieder schwerer ist als ein ebenso großes Stück Holz. Wenn wir bestimmen könnten, wieviel ein Kubikmeter der inneren Erdmasse wiegt, so würden wir auch das wirkliche Gewicht der ganzen Erde ermitteln können. Derartige Gewichtsbestimmungen werden durch die Schwerkraft ermöglicht.

Jedes Kind kennt die Schwerkraft von der Zeit an, da es zu gehen anfängt, aber ihr Wesen bleibt selbst dem tiefsinnigsten Philosophen verborgen und die Wissenschaft hat außer wenigen allgemeinen Tatsachen nichts über sie ergründen können. Die Grundeigenschaften der Schwerkraft hat Newton in seinem Gravitationsgesetze niedergelegt. Nach diesem Gesetze hat die geheimnisvolle Kraft, durch die alle Körper auf der Oberfläche der Erde das Bestreben zeigen, nach dem Erdmittelpunkte zu fallen, nicht in diesem Mittelpunkte selbst ihren Sitz, sondern sie ist eine Folge einer Anziehung, die jedes Massenteilchen unserer Erdkugel auf die anderen ausübt. Ob dies tatsächlich der Fall ist, war anfangs eine Streitfrage. Selbst Huyghens, der große Philosoph und Physiker, glaubte, daß die Kraft nur vom Mittelpunkte der Erde und nicht von jedem Massenteilchen ausgeht, wie es Newton annahm. Aber Newton dehnte seine Theorie insofern noch weiter aus, als er zeigte, daß jedes Massenteilchen im Universum jedes andere mit einer Kraft anzieht, die in dem Maße abnimmt, wie das Quadrat der Entfernung zunimmt. Dies bedeutet, daß wenn die Entfernung verdoppelt wird, die Anziehung der beiden Teilchen nur $^1/_4$ der ursprünglichen beträgt, bei der dreifachen Entfernung nur $^1/_9$ usw. Giebt man dies zu, so folgt daraus, daß alle Körper um uns her ihre eigene Anziehungskraft haben, und es entsteht die Frage: Können wir diese Kraft durch ein Experiment nachweisen und ihre Größe bestimmen? Die mathematische Theorie des Gravitationsgesetzes zeigt, daß eine Kugel kleine Körper auf ihrer Oberfläche mit einer Kraft anzieht, die proportional ihrem Durchmesser ist. Eine Kugel von 65 cm Durchmesser und von gleichem spezifischen Gewicht wie die Erde übt eine Anziehungskraft aus, die etwa ein Zwanzigmilliontel der Schwerkraft auf der Erde beträgt.

In neuerer Zeit ist es gelungen, die Anziehungskraft von Bleikugeln zu messen, die einen Durchmesser von ungefähr 1 m haben. Diese Messungen gehören zu den schwierigsten, die jemals ausgeführt worden sind, haben jedoch ein sehr genaues Resultat ergeben. Der hierfür benutzte Apparat ist in seinem Grundprinzip sehr einfach. Ein sehr leichter horizontaler Stab wird in der Mitte an einem Faden von dünnstem und biegsamstem Materiale aufgehängt. Dieser Stab trägt an beiden Enden je eine kleine Kugel und wird dadurch im Gleichgewicht erhalten. Gemessen wird nun die seitliche Anziehung von zwei großen Bleikugeln auf diese beiden Kügelchen, und zwar wird die Anordnung so getroffen, daß die großen Bleikugeln ihre Anziehungskraft vereinigen, um dem Stab eine leicht drehende Bewegung in der horizontalen Ebene zu erteilen. Um die Schwierigkeiten eines solchen Experimentes zu verstehen, muß man sich dessen erinnern, daß die hierbei zu messende Anziehungskraft noch nicht den zehnmillionsten Teil des Gewichts der kleinen Kügelchen beträgt. Es würde schwer fallen, irgend einen noch so leichten Gegenstand ausfindig zu machen, dessen Gewicht mit dieser Kraft vergleichbar wäre. Selbst das Gewicht einer kleinen Stechmücke ist viel zu bedeutend, und nur unter dem Mikroskop würde es möglich sein, ein kleines Stück des Fühlers einer solchen Stechmücke abzuschneiden, dessen Gewicht der zu messenden Anziehungskraft entspricht.

Trotzdem ist die Bestimmung dieser Anziehungskraft mit solcher Genauigkeit ausgeführt worden, daß die neueren Resultate um nicht mehr als den tausendsten Teil von einander abweichen. Es hat sich ergeben, daß die mittlere Dichtigkeit der Erde wenig mehr als $5\frac{1}{2}$ mal so groß ist, wie die Dichtigkeit des Wassers. Diese Zahl entspricht nicht ganz der Dichtigkeit des Eisens, ist aber jedenfalls viel größer als die Dichtigkeit eines gewöhnlichen Steines. Da die mittlere Dichtigkeit der Substanzen, die die Erdkruste bilden, kaum mehr als die Hälfte der mittleren Erddichte ausmacht, so folgt daraus, daß in der Nähe des Erdmittelpunktes die Massen bis zu einer Dichtigkeit zusammengepreßt sind, die diejenige des Eisens weit übertrifft und wahrscheinlich derjenigen des Bleies gleichkommt.

Die Anziehungskraft der Berge ist schon mehr als 100 Jahre bekannt. Sie wurde zum ersten Male von Maskelyne im Jahre 1774 beim Mount Shehallien in Schottland nachgewiesen. In allen bergigen Gegenden ist bei genauen Messungen die Anziehungskraft der Berge auf das Bleilot sehr deutlich erkennbar.

Veränderlichkeit der geographischen Breite.

Wir wissen, daß die Erde sich um eine Achse dreht, welche durch die beiden Pole, den Nord- und Südpol, geht. Die wichtige Entdeckung der Veränderlichkeit der Breiten hat nun als Resultat ergeben: Die Punkte, in denen die Rotationsachse die Oberfläche der Erde schneidet, sind nicht fest, sondern bewegen sich in einer etwas veränderlichen und unregelmäßigen Kurve innerhalb eines Kreises von fast 20 m im Durchmesser hin und her. Das heißt, wenn wir am Nordpol ständen und seine Stellung Tag für Tag genau kontrollieren könnten, so würden wir finden, daß er sich täglich um etwa 80 mm weiter bewegt. Im Laufe der Zeit würde er um einen mittleren Punkt eine Kurve beschreiben, die sich bald mehr, bald weniger von diesem Mittelpunkte entfernt. Eine vollständige Umdrehung auf diesem ungleichmäßigen Wege würde der Pol in ungefähr 14 Monaten vollenden.

Da jedoch noch niemand am Nordpol war, so ist die Frage berechtigt: Woher wissen wir das?

Um diese Frage beantworten zu können, müssen wir eine Methode der geographischen Breitenbestimmung kurz besprechen. Wie wir eben festgestellt haben, gibt es an jedem Tag zwei genau fixierte, einander gegenüber liegende Punkte auf der festen Erdoberfläche oder auf dem Eise an den beiden Erdpolen, die derart liegen, daß die Erde an dem bestimmten Tage sich um eine Achse dreht, die durch diese beiden

Punkte geht. Diese Achse, die sich im Erdkörper von Tag zu Tag ein wenig verschiebt, heißt die momentane Rotationsachse der Erde.

Die geographische Breite irgend eines Punktes auf der Erdoberfläche, wie sie astronomische Beobachtungen ergeben, ist gleich dem Komplement des Winkels, welchen die Lotlinie am Beobachtungsorte mit der Achse bildet, um welche die Erde sich gerade dreht. Der Astronom kann an jedem Abend durch Beobachtung der Sterne diesen Winkel zwischen der Lotlinie und der momentanen Rotationsachse, also auch die jeweilige geographische Breite seines Beobachtungsortes bestimmen. Ist nun die Lage des Umdrehungspols unveränderlich, so muß auch die geographische Breite eines jeden Ortes auf der Erdoberfläche unveränderlich sein, und umgekehrt, wenn es sich nachweisen läßt, daß die geographische Breite sich verändert, dann muß auch die Lage der Endpunkte der Umdrehungsachse auf der Erdoberfläche Änderungen unterworfen sein.

Ob eine solche Veränderlichkeit der geographischen Breite wirklich nachweisbar ist, war lange Zeit eine strittige Frage. Bei der Entscheidung derselben spielt ein Lehrsatz der Mechanik, der zuerst von Euler ausgesprochen wurde, eine wichtige Rolle. Dieser Lehrsatz besagt, daß die Erde als ein starres, festes, am Äquator ausgebauchtes Sphäroid einen Äquator und zwei wirkliche Pole haben muß, daß aber keine mathematische Notwendigkeit existiert, daß die Umdrehungsachse auch genau durch diese beiden Pole gehen muß. Die sogenannte Hauptträgheitsachse des Körpers braucht mit der Umdrehungsachse durchaus nicht zusammen zu fallen. Euler zeigte, daß wenn die Erde ein starrer Körper ist und die beiden Achsen nicht zusammenfallen, sich dann der Umdrehungspol langsam um den zugehörigen Körperpol bewegen muß und zwar so, daß eine Umdrehung in ungefähr 306 Tagen vollendet wird. Hieraus schien zu folgen, daß die geographische Breite eines Ortes, wenn sie überhaupt Veränderungen unterliegt, in dieser Periode von ungefähr 10 Monaten hin und her schwanken müßte. Bei früheren Beobachtungen hatten die Astronomen den Nachweis dieser Periode stets als Ziel im Auge, aber trotzdem die Breiten offenbare Veränderungen aufwiesen, wurde keine solche Periode gefunden. Daher wurden die scheinbaren Veränderungen Beobachtungsfehlern zugeschrieben.

Indessen zeigten die exaktesten Beobachtungen, daß die geographischen Breiten sich wirklich verändern. Nyrén in Pulkowo fand bei genauer Vergleichung seiner Beobachtungen der Höhe des Polarsternes starke Beweise für eine Veränderlichkeit der Breite und seine Ergebnisse wurden einige Jahre später von Küstner in Berlin bestätigt. Aber da die Veränderungen sich nicht in einer zehnmonatlichen Periode wiederholten, so blieben bezüglich ihrer Ursache noch Zweifel bestehen. Da zeigte 1890 S. C. Chandler durch Vergleichung einer großen Menge von astronomischen, nicht speziell für diesen Zweck angestellten Beobachtungen, daß diese Veränderungen wirklich existieren, aber daß ihre Periode ungefähr 14 Monate beträgt anstatt 10 Monate, wie Euler es angenommen hatte. Da Eulers Theorie auf einer bestimmten mathematischen Grundlage beruhte, so entstand die Frage, ob sie bis zu diesem Betrage fehlerhaft sein konnte.

Die Untersuchung ergab, daß die Eulersche Periode nur für eine absolut starre Erde Geltung hat.

Aber die Erde ist nicht absolut starr, trotzdem sie in ihrer Gesamtheit starrer als Stahl ist. Es war also die Frage zu beantworten: Wie starr muß die Erde sein, damit die 10monatliche Eulersche Periode in eine 14monatliche verlängert wird? Die theoretische Untersuchung hat gezeigt, daß wenn die Erde aus einer Masse bestände, die sich auch nur ebenso biegen ließe, wie der härteste Stahl, die Periode mehr als 14 Monate betragen müßte, und eine Bewegung der Rotationsachse der Erde, wie die beobachtete, unmöglich wäre. Unser Erdball muß daher in seiner Gesamtheit starrer als Stahl sein.

Kurze Zeit später fand Chandler, daß die völlige Veränderung der Erdpole nicht durch diese eine Schwankung in einer Periode von 14 Monaten erklärt werden kann. In Zwischenzeiten von ungefähr 7 Jahren ergaben die Beobachtungen nahezu dieselbe Lage des Pols, während fast genau dazwischen die Schwankung ihr Maximum erreichte. Dies deutete auf eine sekundäre Periode von einem Jahr hin. Es liegen also gewissermaßen zwei Schwankungen des Pols übereinander, von denen die erste eine Periode von einem Jahr, die andere eine solche von 14 Monaten hat. Nach Ablauf von 7 Jahren fallen 7 Schwankungen der einen Klasse und sechs der anderen gerade zusammen. Der Betrag dieser beiden Schwankungen ist jedoch selbst noch veränderlich, so daß die jeweilige Lage des Erdpols noch nicht mit Sicherheit im voraus bestimmt werden kann.

Das Interesse, das sich an die Polschwankung knüpft, ist so groß, daß die Erforschung dieses Gebietes im großen Maßstabe durch die internationale Erdmessung unternommen worden ist. Es sind auf der

Nordhalbkugel der Erde sechs feste Hauptstationen errichtet worden, alle auf derselben geographischen Breite und möglichst gleichmäßig um die Erde verteilt, um die notwendigen Beobachtungen anstellen zu können. Drei dieser Stationen liegen in Amerika, eine in Japan, die fünfte in Zentralasien, die sechste auf Sardinien. Auch auf der Südhalbkugel sind bereits drei solcher Polhöhenstationen eingerichtet.

Die Erdatmosphäre.

Die Atmosphäre ist sowohl astronomisch als auch physikalisch ein höchst wichtiger Teil der Erde. So notwendig sie für unser Leben ist, bildet sie doch für den Astronomen eines der größten Hindernisse, mit denen er zu kämpfen hat. Sie absorbiert mehr oder weniger von allen Lichtstrahlen, die sie durchdringen; sie verändert dabei auch etwas die Farbe der Himmelskörper und läßt sie selbst beim klarsten Himmel matter erscheinen. Sie bricht auch die Lichtstrahlen bei ihrem Durchgange und läßt sie statt in gerader Richtung in einer schwachgekrümmten Linie, die der Erde ihre konkave Seite zuwendet, in das Auge des Beobachters gelangen. Die Folge davon ist, daß die Sterne ein wenig höher als in Wirklichkeit am Himmel zu stehen scheinen. Das Licht, das von einem Stern, der im Zenit steht, gerade herunter kommt, erleidet keine Brechung (Refraktion). Dieselbe nimmt zu, je mehr sich der Stern dem Horizont nähert, aber selbst bei 45 Grad Höhe beträgt sie erst eine Bogenminute. Es ist dies ungefähr der kleinste Winkel, den ein unbewaffnetes Auge eben noch klar erkennen kann, für den Astronomen aber bereits eine sehr beträchtliche Größe. Je näher das Gestirn dem Horizont steht, um so schneller nimmt auch die Refraktion zu; bei 25 Grad Höhe über dem Horizont ist sie ungefähr doppelt so groß wie bei 45 Grad, und am Horizont beträgt sie ungefähr 35 Minuten, mehr als der ganze Durchmesser von Sonne oder Mond. Hieraus folgt, daß wenn wir die Sonne beim Auf- und Untergang gerade den Horizont berühren sehen, in Wirklichkeit ihre ganze Scheibe noch unter dem Horizont steht. Wir sehen sie dann nur infolge der Brechung ihres Lichtes in der Erdatmosphäre. Eine andere Folge der schnellen Zunahme der Refraktion in der Nähe des Horizonts ist die Erscheinung, daß hier die Sonne für das Auge entschieden abgeplattet erscheint, da ihr senkrechter Durchmesser kürzer ist als der horizontale. Jeder kann dies bei Sonnenuntergang an der See oder in ebenem Terrain wahrnehmen. Es entsteht dies dadurch, daß der untere Sonnenrand mehr als der obere durch die Refraktion gehoben wird.

Wenn man auf dem Ozean in der klaren Luft der Tropen die Sonne untergehen sieht, so kann man einen wundervollen Anblick genießen, der selten oder nie in der dickeren Luft unserer Breiten sichtbar wird. Er entsteht aus der ungleichen Brechung der Lichtstrahlen in der Atmosphäre. Wie ein Glasprisma bricht die Atmosphäre die roten Strahlen am wenigsten, die Spektralfarben gelb, grün, blau und violett dagegen wesentlich stärker. Die Folge davon ist, daß sobald der Sonnenrand im Ozean verschwindet, diese nacheinander auftretenden Strahlen in derselben Reihenfolge dem Blick entschwinden. Zwei oder drei Sekunden, bevor die Sonne ganz untergeht, sieht man den letzten Rest ihres Randes die Farbe wechseln und schnell blasser werden. Dieser Ton geht in grün und blau über und das Letzte was wir sehen, ist ein Aufblitzen eines blauen oder violetten Strahles.

4. Der Mond.

Vor ungefähr hundert Jahren gab es an der polytechnischen Schule in Paris, die noch jetzt die Hochburg des mathematischen Unterrichts in Frankreich ist, einen Professor, der seine Studenten gern in Verlegenheit setzte. Eines Tags wandte er sich zu einem von ihnen mit der Frage:

„Haben Sie je den Mond gesehen?“ „Nein, Herr Professor“, antwortete der Student, eine Falle argwöhnend. Der Professor war verblüfft. „Meine Herren“, sagte er, „sehen Sie diesen Herrn an, er gesteht, daß er noch nie den Mond gesehen hat.“ Die ganze Klasse lachte. „Ich gebe zu, daß ich von ihm habe sprechen hören“, sagte der Student, „aber ich selbst habe ihn noch nie gesehen.“

Ich nehme als sicher an, daß der Leser ein besserer Beobachter ist, als jener französische Student, und daß er nicht nur den Mond gesehen hat, sondern auch seine Phasen kennt, und daß er mit der Tatsache des monatlichen Umlaufs des Mondes um die Erde vertraut ist. Ich nehme ferner an, er weiß, daß der Mond eine Kugel ist, trotzdem er dem bloßen Auge als flache Scheibe erscheint. Die Kugelform ist indessen schon deutlich erkennbar, wenn wir den Mond durch ein kleines Fernrohr betrachten.

Die verschiedensten Messungsmethoden haben alle das übereinstimmende Resultat ergeben, daß der Mond eine mittlere Entfernung von etwa 384750 km von der Erde hat. Diese Entfernung wird entweder durch direkte Messung der sogenannten Parallaxe gefunden, von der wir später noch sprechen werden, oder auch durch Berechnung, wie weit der Mond entfernt sein muß, um seine Bahn um die Erde in der Zeit, in der er sie wirklich beschreibt, zurückzulegen. Die Bahn ist elliptisch, so daß die wirkliche Entfernung ein wenig veränderlich ist. Manchmal ist sie ungefähr 20000 km kleiner, manchmal um ebensoviel größer als die mittlere Entfernung. Der Durchmesser des Mondes ist etwas größer, als ein Viertel von demjenigen der Erde: er beträgt 3480 km. Die sorgfältigsten Messungen zeigen keine Abweichung des Mondes von der Kugelgestalt, wenn man von den Erhebungen seiner Oberfläche absieht.

Umlauf und Phasenwechsel des Mondes.

Der Mond begleitet die Erde bei ihrem Umlauf um die Sonne. Auf den ersten Blick erscheint die Verbindung der beiden Bewegungen etwas verwickelt, aber sie bietet keine wirklichen Schwierigkeiten. Denken wir uns einen Stuhl, der in der Mitte eines in schneller Bewegung begriffenen Eisenbahnwagens steht, während ein Mensch in bestimmter Entfernung um ihn herumgeht. Er kann fortwährend um den Stuhl herumgehen, ohne seine Entfernung von demselben trotz der Bewegung des Wagens zu verändern. In dieser Weise bewegt sich die Erde vorwärts in ihrer Bahn, und der Mond bewegt sich fortwährend um sie herum ohne seine Entfernung von ihr wesentlich zu verändern.

Der wirkliche Umlauf des Mondes um die Erde dauert 27 Tage 8 Stunden, die Zeit von einem Neumond bis zum nächsten beträgt dagegen 29 Tage 13 Stunden. Der Unterschied rührt von der Bewegung der Erde um die Sonne, oder, was dasselbe bedeutet, von der scheinbaren Bewegung der Sonne in der Ekliptik her. Um dies zu zeigen, sei in Fig. 22 *AC* ein kleiner Bogen der Erdbahn. Zu einer gewissen Zeit stehe die Erde bei dem Punkt *E* und der Mond

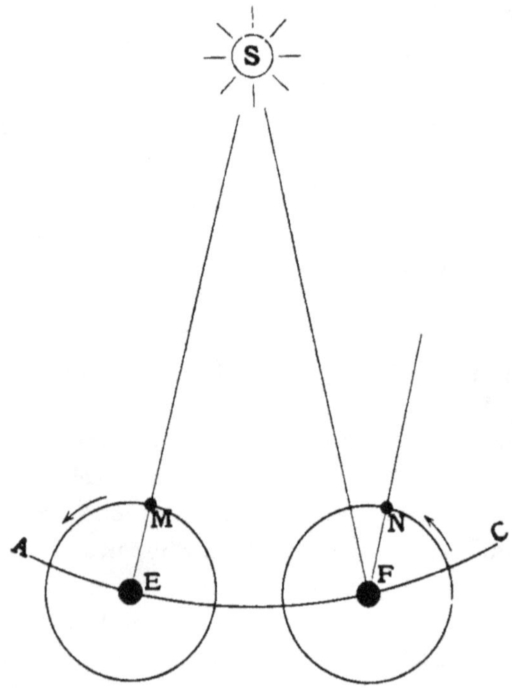

Fig. 22. Bahn des Mondes um die Erde und um die Sonne.

bei *M* zwischen Erde und Sonne. Nach Ablauf von 27 Tagen 8 Stunden wird die Erde sich von *E* nach *F* bewegt haben. Während die Erde diese Bewegung ausführt, hat der Mond in der Richtung der Pfeile seine Bahn einmal zurückgelegt und den Punkt *N* erreicht. In dem Augenblick, da die Linien *EM* und

FN miteinander parallel laufen, hat der Mond seine wirkliche Umdrehung vollendet und wird scheinbar an demselben Ort zwischen den Sternen stehen, wie vorher. Da aber die Sonne nun in der Richtung *FS* steht, so muß der Mond seine Bewegung noch fortsetzen, um in derselben Richtung wie die Sonne zu erscheinen. Dazu braucht er etwas mehr als zwei Tage, und dadurch wird die Zeit zwischen zwei aufeinander folgenden Neumonden auf 29 $^1/_2$ Tage verlängert.

Die veränderlichen Phasen des Mondes hängen von seiner Stellung zur Sonne ab. Da er eine dunkle Kugel ohne eigenes Licht ist, sehen wir ihn nur soweit, als die Sonne ihn beleuchtet. Steht er zwischen uns und der Sonne, so ist seine dunkle Hemisphäre uns zugewendet, und er ist völlig unsichtbar. Die Zeit dieser Stellung wird im Kalender Neumond genannt. Erst zwei oder drei Tage darauf können wir in der hellen Abenddämmerung einen kleinen Teil der erleuchteten Kugel erblicken, der die uns vertraute Form einer schmalen Sichel hat. Diese Sichel nennen wir gewöhnlich Neumond, obwohl die Zeit des Neumondes im Kalender einige Tage früher angegeben wird. Zu dieser Zeit und noch einige Tage länger können wir, wenn der Himmel klar ist, auch die ganze Scheibe des Mondes sehen, und zwar erscheint dann der von der Sonne nicht erleuchtete Teil des Mondes in einem schwachen grauen Licht. Dieses Licht wird von der Erde auf den Mond reflektiert, denn ein Bewohner des Mondes, wenn es dort überhaupt welche gäbe, würde gerade zur Zeit unseres Neumondes die Erde wie einen Vollmond am Himmel erblicken, viel größer als der Mond uns erscheint. Wenn der Erdtrabant in seiner

Bahn vorrückt, verblaßt dieses Licht und verschwindet für unser Auge ungefähr im ersten Viertel, infolge der Überstrahlung durch den beleuchteten Teil des Mondes.

Sieben oder acht Tage nach dem Kalenderneumond erreicht der Mond sein erstes Viertel. Wir sehen dann gerade die Hälfte der uns zugekehrten Mondhalbkugel. Während der folgenden Woche nimmt der Mond eine bucklige Gestalt an, und am Ende der zweiten Woche steht er der Sonne gerade gegenüber, so daß wir dann seine ganze Halbkugel als eine runde Scheibe erblicken. Diese Phase nennen wir Vollmond. Während der zweiten Hälfte seines Umlaufs kehren, wie wir alle wissen, die Phasen in umgekehrter Ordnung wieder.

Wir hätten eigentlich die wechselnden Lichtgestalten des Mondes als wohl bekannt ansehen und sie hier übergehen können, aber man findet doch vielfach in Literatur und Kunst eine große Konfusion hinsichtlich dieses Gegenstandes. Man sieht Abbildungen, auf denen zwischen den beiden Hörnern der Mondsichel Sterne erscheinen, als ob dort ein leerer Zwischenraum und nicht der dunkle Mondkörper wäre, der die Sterne unseren Blicken entzieht. Und wie viele Dichter und Maler haben die zunehmende Sichel an den östlichen Himmel und den Vollmond in die Abenddämmerung des westlichen Himmels versetzt!

Die Oberfläche des Mondes.

Wir können mit bloßen Augen sehen, daß die Mondoberfläche helle und dunkle Stellen aufweist. Die letzteren ergeben in ihrer Gesamtheit eine entfernte Ähnlichkeit mit dem Gesicht eines Menschen, bei dem

Nase und Augen besonders hervortreten. Daher spricht man vom „Mann im Monde". Schon durch das schwächste

Fig. 23. Photographie des Mondes kurz vor dem letzten Viertel.

Fernrohr erkennt man auf der Oberfläche des Mondes eine außerordentliche Fülle von Einzelheiten, und je stärker das Fernrohr ist, um so mehr Detail wird sichtbar.

Das Auffallendste auf seiner Oberfläche sind die Erhöhungen oder Gebirge, wie man gewöhnlich sagt.

Fig. 24. Die Appeninen und die Ringgebirge Aristarch, Aristillus und Autolycus im Mare Imbrium.

Man sieht sie am besten zur Zeit des ersten Viertels, weil sie dann Schatten werfen. Bei Vollmond kann man sie nicht so gut unterscheiden, weil sie dann senkrecht beleuchtet werden und die Schatten fehlen. Wenn diese Erhöhungen und Vertiefungen auch Berge und Täler genannt werden, so sind sie doch ihrer Form nach gänzlich verschieden von den Gebirgen der Erde. Dagegen besteht eine große Ähnlichkeit zwischen ihnen und den Kratern unserer großen Vulkane. Die am häufigsten vorkommende Form ist die eines kreisrunden Walles, mit einem Durchmesser von mehreren Kilometern. Das Innere eines solchen Kraters ist in der Regel tellerförmig, und bei schräger Beleuchtung kann man deutlich den Schatten des Walles sehen, der auf die Innenfläche geworfen wird. In der Mitte steht häufig ein kleiner Kegel, und bei stärkerer Vergrößerung kann man auch an anderen Stellen der inneren Kraterfläche noch weitere Einzelheiten erkennen. Woraus diese Zentralberge bestehen, läßt sich unmöglich entscheiden; es können feste Felsen sein, sie mögen aber auch aus einzelnen Steinstücken bestehen. Da wir selbst mit dem mächtigsten Fernrohr auf dem Monde keinen Gegenstand erkennen können, der weniger als 30 m im Durchmesser hat, so können wir über die genaue Beschaffenheit der Oberfläche des Mondes in ihren kleinsten Teilen nichts näheres angeben.

Die ersten Fernrohrbeobachter glaubten, daß die dunklen Partieen Meere, die helleren Kontinente seien. Diese Annahme gründete sich darauf, daß die dunkleren Partieen glatter aussahen als die anderen. Man gab daher diesen mutmaßlichen Meeren Namen, wie Mare Procellarum (Meer der Stürme), Mare Serenitatis (Meer der Heiterkeit) usw. Diese Namen, so phantastisch sie sein mögen, sind beibehalten worden, um die großen dunklen Gebiete auf dem Monde zu bezeichnen. Mit der Verbesserung in der Herstellung der Fernrohre zeigte sich bald, daß diese dunklen Gebiete keine

Meere sein konnten; da sie alle voller Unebenheiten sind, so müssen sie aus einer festen Masse bestehen. Die Verschiedenheit ihres Aussehens hat ihre Ursache in dem helleren oder dunkleren Ton der Materie auf der Mondoberfläche, deren Verteilung überhaupt eine sehr merkwürdige ist. Zu den auffallendsten Gebil-

Fig. 25. Ringgebirge Copernicus.

den gehören z. B. die langen glänzenden Streifen, die von verschiedenen Punkten des Mondes ausstrahlen, und die schon ein schwaches Fernrohr leicht erkennen läßt; ein gutes Auge kann sie sogar ohne Fernrohr erblicken. Auf der südlichen Mondhemisphäre strahlt besonders von dem Ringgebirge Tycho eine große Zahl dieser Streifen aus. Es sieht so aus, als ob der Mond hier geborsten wäre, und die Risse mit geschmolzener weißer Masse angefüllt seien.

Ob wir uns nun dieser Ansicht anschließen oder nicht, es ist unmöglich, die Oberfläche des Mondes zu untersuchen, ohne die Überzeugung zu gewinnen, daß er in früheren Zeiten der Herd einer großen vulkanischen Tätigkeit gewesen ist. In der Mitte aller größeren Ringgebirge, von denen bereits die Rede war, finden sich Krater, die dem Anschein nach vulkanischen Ursprungs sind. Vor hundert Jahren nahm William Herschel sogar an, daß ein noch jetzt tätiger Vulkan auf dem Monde existiere, da auf dem dunklen Teile kurz nach Neumond der Krater Aristarch sehr hell erscheint. Man weiß jetzt, daß diese Erscheinung vom Erdlicht herrührt, das von diesem besonders hellen Punkt der Mondoberfläche zurückgeworfen wird.

Gibt es Luft und Wasser auf dem Monde?

Sehr wichtig ist die Frage, ob Luft oder Wasser auf dem Monde vorhanden ist. Nach dem jetzigen Stande der Wissenschaft läßt sich hierauf nur eine verneinende Antwort geben. Selbstverständlich soll das nicht bedeuten, daß absolut kein Tropfen Feuchtigkeit noch die kleinste Spur Luft auf unserem Satelliten existiert; wir können nur sagen, daß wenn eine Atmosphäre den Mond umgibt, diese so dünn sein muß, daß wir einen Beweis ihres Vorhandenseins nicht erbringen können. Würde dieselbe auch nur ein Hundertstel der Dichtigkeit der Erdatmosphäre erreichen, so hätte sie sich uns längst durch die Strahlenbrechung bemerkbar gemacht, die ein Stern erfahren würde, wenn er direkt neben dem Mondrande steht; es ist aber bisher nicht die geringste Spur einer solchen Strahlenbrechung wahrgenommen worden. Existiert auf dem Monde etwas Flüssiges, wie Wasser, so muß es in unsichtbaren Spalten verborgen oder in das Innere hineingesickert sein, denn wenn dort z. B. große Wasserflächen in den Äquatorialgegenden wären, so würden sie das Sonnenlicht reflektieren und so deutlich sichtbar werden. Das Wasser würde dann auch verdampfen und mehr oder weniger die Bildung einer Atmosphäre von Wasserdampf veranlassen.

Diese Betrachtung führt auf eine andere wichtige Frage, nämlich diejenige nach der Bewohnbarkeit des Mondes. Ein solches Leben, wie es auf unserer Erde existiert, erfordert zum mindesten Wasser und in allen höheren Formen auch Luft. Wir können uns schwer ein Wesen vorstellen, das aus reinem Sande bestände oder aus einem trockenen Stoffe, ähnlich dem, der die Mondoberfläche zusammensetzt. Wenn wir annehmen, daß Tiere auf dem Monde vorkommen, so ist es schwierig sich vorzustellen, wovon sie sich dort ernähren könnten. Es folgt daraus, daß Leben unter den gleichen Bedingungen, wie sie auf der Erde maßgebend sind, auf dem Monde unmöglich ist.

Der gänzliche Mangel von Luft und Wasser veranlaßt einen Zustand auf dem Monde, wie wir ihn auf der Erde nicht kennen. Soviel aus allen sorgfältigen Untersuchungen hervorgeht, tritt nie die geringste Veränderung auf der Mondoberfläche ein. Ein Stein, der auf der Erde liegt, wird fortwährend von der wechselnden Witterung angegriffen und zerfällt nach und nach im Laufe von Jahren oder wird von Wind oder Wasser fortgetragen. Auf dem Monde dagegen gibt es keine wechselnde Witterung, und ein dort liegender Stein wird für ewige Zeiten an Ort und Stelle liegen bleiben, ungestört durch irgend welche äußeren Eingriffe. Die Mondoberfläche wird erwärmt, so lange die Sonne sie bescheint, und kühlt ab, wenn die Sonne untergegangen ist. Außer diesem Temperaturwechel gibt es, soweit wir wissen, auf der ganzen Mondoberfläche keine Änderung. Ewige Ruhe, kein Wechsel durch Wind und Wetter — dies ist das charakteristische Merkmal des Mondes.

Rotation des Mondes.

Die Rotation des Mondes um seine Achse ist ein Gegenstand, der vielen schwer verständlich ist. Jeder, der diesen Weltkörper aufmerksam betrachtet hat, weiß, daß er uns immer dieselbe Seite zuwendet. Dies beweist, daß er sich in derselben Zeit um seine Achse dreht, in der er auch einen Umlauf um die Erde vollendet. Auf den ersten Blick scheint es, als ob dies nicht richtig sei und als ob der Mond sich überhaupt nicht um eine Achse drehe. Die ganze Schwierigkeit entsteht aus der verschiedenen Auffassung der Bewegung. In der Physik sagen wir, daß ein Körper nicht rotiert, wenn ein durch ihn gehender Stab immer

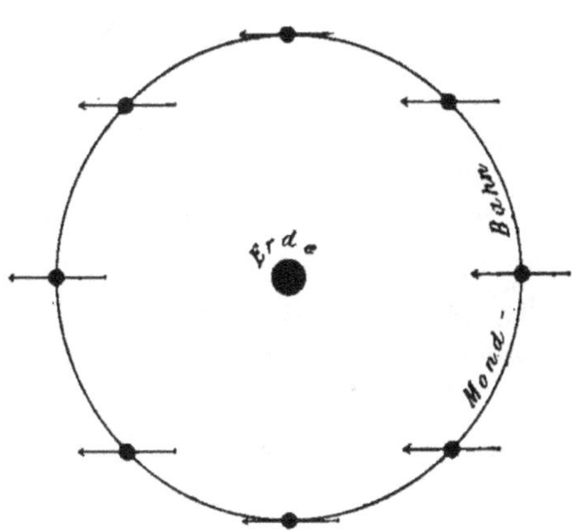

Fig. 26. Ein nicht rotierender Mond beim Umlauf um die Erde.

dieselbe Richtung beibehält, auch wenn der Körper sich weiter bewegt. Nun wollen wir annehmen, daß ein solcher Stab durch den Mond ginge. Wenn er sich nicht um seine Achse drehte, dann würde der Stab immer dieselbe Richtung beibehalten und bei seinem Umlauf um die Erde an den verschiedenen Punkten seiner Bahn so erscheinen, wie Figur 26 angibt. Ein Blick auf diese Figur zeigt sofort, daß wenn der Mond nicht um eine Achse rotieren würde, wir nacheinander jeden Teil seiner Oberfläche sehen müßten. Da der Mond aber der Erde immer dieselbe Seite zukehrt, so muß er, während er einen Umlauf um die Erde zurücklegt, auch gerade einmal eine Umdrehung um seine Achse ausführen.

Die Gezeiten.

Wer einmal an der Seeküste gewesen ist, hat das Steigen und Fallen des Meeres kennen gelernt, das durchschnittlich jeden Tag dreiviertel Stunden später eintritt, als am vorhergehenden Tage und das mit der scheinbaren täglichen Bewegung des Mondes Schritt hält; wenn es heute Hochwasser ist, während der Mond an einer bestimmten Stelle des Himmels steht, so wird immer Hochwasser sein, wenn der Mond in die Nähe dieser Stelle gelangt, Tag für Tag, Monat für Monat, Jahr für Jahr. Wir wissen wohl, daß der Mond diese sogenannten Gezeiten durch seine Anziehung auf die Wassermassen des Meeres hervorbringt, und können wohl verstehen, daß wenn der Mond direkt über einer Gegend steht, er durch seine Anziehung dahin strebt, das Wasser in dieser Gegend emporzuheben. Aber was die meisten, die mit dem Gegenstand nicht hinreichend vertraut sind, überrascht, ist der Umstand, daß an jedem Tage zwei Hochwasser eintreten, ein Hochwasser auf der dem Monde zugewandten Seite der Erde und ein zweites auf der abgewandten Seite. Dies rührt daher, daß der Mond die Erde und alles, was auf ihr ist, ebenso anzieht wie das Wasser. Wenn er jeden Teil der Erde in gleichem Maße anzöge, dann würde es keine Gezeiten geben, und alles würde auf der Erdoberfläche bestehen, als wenn der Mond keine Anziehung ausübte. Da aber die Anziehung im umgekehrten Verhältnis zum Quadrat der Entfernung steht, so zieht der Mond diejenigen Regionen der Erde und der Ozeane, die ihm am nächsten liegen, mehr an als den Erdmittelpunkt und diesen wieder mehr als die am weitesten von ihm entfernten Regionen.

Fig. 27. Entstehung von Ebbe und Flut.

Betrachten wir die Figur 27. *H*, *C* und *A* stellen die drei erwähnten Punkte der Erde dar, auf welche die Mondanziehung wirkt. Da der Mond *C* mehr anzieht als *A*, so strebt er dahin, *C* von *A* wegzuziehen, also die Entfernung zwischen *A* und *C* zu vergrößern. Da er andererseits zu gleicher Zeit *H* mehr als *C* anzieht, so strebt er auch dahin, die Entfernung zwischen *H* und *C* zu vergrößern. Wenn die ganze Erde flüssig wäre, so würde sie infolge der Anziehung des Mondes die Form eines Ellipsoids annehmen, dessen große Achse gegen den Mond gerichtet wäre. Aber da sie ein fester Körper ist, kann sie diese Gestalt nicht annehmen, während der flüssige Ozean dies wohl tun kann. Hieraus folgt, daß wir Hochwasser (Flut) an den Enden der großen Achse des Ellipsoids und Niedrigwasser (Ebbe) in der mittleren Region haben.

Die vollkommene Erklärung der Gezeitenerscheinungen erfordert eine eingehende Behandlung der Bewegungsgesetze des Mondes, auf die hier nicht eingegangen werden kann. Es soll nur erwähnt werden, daß wenn die Anziehung des Mondes auf die Erde immer in derselben Richtung wirken würde, die beiden Himmelskörper in wenigen Tagen zusammenprallen würden. Infolge des Umlaufes des Mondes um die Erde wechselt jedoch die Richtung der Anziehung beständig, so daß die Erde im Laufe eines Monats durch die Anziehung des Mondes nur ungefähr 5000 km aus ihrer mittleren Stellung entfernt wird.

Nach der Entstehungsursache der Gezeiten könnte man vermuten, daß wir Hochwasser immer dann haben, wenn der Mond im Meridian steht, und Niedrigwasser, wenn er sich am Horizont befindet. Aber dies ist nicht der Fall, da die Bewegung der Flutwelle um die Erde durch die großen Kontinente unterbrochen wird. Trifft sie ein Festland, so breitet sie sich in der einen oder anderen Richtung aus, je nach der Form des Landes, und kann lange Zeit gebrauchen, um von einem Punkt der Küste zum anderen zu gelangen. Auf diese Weise entstehen merkwürdige Unregelmäßigkeiten in den Flutzeiten an den verschiedenen Punkten der Erde.

Auch die Sonne verursacht Gezeiten wie der Mond, nur ist ihr Betrag wesentlich geringer. Bei Neu- und Vollmond vereinigen beide Himmelskörper ihre Kräfte und verursachen die höchsten Fluten. Diese sind allen Bewohnern der Seeküste wohl bekannt und werden Springfluten genannt. Zur Zeit des ersten und letzten Viertels wirkt die Anziehung der Sonne derjenigen des Mondes entgegen. Die Flut steigt nicht so hoch wie gewöhnlich, und wird dann Nippflut genannt.

5. Die Mondfinsternisse.

Der Leser weiß zweifellos, daß eine Mondfinsternis dadurch verursacht wird, daß der Mond in den Schatten der Erde tritt, und eine Sonnenfinsternis dadurch, daß der Mond zwischen uns und der Sonne durchgeht und dabei die Sonne verdeckt. Unter dieser Voraussetzung wollen wir die interessanten Erscheinungen der Finsternisse und die Gesetze ihrer Wiederkehr behandeln.

Man wird nun zunächst fragen, warum denn nicht bei jedem Vollmond eine Mondfinsternis entsteht, da doch der Erdschatten immer in entgegengesetzter Richtung als die Sonne sein muß? Als Antwort hierauf kann man anführen, daß der Mond gewöhnlich ober- oder unterhalb des Erdschattens vorübergeht und dann natürlich nicht verfinstert wird. Dieses kommt wieder daher, daß die Mondbahn eine kleine Neigung von ungefähr 5 Grad gegen die Ebene der Ekliptik hat, in der die Erde sich bewegt und in der die Kernlinie des Schattens immer liegen muß. Nehmen wir, wie dies bereits in einem früheren Kapitel geschehen ist, an, daß die Ekliptik am Himmel bezeichnet ist, und markieren wir nun auch die Mondbahn während eines vollen Umlaufs am Himmel. Wir werden dann finden, daß die Bahn des Mondes die Ekliptik an zwei entgegengesetzten Punkten unter dem sehr kleinen Winkel von 5 Grad schneidet. Diese Kreuzungspunkte werden Knoten genannt. An dem einem Knoten kommt der Mond von unten oder vom Süden der Ekliptik her und geht nach Norden; dieser Punkt heißt der aufsteigende Knoten. An der entgegengesetzten Seite passiert der Mond die Ekliptik von Norden nach Süden und dieser Punkt wird der absteigende Knoten genannt. Die Ausdrücke aufsteigend und absteigend werden auf die Knoten angewendet, weil für uns auf der nördlichen Erdhälfte die Nordseite der Ekliptik und des Äquators oberhalb der Südseite dieser Kreise liegt.

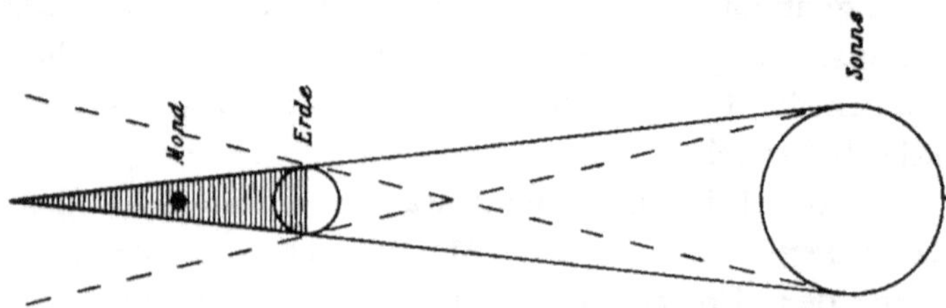

Fig. 28. Der Mond im Schatten der Erde während einer totalen Mondfinsternis.

An den Punkten halbwegs zwischen den Knoten steht der Mittelpunkt des Mondes etwa 30000 km, also etwa um $^1/_{12}$ seiner Entfernung von der Erde über der Ekliptik. Da die Sonne größer ist, als die Erde, so wird der Schatten der letzteren entsprechend kleiner, je weiter man von der Erde weggeht. In der Entfernung des Mondes beträgt der Durchmesser des Erdschattens ungefähr $^3/_4$ Erddurchmesser oder rund 10000 km. Da die Kernlinie des Schattens in der Ebene der Ekliptik liegt, so erstreckt er sich nur

5000 km über und unter diese Ebene. Infolgedessen kann der Mond den Erdschatten nur dann passieren, wenn zur Zeit des Vollmondes sein Abstand von der Ekliptik nicht größer ist; dies tritt aber nur in der Nähe der Knoten ein.

Nehmen wir an, die Knoten seien am Himmel bezeichnet, an einem Punkt der Ekliptik der aufsteigende und gerade entgegengesetzt der absteigende; dann wird die Sonne für uns scheinbar jeden dieser Punkte im Laufe eines Jahres passieren. Während die Sonne in dem einen Knoten steht, ist der Erdschatten gerade genau nach dem anderen gerichtet. Eine Sonnen- oder Mondfinsternis kann nur zu diesen beiden Zeiten des Jahres bezw. kurz vorher und kurz nachher eintreten, und wir können diese Zeiten gewissermaßen die Finsternis-Termine nennen. Sie dauern ungefähr einen Monat, d. h. es vergeht gewöhnlich ein Monat von der Zeit an, zu der die Sonne einem Knoten bereits nahe genug steht, um eine Finsternis zu ermöglichen, bis zu der Zeit, wo sie bereits hierfür zu weit vorgeschritten ist. Im Jahre 1901 lagen beispielsweise die kritischen Zeiten im Mai und November.

Wenn der Mondknoten stets an derselben Stelle der Ekliptik bliebe, so würden Finsternisse stets nur in diesen beiden Monaten eintreten. Aber infolge der Anziehung der Sonne und der Erde auf den Mond ändert sich die Lage der Knoten fortwährend und zwar in einer der Bewegung des Mondes entgegengesetzten Richtung. Jeder Knoten macht einen vollen Umlauf um die Himmelskugel in 18 Jahren und 7 Monaten. Daher verschieben sich in derselben Periode die Finsternis-Termine durch das ganze Jahr. Im Durchschnitt treten sie jedes Jahr ungefähr 19 Tage früher ein, als im vorhergehenden. So lag im Jahre 1903 die eine Zeit zwischen März und April, die andere zwischen September und Oktober. Der Wechsel wird so weiter gehen bis zum Jahre 1910, wo die kritische Zeit, die 1901 im Mai eintrat, bis zum November und diejenige vom November bis zum Mai zurückgegangen sein wird; um 1919 wird dann ein voller Kreislauf durch alle Monate des Jahres vollendet sein.

Wenn der ganze Mondkörper in den Erdschatten tritt, wird die Finsternis total genannt, wenn nur ein Teil von ihm in den Schatten taucht, heißt sie partiell. In der Regel treten jährlich 2 bis 3 Mondfinsternisse ein, und von diesen ist wenigstens eine total. Die Mondfinsternisse sind überall auf der ganzen Erdhalbkugel sichtbar, auf der der Mond über dem Horizont steht.

Anblick einer Mondfinsternis.

Wenn wir den Mond bei Beginn einer Finsternis betrachten, so sehen wir einen kleinen Teil seines östlichen Randes allmählich undeutlich werden und zuletzt verschwinden. Während der Mond in seiner Bahn fortschreitet, verschwindet dem Auge mehr und mehr von seiner Scheibe durch Eintritt in den Schatten. Wenn wir indessen aufmerksam hinsehen, finden wir oft, daß der in den Schatten eingetretene Teil nicht ganz verschwunden ist, sondern in einem sehr schwachen Lichte leuchtet. Bei einer totalen Finsternis sieht man in der Regel dieses Licht ganz deutlich, weil es von dem blendenden Licht des unverfinsterten Teils nicht überstrahlt wird. Es ist von einer schmutzig roten Farbe und entsteht, wie wir heute wissen, durch Strahlenbrechung in der Erdatmosphäre, von der in einem früheren

Kapitel die Rede war. Diejenigen Sonnenstrahlen, die gerade die Erde streifen oder in geringer Entfernung von ihrer Oberfläche vorbeigehen, werden durch die Erdatmosphäre von ihrer geraden Richtung abgelenkt und durch Brechung in den Erdschatten geworfen. Ihre rote Farbe rührt von derselben Ursache her, welche die Sonne beim Untergang rot erscheinen läßt, nämlich von der Absorption der grünen und blauen Strahlen in der Erdatmosphäre.

Wenn der Mond für uns verfinstert ist, würde ein Beobachter auf dem Monde die Sonne durch die Erde verfinstert sehen.

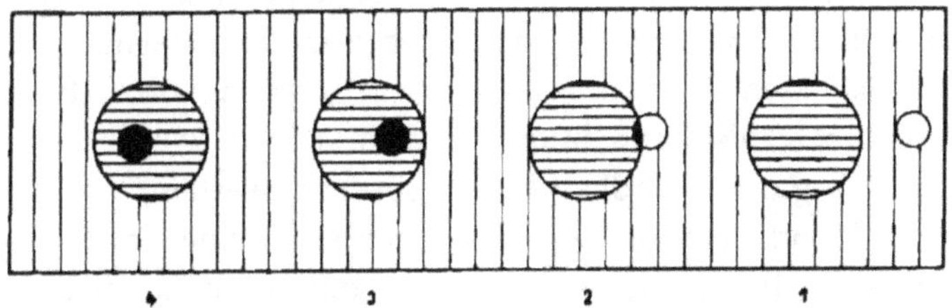

Fig. 29. Durchgang des Mondes durch den Erdschatten bei einer totalen Mondfinsternis.

Nehmen wir an, wir könnten diese Erscheinung vom Monde aus betrachten. Wir würden dann sehen, wie die Erde, deren Durchmesser hier etwa 4 mal größer erscheint als derjenige der Sonne, anfängt in die Sonnenscheibe einzudringen und bald einen Teil ihres Lichtes verdeckt. Die Schattenregion, in der sich dies ereignet, wird Halbschatten genannt. Solange der Mond noch im Halbschatten ist, kann man von der Erde aus ohne weiteres keine Abnahme seines Lichtes erkennen, obwohl eine solche durch genaue photometrische Messungen sich feststellen läßt. Der Mond wird erst dann verfinstert, wenn er anfängt, in den eigentlichen Kernschatten einzutreten, wenn also für einen Beobachter auf dem Monde das ganze direkte Sonnenlicht durch die Erde abgeschnitten ist. Wenn die Erde im weiteren Verlauf der Finsternis die Sonne fast ganz bedeckt hat, würde vom Monde aus ihr ganzer Umriß von einem roten Lichtsaum umgeben erscheinen, der durch die Brechung der Sonnenstrahlen in der Erdatmosphäre verursacht wird. Endlich, wenn der letzte Strahl des eigentlichen Sonnenlichtes verschwindet, würde nichts mehr sichtbar sein, als dieser Ring von hellem roten Licht, der die schwarze, sonst unsichtbare Erdkugel umgibt.

Die Vorgänge bei einer Mondfinsternis sind grundverschieden von denen bei einer Sonnenfinsternis, die im nächsten Kapitel beschrieben werden soll. Eine Mondfinsternis kann immer in demselben Augenblick auf der ganzen Erdhalbkugel gesehen werden, auf die der Mond gerade scheint, während eine Sonnenfinsternis, insbesondere eine totale, nur in einem kleinen Gebiete der Erdoberfläche sichtbar ist.

Ein eigentümliches Phänomen tritt auf, wenn der Mond total verfinstert aufgeht. Dann sehen wir ihn am östlichen Horizonte, während die Sonne am westlichen Horizonte noch sichtbar ist. Der Mond erscheint dann verfinstert, obwohl er im Bereiche der Sonnenstrahlen steht. Der Grund dieses scheinbaren Widerspruches liegt dann darin, daß obgleich Sonne und Mond in Wirklichkeit unter dem Horizonte stehen, sie durch Strahlenbrechung so hoch gehoben werden, daß wir sie gleichzeitig über dem Horizont erblicken.

6. Die Sonnenfinsternisse.

Wenn der Mond sich genau in der Ekliptik bewegte, würde er bei jedem Neumond die Sonnenscheibe verdecken. Aber infolge der Neigung seiner Bahn wird er es in Wirklichkeit nur dann tun, wenn die Sonne gerade bei einem der Mondknoten steht. Ist dies der Fall, so können wir stets auf eine Sonnenfinsternis rechnen, wenn wir nur den rechten Beobachtungsplatz auf der Erde aufsuchen.

Ob bei dieser Gelegenheit der Mond uns die Sonne vollständig verdeckt oder nicht, hängt nicht von der wirklichen sondern von der scheinbaren Größe der beiden Himmelskörper ab.

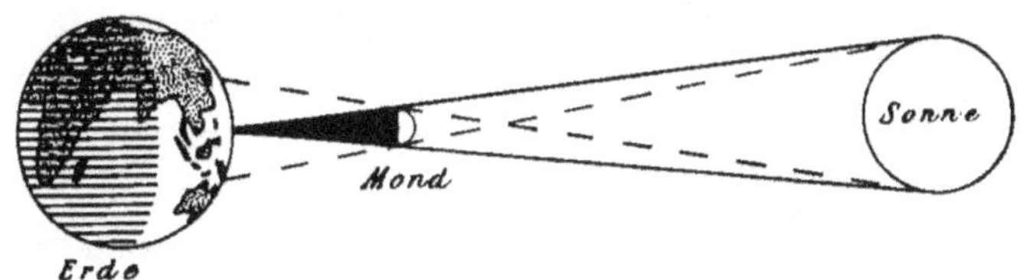

Fig. 30. Entstehung einer totalen Sonnenfinsternis.

Wir wissen, daß der Sonnendurchmesser den des Mondes etwa um das 400fache übertrifft. Nun ist sie zufällig auch 400mal so weit entfernt als der Mond. Die eigentümliche Folge davon ist, daß die beiden Körper für unser Auge fast dieselbe Größe haben. Manchmal erscheint der Mond etwas größer als die Sonne, manchmal die Sonne ein wenig größer als der Mond. Im ersteren Fall kann der Mond die Sonne völlig bedecken, im letzteren natürlich nicht.

Ein wichtiger Unterschied zwischen einer Mond- und einer Sonnenfinsternis besteht darin, daß die erstere überall, wo sie überhaupt sichtbar ist, die gleiche Erscheinung darbietet, während der Anblick einer Sonnenfinsternis vom jeweiligen Beobachtungsorte abhängt. Die interessantesten Finsternisse sind diejenigen, bei denen das Zentrum des Mondes genau über das Zentrum der Sonne geht. Sie werden allgemein zentrale Finsternisse genannt.

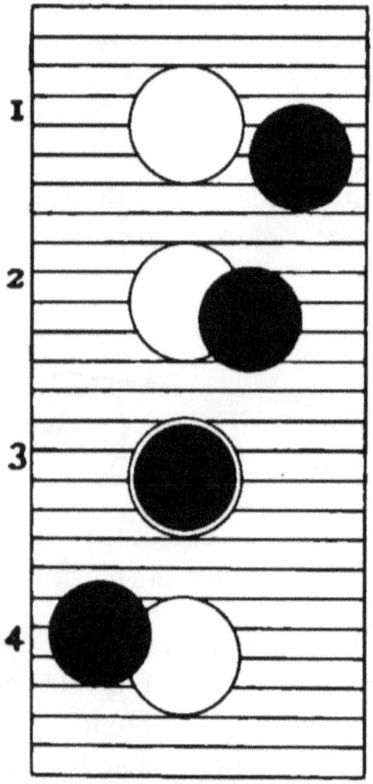

Um eine zentrale Finsternis zu sehen, muß der Beobachter an einem Orte stehen, durch den gerade die Verbindungslinie Sonne-Mond geht. Wenn dann die scheinbare Größe des Mondes diejenige der Sonne übertrifft, so verdeckt der Mond die Sonne völlig und es entsteht eine totale Sonnenfinsternis. Erscheint dagegen gerade die Sonne größer als der Mond, so umgibt in dem Augenblicke der zentralen Finsternis ein schmaler heller Ring, der Rand der Sonnenscheibe, den dunklen Mondkörper, und wir haben es mit einer ringförmigen Sonnenfinsternis zu tun.

Fig. 31. Vorübergang des Mondes vor der Sonne während einer ringförmigen Finsternis.

Die Verbindungslinie der Mittelpunkte von Sonne und Mond wandert bei einer Sonnenfinsternis über einen Teil der Erdoberfläche, und ihr Weg kann im voraus auf einer Karte gezeichnet werden. Solche

Karten, welche den Verlauf der zentralen Verfinsterungen zeigen, werden in astronomischen Jahrbüchern veröffentlicht. Eine zentrale Finsternis kann nur auf der Zentrallinie und etwas nördlich oder südlich von derselben als totale oder ringförmige beobachtet werden. Die Entfernung des Beobachters von der Zentrallinie darf aber nie mehr als etwa 100 km betragen. Außerhalb dieser Grenze ist sie nur als partielle Finsternis sichtbar, bei welcher der Mond die Sonne nur zum Teil verdeckt. An noch weiter von der Zentrallinie entfernten Stellen der Erde ist überhaupt keine Finsternis mehr sichtbar.

Eindruck einer totalen Sonnenfinsternis.

Eine totale Sonnenfinsternis ist eines der ergreifendsten Schauspiele, welche die Natur dem menschlichen Auge zu bieten vermag. Um sie am vorteilhaftesten zu beobachten, sollte man stets einen erhöhten Standpunkt wählen, der einen möglichst weiten Ausblick über das umgebende Land gewährt, besonders in westlicher Richtung, von wo der Mondschatten herkommt. Die erste Andeutung, daß sich etwas Ungewöhnliches abspielen wird, ist nicht auf der Erde oder in der Luft zu bemerken, sondern auf der Sonnenscheibe. In dem vorausberechneten Augenblick des Beginnes der Finsternis wird man eine kleine Einkerbung am westlichen Rande der Sonne sich bilden sehen. Diese dunkle Einkerbung wächst von Minute zu Minute und erstreckt sich nach und nach über die ganze Sonnenscheibe. Kein Wunder, daß unzivilisierte Menschen beim Anblick eines derartigen allmählichen Verschwindens des großen Lichtspenders glaubten und noch glauben, daß ein Drache die Sonne verzehre.

Etwa eine Stunde lang, von dem Beginn der Finsternis an gerechnet, sieht man nichts weiter als dieses allmähliche Fortschreiten des Mondes auf der Sonnenscheibe. Auch ohne Blendglas läßt sich diese Erscheinung wahrnehmen, wenn der Beobachter in der Nähe eines Baumes steht, der den Sonnenstrahlen gestattet, durch kleine Lücken seines Laubwerks den Erdboden zu erreichen. Die kleinen Abbilder der Sonne, die sich hier und dort auf dem Boden bilden, haben dann die Form der teilweise verfinsterten Sonne. Bald sieht die letztere aus, wie die abnehmende Mondsichel. Da das Auge sich langsam an das abnehmende Licht gewöhnt hat, so macht sich die Dunkelheit auch in dieser Phase der Finsternis noch wenig bemerkbar. Wenn der Beobachter über ein Fernrohr mit einem dunklen Blendglase verfügt, so hat er jetzt eine ausgezeichnete Gelegenheit, die Gebirge des Mondrandes zu sehen. Er wird bemerken, daß der unbedeckte Rand der Sonne seinen gewöhnlichen scharfen Umriß beibehält, dagegen der Teil der Sichel, der durch den Mondrand gebildet wird, in seinem Umriß uneben und zackig erscheint.

Kurz vor dem Verschwinden der Sichel erreichen die Berge der Mondoberfläche den Rand der Sonne und lassen von ihr nichts weiter übrig, als eine Reihe von Bruchstücken oder Lichtpünktchen, die zwischen den Erhebungen des Mondrandes sichtbar werden. Dieses sogenannte Perlenschnurphänomen dauert nur eine oder zwei Sekunden und verschwindet dann gänzlich.

Mit diesem Moment beginnt die Totalität, der Glanzpunkt des ganzen Schauspiels. Die Sonne steht mitten am klaren, wolkenfreien Himmel und ist trotzdem unsichtbar. Dort wo sie eigentlich stehen sollte, schwebt gewissermaßen mitten in der Luft die tiefschwarze Mondkugel. Sie ist umgeben von einem glänzenden Strahlenkranz, der **Sonnenkorona**, von der bereits in dem Kapitel über die Sonne die Rede war. Obwohl diese schon für das unbewaffnete Auge deutlich genug wahrnehmbar ist, so tut man doch gut, sie durch ein schwach vergrößerndes Fernrohr zu betrachten. Ein gewöhnliches Opernglas genügt hierzu vollkommen. Mit einem stärker vergrößernden Fernrohr wird nur ein Teil der Korona sichtbar, und da-

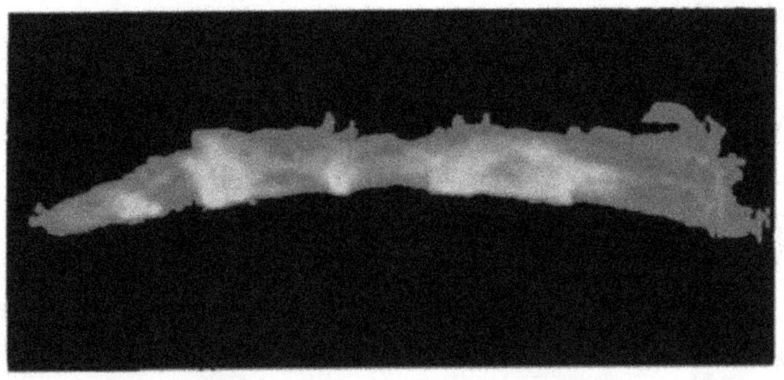

Fig. 32. Sonnenprotuberanzen, photographiert in Souk-Ahras während der totalen Sonnenfinsternis am 30. August 1905 von der Expedition der Hamburger Sternwarte.

durch geht der schönste Teil des Schauspiels dem Beobachter verloren. Ein gewöhnliches 10 bis 12mal vergrößerndes Glas ist hierzu besser geeignet, als das größte Fernrohr. Ein solches Instrument zeigt nicht nur die Korona, sondern auch die **Protuberanzen**, jene fantastischen, wolkenähnlichen Bildungen von rosiger Farbe, die hier und da von dem dunklen Mondkörper aufzusteigen scheinen.

Finsternisse im Altertum.

Es ist merkwürdig, daß die alten Völker, obwohl sie mit der Tatsache der Verfinsterungen vertraut waren, und die Aufgeklärteren unter ihnen die Gesetzmäßigkeit der Wiederkehr der Finsternisse kannten, in ihren Schriften uns doch nur sehr wenige Berichte über diese Naturerscheinung hinterlassen haben. Die alten chinesischen Annalen erzählen hin und wieder von der Tatsache, daß eine Sonnenfinsternis sich zu einer bestimmten Zeit in irgend einer Provinz oder in der Nähe irgend einer Stadt des Reiches ereignete, aber nie werden nähere Umstände der Erscheinung erwähnt. Erst kürzlich haben die Assyriologen auf alten Steintäfelchen einen Bericht über eine in Ninive beobachtete Sonnenfinsternis entziffert, und unsere astronomischen Tafeln zeigen, daß am 15. Juni 763 v. Chr. dort tatsächlich eine totale Sonnenfinsternis stattgefunden hat, bei welcher der Schatten ungefähr 150 km nördlich von Ninive vorüberging.

Unter den Finsternissen des Altertums ist vielleicht am berühmtesten die als Finsternis des Thales von Milet bekannte; sie hat Anlaß zu vielfacher Diskussion gegeben. Ihre wichtigste historische Basis bildet der Bericht von Herodot, daß während einer Schlacht zwischen Lydern und Medern der Tag plötzlich in Nacht verwandelt wurde. Die Heere gaben aus diesem Anlaß den Kampf auf und schlossen Frieden miteinander. Es wird hinzugefügt, daß Thales von Milet den Ioniern dieses Naturereignis, sogar den Tag seines Eintrittes vorhergesagt habe. Unsere astronomischen Tafeln zeigen, daß im Jahre 585 v. Chr.

tatsächlich eine totale Sonnenfinsternis eintrat, etwa zu der Zeit, in der die Schlacht stattfand, aber es ist jetzt bekannt, daß der Mondschatten das Schlachtfeld vor Sonnenuntergang nicht mehr erreicht hat. Es bleibt daher in diesem Falle noch einiges unaufgeklärt.

Die Voraussage der Finsternisse.

Es gibt ein merkwürdiges Gesetz bezüglich der Wiederkehr der Finsternisse, das seit alters her bekannt ist. Es gründet sich auf die Tatsache, daß Sonne und Mond, bezogen auf Knoten und Erdnähe der Mondbahn, nach einer Periode von 6585 Tagen 8 Std. oder rund 18 Jahren und 11 Tagen wieder fast dieselbe Stellung einnehmen. Diese Periode wird nach einem chaldäischen Wort Saros genannt. Nach Ablauf dieser Periode wiederholen sich sämtliche Finsternisse. Die Sonnenfinsternis im Mai 1900 kann somit als eine Wiederholung der Finsternisse der Jahre 1846, 1864 und 1882 angesehen werden. Bei einer solchen Wiederkehr ist die Finsternis jedoch nicht mehr in derselben Gegend der Erde sichtbar, da die Periode nicht allein eine Verschiebung der Finsternisse um eine runde Anzahl von Tagen, sondern auch noch eine solche von acht Stunden bedingt. Während dieser acht Stunden vollführt aber die Erde den dritten Teil der Umdrehung um ihre Achse, wodurch ein anderes Gebiet ihrer Oberfläche in die Richtung des Mondschattens gebracht wird. Jede nach Ablauf eines Saros stattfindende Finsternis fällt daher in ein Gebiet, das um $^1/_3$ des Erdumfanges oder 120 Grad westlich von dem Orte der vorangegangenen zugehörigen Finsternis liegt. Nach drei Perioden wird dagegen die Finsternis wieder nahe in demselben Gebiete stattfinden, wie zuvor. In der Zwischenzeit hat sich jedoch auch die Ebene der Mondbewegung ein wenig geändert, so daß die Bahn des Mondschattens in der Regel noch eine nördliche oder südliche Verschiebung erleidet.

Zwei Reihen von Sonnenfinsternissen sind wegen der langen Dauer der Totalität bemerkenswert. Zu einer dieser Reihen gehört die denkwürdige Finsternis von 1868, deren Beobachtung durch Janssen später noch geschildert werden soll. Sie kehrte 1886 und 1904 wieder. Leider fiel aber in diesen beiden letzten Fällen der Mondschatten gänzlich in den Bereich des Atlantischen und Großen Ozeans, so daß sie wissenschaftlich nicht ausgenutzt werden konnte. Ihre nächste Wiederkehr am 1. September 1922 wird in Nordaustralien sichtbar sein, wo die Dauer der Totalität ungefähr 4 Minuten betragen wird.

Zu der anderen noch bemerkenswerteren Reihe gehört die Finsternis vom 7. Mai 1883 und diejenige vom 18. Mai 1901. Bei jeder Wiederkehr dieser Finsternis wächst während des ganzen 20. Jahrhunderts die Dauer der Totalität um mehrere Sekunden. In den Jahren 1937, 1955 und 1973 wird die Dauer der Totalität sogar 7 Minuten überschreiten, so daß diese Finsternisse unter allen ähnlichen Erscheinungen der letzten Jahrhunderte ein besonderes Interesse beanspruchen.

7. Die Umgebung der Sonne.

Um die Mitte der sechziger Jahre des letzten Jahrhunderts fing man an, das Spektroskop zur Erforschung der Himmelskörper anzuwenden. Unter anderen betrieb damals William Huggins in London besonders eifrig die Beobachtung der Spektra von Sternen und Nebelflecken. Mehrere Jahre schien es jedoch, daß man über die Sonne mit dem Spektroskop nicht gerade viel Neues erfahren könne. Da kam das Jahr 1868. Am 18. August dieses Jahres fand eine totale Sonnenfinsternis statt, die in Indien sichtbar war. Die Zone der Totalität war über 200 km breit, und die Dauer der Totalphase betrug mehr als 6 Minuten. Die Franzosen sandten Janssen ab, einen ihrer führenden Spektroskopiker, um die Finsternis in Indien spektroskopisch zu beobachten. Sein nachträglicher Bericht enthielt nun überraschende Neuigkeiten. Die roten Protuberanzen, deren Bedeutung die Gelehrten zwei Jahrhunderte hindurch nicht erklären konnten, wurden als kolossale Massen von glühendem Wasserstoff erkannt, und sie stiegen gerade an dem betreffenden Tage hier und dort am Sonnenrande so hoch empor, daß unsere Erde im Vergleich damit nur als ein kleiner Fleck erscheinen mußte. Doch das war noch nicht alles. Als das Sonnenlicht wieder erschien, gelang es trotzdem Janssen, diese Objekte im Spektroskop weiter zu beobachten. Er konnte sie selbst dann noch weiter verfolgen, als die Sonne bereits wieder gänzlich hinter dem Monde zum Vorschein kam und die Finsternis wieder vorüber war. Die Gebilde konnten also im Spektroskop jederzeit beobachtet werden, wenn nur die Luft klar genug war und die Sonne hoch am Himmel stand.

Durch ein eigentümliches Zusammentreffen wurde unabhängig hiervon ohne vorangegangene Finsternis dieselbe Entdeckung in London gemacht. Als Janssen nach Indien reiste, trat gerade Norman Lockyer in England als ein enthusiastischer Spektroskopiker in den Vordergrund. Er war mit Huggins zu der Ansicht gekommen, daß die Hitze in der Nachbarschaft der Sonne so intensiv sein müsse, daß jede Materie, die dort existiert, also vor allem die Protuberanzen, wahrscheinlich Gasform haben und daher im Spektrum helle Linien aufweisen müßten. Beide Forscher versuchten die Protuberanzen auf diese Weise zu Gesicht zu bekommen; aber erst am 20. Oktober, 2 Monate nach der indischen Finsternis, glückte es Lockyer ein Instrument von genügender Stärke und Dispersion zu erhalten, und da zeigte es sich bei der ersten günstigen Gelegenheit, daß die Protuberanzen im Spektroskop tatsächlich auch ohne Finsternis sichtbar waren. Durch ein eigentümliches Zusammentreffen kamen Janssens Bericht über die Finsternis und Lockyers Mitteilung von der eigenen Entdeckung zu gleicher Zeit zur Kenntnis der französischen Akademie der Wissenschaften, die daraufhin eine Erinnerungsmedaille prägen ließ, auf der die Porträts von Lockyer und Janssen nebeneinander sichtbar sind. Seit 1868 können nun Spektroskopiker der ganzen Welt Tag für Tag Protuberanzen beobachten und aufzeichnen.

Den Glanzpunkt einer totalen Sonnenfinsternis bietet unstreitig die Korona. Das genaue Wesen dieser Erscheinung ist noch völlig rätselhaft. Vor Anwendung der Photographie in der Astronomie war ihre genauere Struktur unbekannt. Sie wurde von den Beobachtern als ein mattes Licht beschrieben, das die Sonne zur Zeit der Totalität umgibt; als sie aber photographiert und sorgfältig untersucht wurde, stellte sie sich als ein Gebilde von streifiger, haarähnlicher Struktur heraus, wie man es auch auf dem Titelbild erkennen kann. Für gewöhnlich erstreckt sie sich in der Nähe des Sonnenäquators am weitesten in den Weltraum hinaus und zeigt die geringste Ausdehnung an den Polen. An einigen Stellen des Sonnenrandes, zur Zeit der Fleckenminima in der Nähe der Pole, zur Zeit der Maxima in der Nähe des Sonnenäquators, hat die Korona merkwürdigerweise die Form der bekannten Figuren, die entstehen, wenn Eisenfeilspäne über einem Magneten auf Papier zerstreut werden. Es ist daher sehr wahrscheinlich, daß die jeweilige Struktur der Korona in irgend einer Weise mit magnetischen Kräften zusammenhängt. Bei der Beschreibung der Sonne erwähnten wir die viel intensivere Fleckentätigkeit nördlich und südlich vom Sonnenäquator. Es scheint jetzt, daß die Kräfte, welche die Form der Korona erzeugen, dort am stärksten auftreten, wo auch die Sonnenfleckentätigkeit am größten ist.

Es ist wahrscheinlich, daß die Korona aus einer Materie gebildet wird, die von der Sonne emporgeschleudert und durch eine abstoßende Kraft am Zurücksinken gehindert wird. Dieser „Stoßkraft des Lichtes" ist weiter unten ein besonderes Kapitel gewidmet. Die Strahlen der Korona haben übrigens eine merkwürdige Ähnlichkeit mit Kometenschweifen, die ja in der Regel gleichfalls von der Sonne weggerichtet sind.

Sehr wichtig ist die Frage, ob die Korona in reflektiertem oder in eigenem Lichte leuchtet, welch letzteres dann der hohen Temperatur in so großer Nähe der Sonne zuzuschreiben wäre. Ohne Zweifel ist beides der Fall: Das Licht der Korona ist teils reflektiertes Sonnenlicht, teils strahlt es von glühenden Gasen aus; aber das Verhältnis beider Lichtarten zu einander ist noch nicht bekannt. Tatsache ist nur, daß das Spektrum einige helle Linien zeigt, und diese lassen sich allein auf eigenes Licht der Koronamaterie zurückführen. Einige Beobachter glaubten auch bereits dunkle Linien im Koronaspektrum gesehen zu haben; indessen ist diese Wahrnehmung anderweitig nicht bestätigt worden. Im großen und ganzen scheint somit die Wahrscheinlichkeit dafür zu sprechen, daß die Korona in der Hauptsache eigenes Licht ausstrahlt.

Vierter Teil.

DIE PLANETEN UND IHRE TRABANTEN.

---

1. Die Bahnen und gegenseitigen Stellungen der Planeten.

Die Bahnen, in denen die Planeten um ihr Zentralgestirn kreisen, sind Ellipsen oder leicht abgeplattete Kreise. Ihre Abplattung ist indessen so gering, daß das Auge sie ohne Messung gar nicht bemerken würde. Die Sonne steht genau genommen nicht im Mittelpunkte der Ellipsen, sondern in einem Brennpunkte derselben; bei einigen Planeten liegt dieser Brennpunkt ihrer Bahn sogar so weit von der Mitte entfernt, daß das Auge die exzentrische Lage der Sonne sofort erkennen würde. Diese Verschiebung der Sonnenstellung aus dem Mittelpunkte gibt das Maß für die Exzentrizität der Ellipse, die viel größer ist als die Abplattung. Bei Merkur, der eine sehr exzentrische Bahn hat, ist die Abplattung z. B. nur $^1/_{50}$, d. h., wenn wir den größten Durchmesser der Bahn durch 50 cm darstellen, so wird der kleinste Durchmesser durch 49 cm wiederzugeben sein. Dagegen würde in dem Modell die Entfernung der Sonne vom Mittelpunkte dieser fast kreisförmigen Ellipse volle 10 cm betragen.

Um diese Verhältnisse genauer zu erläutern, geben wir hier eine Zeichnung der Bahnen der inneren Planetengruppe, die ziemlich genau ihre Form und Lage zeigt. Ein kurzer Blick auf die Skizze genügt, um zu erkennen, daß die Planetenbahnen an einzelnen Stellen einander viel näher rücken als an anderen.

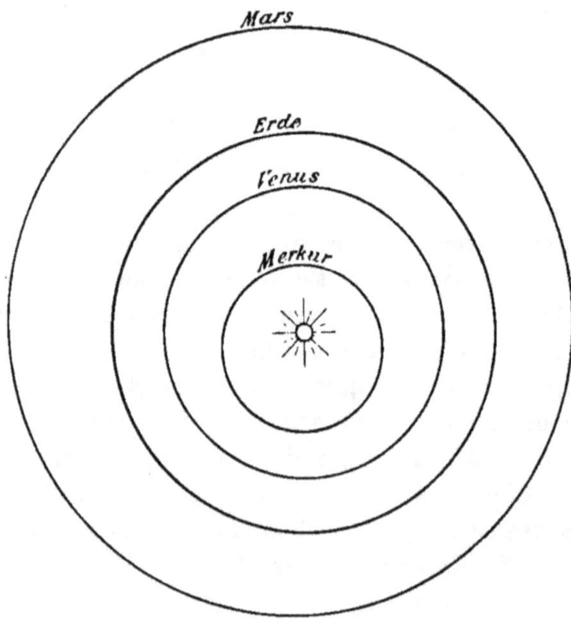

Fig. 33. Bahnen der vier inneren Planeten.

Bei der Berechnung und Voraussage der verschiedenen, wahren wie scheinbaren, Konstellationen und Bewegungen der Planeten wird eine Anzahl technischer Ausdrücke gebraucht, die wir zunächst erklären wollen.

Als u n t e r e P l a n e t e n werden jene Wandelsterne bezeichnet, deren Bahnen innerhalb der Erdbahn liegen Diese Gruppe umfaßt nur Merkur und Venus.

Obere Planeten heißen diejenigen, deren Bahnen außerhalb der Erdbahn liegen: diese Gruppe umfaßt Mars, die kleinen Planeten oder Asteroiden, Jupiter, Saturn, Uranus und Neptun.

Wenn ein Planet die Sonne zu passieren scheint, somit gewissermaßen dicht neben ihr gesehen wird, so sagen wir, er ist in Konjunktion mit der Sonne. Eine untere Konjunktion findet statt, wenn der Planet zwischen Sonne und Erde, eine obere, wenn der Planet jenseits der Sonne steht.

Ein unterer Planet weist beide Arten von Konjunktionen auf, dagegen zeigt eine kurze Überlegung, daß ein oberer Planet niemals in unterer, sondern nur in oberer Konjunktion stehen kann.

Ein Planet steht in Opposition, wenn er in einer der Sonne entgegengesetzten Richtung zu finden ist. Er geht dann bei Sonnenuntergang auf und bei Sonnenaufgang unter. Ein unterer Planet kann nie in Opposition stehen.

Das Perihel einer Bahn ist der Punkt derselben, in dem der Planet der Sonne am nächsten steht; das Aphel ist der von der Sonne am weitesten entfernte Punkt der Bahn.

Die unteren Planeten, Merkur und Venus, vollenden ihren Umlauf so, daß sie für einen irdischen Beobachter von einer Seite der Sonne zur anderen periodisch hin und her schwingen. Ihr scheinbarer Winkelabstand von der Sonne zu irgend einer Zeit heißt ihre Elongation.

Die größte Elongation des Merkur beträgt ungefähr 23 Grad, manchmal mehr, manchmal weniger, wegen der großen Exzentrizität der Bahn dieses Planeten; die Venus entfernt sich in den größten

Elongationen durchschnittlich bis auf 45 Grad von der Sonne.

Wenn die Elongation eines dieser Planeten östlich ist, wenn er also links von der Sonne steht, können wir ihn im Westen nach Sonnenuntergang sehen; wenn er westlich, also rechts von der Sonne steht, sehen wir ihn im Osten am Morgenhimmel; da keiner von beiden jemals in größerer als der eben genannten Entfernung von der Sonne stehen kann, so folgt daraus, daß ein Gestirn, das des Abends im Osten oder des Morgens im Westen gesehen wird, weder Merkur noch Venus sein kann.

Nicht zwei Planetenbahnen unserers Sonnensystems liegen genau in derselben Ebene. Das heißt, wenn wir irgend eine Bahn als horizontal betrachten, so werden alle anderen um kleine Beträge nach der einen oder anderen Seite abweichen. Die Astronomen haben sich daran gewöhnt, die Erdbahn, die Ekliptik, als die Normalebene zu betrachten.

Da jede Planetenbahn die Sonne zum Mittelpunkte hat, so hat sie zwei einander gegenüberliegende Punkte, die gleichzeitig auch in der Erdbahn liegen; es sind dies die Punkte, in denen die Planetenbahn die Ebene der Ekliptik schneidet. Sie werden Knoten genannt.

Der Winkel, unter dem eine Bahn die Ebene der Ekliptik schneidet, heißt ihre Neigung. Unter den großen Planeten hat die Bahn des Merkur die größte Neigung, nämlich 7,0 Grad. Die Bahn der Venus ist um 3,4 Grad geneigt, diejenige aller oberen Planeten um einen noch geringeren Betrag. Die Neigungen schwanken hier zwischen 0,8 Grad bei Uranus und 2,5 Grad bei Saturn.

2. Die Entfernung der Planeten von der Sonne.

Wenn wir von Neptun absehen, so folgen die Planeten einander nach einem scheinbaren Gesetz, das als Titius-Bodesche Reihe bekannt ist. Nehmen wir die Zahlen 0, 3, 6, 12 usw., indem wir jede folgende Zahl verdoppeln, und fügen wir jeder Zahl 4 hinzu, so erhalten wir, von Neptun abgesehen, ziemlich genau die relativen Entfernungen aller Planeten. Wir haben also:

		Wirkl. Entf.
Merkur.	0 + 4 = 4	= 4
Venus	3 + 4 = 7	= 7
Erde	6 + 4 = 10	= 10
Mars	12 + 4 = 16	= 15
Asteroiden	24 + 4 = 28	= 20—40
Jupiter	48 + 4 = 52	= 52
Saturn	96 + 4 = 100	= 95
Uranus.	192 + 4 = 196	= 192
Neptun.	384 + 4 = 388	= 301

Bei den Zahlenwerten für diese Entfernungen ist zu bemerken, daß die Astronomen meist keine irdischen Maße wie Meilen, Kilometer usw. zum Ausdrucke der Entfernungen zwischen zwei Himmelskörpern gebrauchen. Es geschieht dies aus zwei Gründen. Erstens sind die irdischen Maße zu klein; ihre Anwendung auf den Weltenraum würde dasselbe bedeuten, als wenn man die Entfernung zwischen zwei Städten nach Zentimetern messen wollte. Zweitens lassen sich Abstände zweier Himmelskörper nicht mit der gleichen Genauigkeit bestimmen, wie Distanzen auf der Erde. Setzen wir dagegen die Distanz der Sonne von der Erde als Maßeinheit fest, so können wir die Entfernungen der anderen Planeten durch verhältnismäßig kleine, übersichtliche Zahlen nach diesem Maßsystem angeben. Da oben als Entfernung der Erde von der Sonne die Zahl 10 angesetzt ist, so brauchen wir, um die Entfernungen der übrigen Planeten von der Sonne nach astronomischem Maß zu erhalten, nur die Endzahlen der oben aufgestellten Reihe durch 10 zu dividieren oder mit anderen Worten um je eine Stelle von rechts ein Dezimalkomma einzufügen. Wir haben in der obigen Zahlenreihe die Aufmerksamkeit des Lesers nicht durch Anwendung unnötiger Dezimalstellen ablenken wollen, und haben daher mit ganzen Zahlen gerechnet. In Wirklichkeit ist z. B. die Entfernung des Merkur 0,387; wir nannten sie kurz 0,4 und mutiplizierten diese Zahl mit 10, um für die Titius-Bodesche Reihe ganze Zahlen zu bekommen.

3. Die Keplerschen Gesetze.

Während das Fortschreiten der Planetenentfernungen nach der Titius-Bodeschen Reihe nur ein zufälliges, bei Neptun bereits versagendes Zahlenspiel darstellt, erfolgen die Bewegungen der Planeten in ihren Bahnen nach bestimmten strengen Gesetzen, die zum ersten Male von Kepler ausgesprochen worden sind und daher Keplersche Gesetze genannt werden.

Das erste derselben ist schon erwähnt worden. Es besagt, daß die Bahnen der Planeten durchweg Ellipsen sind, in deren einem Brennpunkt die Sonne steht.

Das zweite Gesetz besagt, daß je näher ein Planet der Sonne steht, er um so schneller sich in seiner Bahn bewegt. Genauer sagt es aus, daß die Fläche, den die Verbindungslinie Sonne—Planet oder der sogenannte Radiusvektor bestreicht, für gleiche Zeiten in allen Teilen der Bahn der gleiche ist.

Das dritte Gesetz sagt uns, daß die Kubikzahlen der mittleren Entfernungen zweier Planeten von der Sonne sich verhalten, wie die Quadrate ihrer Umlaufszeiten. Nehmen wir beispielsweise an, daß ein Planet viermal weiter von der Sonne entfernt ist, als ein änderer, so gebraucht er achtmal so viel Zeit zu seinem Umlauf. Diese Zahl erhält man, wenn man die Kubikzahl von 4 bildet, was 64 gibt, und hieraus die Quadratwurzel zieht, was eben 8 ergibt.

Da die Maßeinheit, die der Astronom anwendet, um Enfernungen im Sonnensystem auszudrücken, gleich der mittleren Entfernung der Erde von der Sonne ist, so ergeben sich die mittleren Entfernungen der unteren Planeten in diesem Maß als Dezimalbrüche, während diejenigen der oberen Planeten zwischen 1,5 bei Mars und 30 bei Neptun schwanken. Wenn wir die Kubikzahl dieser Entfernungen bilden, und aus dieser wieder die Quadratwurzeln ausziehen, so erhalten wir die Umlaufzeiten der Planeten in Jahren.

Die äußeren Planeten gebrauchen längere Zeit zur Vollendung ihrer Bahn nicht nur deshalb, weil sie einen weiteren Weg zurückzulegen haben, sondern weil sie sich wirklich auch langsamer bewegen. In dem Fall, den wir vorhin angenommen haben, wobei der entferntere Planet viermal so weit von der Sonne entfernt war, als der nähere, zeigt es sich, daß der äußere Planet sich nur halb so rasch bewegt. Da aber seine Bahn viermal so groß ist, als die Bahn des näheren Planeten, so braucht er achtmal so viel Zeit wie dieser, um einmal um die Sonne herumzukommen. Die Geschwindigkeit in der Bahn beträgt bei der Erde ungefähr 30 km, bei dem äußersten Planeten, dem Neptun, nur noch $5^1/_2$ km in der Sekunde. Da aber seine Bahn 30mal so lang ist, als die Peripherie der Erdbahn, so braucht er fast 165 Jahre zu einem vollen Umlauf um die Sonne.

4. Merkur.

Wir wollen jetzt die großen Planeten der Reihe nach und zwar nach ihren Entfernungen von der Sonne besprechen und dabei angeben, was bis jetzt über diese Himmelskörper bekannt ist. Der erste Planet, der zu nennen wäre, ist Merkur. Er steht nicht nur der Sonne am nächsten, sondern er ist auch weitaus der kleinste von den acht großen Planeten, so klein, daß man ihn kaum zu den großen Planeten zählen würde, wenn seine Stellung nicht dazu zwingen würde. Sein Durchmesser ist ungefähr um $^1/_4$ größer, als derjenige des Mondes, und da das Volumen zweier Körper sich verhält, wie die Kubikzahlen ihrer Durchmesser, so ist sein Rauminhalt ungefähr zweimal so groß, wie das Volumen des Mondes.

Unter den Planetenbahnen hat die Merkurbahn die weitaus größte Exzentrizität, obwohl sie in dieser Hinsicht von einigen kleinen Planeten, wie wir später sehen werden, noch übertroffen wird. Infolgedessen schwankt seine Entfernung von der Sonne zwischen weiten Grenzen. In seinem Perihel ist er 46 Millionen Kilometer, in seinem Aphel 69 Millionen Kilometer von der Sonne entfernt. Er vollendet einen Umlauf um die Sonne in etwas weniger als 3 Monaten, genauer in 88 Tagen, so daß er in einem Jahre mehr als viermal seine Bahn zurücklegt. Die Erscheinungen, die der Planet bei dieser Gelegenheit einem Beobachter auf der Erde bietet, sind aus Fig. 34 ersichtlich.

Wenn die Erde bei *E* und Merkur bei *M* steht, so ist Merkur gerade in unterer Konjunktion mit der Sonne. Nach Ablauf von drei Monaten wird er zum Punkte *M* zurückgekehrt sein, aber noch nicht in Konjunktion stehen, weil die Erde sich in der Zwischen-

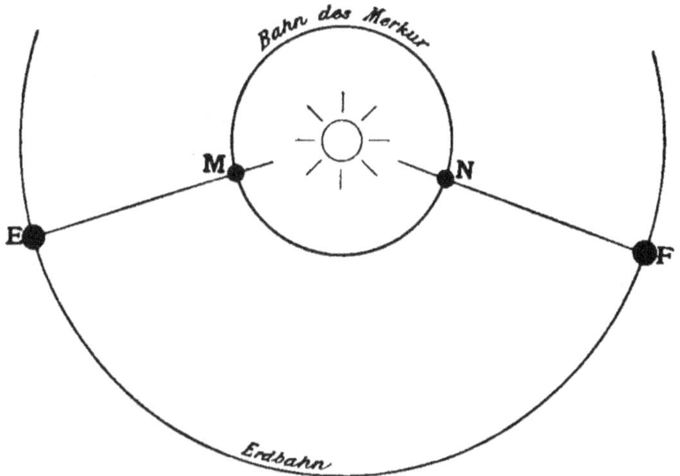

Fig. 34. Untere Konjunktionen des Merkur mit der Sonne.

zeit in ihrer Bahn vorwärts bewegt hat. Erst wenn die Erde den Punkt *F* erreicht, wird Merkur, der nun am Punkte *N* eingetroffen ist, wieder in unterer Konjunktion stehen. Diese Zeit von einer unteren Konjunktion zur nächstfolgenden wird synodischer Umlauf eines Planeten genannt. Bei Merkur ist dieser synodische Umlauf etwas weniger als $^4/_3$ des wirklichen Umlaufes, d. h. der Bogen *MN* ist etwas weniger als der dritte Teil des vollen Kreises.

Nun wollen wir annehmen, daß Merkur, anstatt bei *M* zu stehen, sich (Figur 35) nahe am höchsten Punkt seiner Bahn bei *A* befindet. Er wird dann von der Erde aus in größter Winkelentfernung von der Sonne stehen, oder wissenschaftlich ausgedrückt, sich in seiner größten östlichen Elongation befinden. Da er östlich von der Sonne am Abendhimmel steht, wird er $^{3}/_{4}$ bis $1\,^{1}/_{2}$ Stunden nach der Sonne untergehen. Es ist dies die beste Beobachtungszeit für den Planeten, und wenn der Himmel klar ist, so ist es dann ein

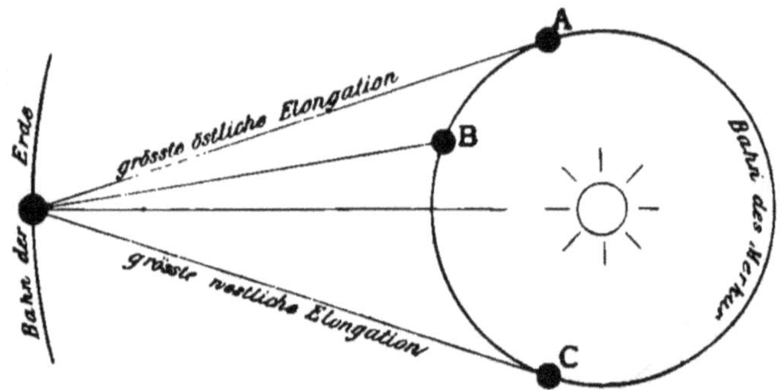

Fig. 35. Elongationen des Merkur.

Leichtes, ihn in der Dämmerung mit bloßem Auge nach Sonnenuntergang aufzufinden. In der entgegengesetzten Elongation bei *C* steht er westlich von der Sonne; er geht dann vor der Sonne auf und ist nur in der Morgendämmerung am Osthimmel zu sehen.

Oberfläche und Rotation des Merkur.

Die beste Zeit für eine teleskopische Beobachtung des Merkur sind die späten Nachmittagstunden, wenn er nahe seiner östlichen Elongation steht, und die Zeit kurz nach Sonnenaufgang, wenn er vor der Sonne aufgeht und sich in der westlichen Elongation befindet. Steht er beispielsweise östlich von der Sonne, so kann er etwa von Mittag an zu jeder Zeit im Fernrohr aufgefunden werden, aber wegen der Unruhe der Luft ist dann in der Regel noch keine gute Beobachtung zu erlangen. Am späteren Nachmittag wird die Luft ruhiger, sodaß die Bedingungen schon günstiger werden. Nach Sonnenuntergang sehen wir ihn dagegen durch die Dunstschicht des Horizontes hindurch, sodaß die Unruhe der Bilder schon wieder zuzunehmen beginnt. Diese Umstände bringen es mit sich, daß Merkur von allen Planeten am schwierigsten zu beobachten ist, und daß die Beobachter bezüglich ihrer Wahrnehmungen auf der Oberfläche dieses Planeten untereinander sehr abweichen.

Der erste, der Details auf seiner Oberfläche zu sehen glaubte, war Schröter in Lilienthal. Als Merkur die Form einer Sichel zeigte, erschien ihm das südliche Horn von Zeit zu Zeit abgestumpft. Er schrieb dies dem Schatten eines hohen Berges zu, und aus den Beobachtungen der Zwischenzeiten zwischen dem Auftreten dieser Abstumpfung schloß er, daß der Planet sich in 24 Stunden 5 Minuten um seine Achse drehe. William Herschel jedoch, der zu gleicher Zeit mit viel stärkeren Instrumenten den Planeten beobachtete, konnte Schröters Wahrnehmungen nicht bestätigen.

Bis vor kurzem stimmten alle Beobachter mit Herschel darin überein, daß sich für Merkur keine Rotationszeit genau angeben lasse. Erst vor einigen Jahren bemerkte Schiaparelli, der unter dem klaren norditalienischen Himmel mit einem guten Fernrohr beobachtete, daß das Aussehen des Planeten Tag für Tag unverändert war. Daraus schloß er, daß derselbe der Sonne immer dieselbe Seite zukehre, so wie der Mond der Erde stets dieselbe Seite zukehrt. Wegen der mit der Beobachtung verknüpften Schwierigkeiten kann aber auch dieses Ergebnis noch nicht als ganz sicher gelten, und alles, was ein vorsichtiger Astronom heute aussagen kann, ist, daß wir bis jetzt noch nichts Bestimmtes über eine Rotation des Merkur um seine Achse wissen.

Infolge seiner wechselnden Stellung zur Sonne zeigt Merkur Phasen wie der Mond. Ihr Aussehen richtet sich danach, wieviel wir von der Erde aus von seiner beleuchteten Hälfte gerade überblicken können, denn der Teil des Planeten, welcher der Sonne nicht zugekehrt ist, bleibt uns naturgemäß unsichtbar. Bei der oberen Konjunktion ist die beleuchtete Seite uns zugekehrt und der Planet sieht rund aus wie der Vollmond. Während er sich über seine östliche Elongation zur unteren Konjunktion hinbewegt, kehrt er der Erde immer mehr und mehr seine dunkle Hemisphäre zu, während sein erleuchteter Teil von der Erde aus immer mehr unsichtbar wird. Dieser Nachteil wird jedoch insofern wieder ausgeglichen, als der Planet in dieser Stellung der Erde immer näher kommt und somit günstiger für die Beobachtung wird. Die scheinbare Form und Größe des Merkur in den verschiedenen Zeiten seines synodischen Umlaufs erfährt eine Reihe von Veränderungen, die ganz analog denen erscheinen, die im nächsten Kapitel bei Besprechung des Planeten Venus in Figur 36 dargestellt sind.

Auch bezüglich der Existenz einer Merkuratmosphäre herrscht keine ungeteilte Ansicht unter den Astronomen. Die überwiegende Mehrzahl spricht sich wohl heute in negativem Sinne aus. So viel scheint sicher, daß wenn eine Merkuratmosphäre existiert, sie zu dünn ist, um das Sonnenlicht so zu reflektieren, wie die Atmosphäre der Erde.

Durchgänge des Merkur.

Es ist wohl leicht verständlich, daß, wenn ein unterer Planet in derselben Ebene wie die Erde sich um die Sonne bewegte, wir ihn bei jeder unteren Konjunktion vor der Sonnenscheibe vorbeiziehen sehen müßten. Aber wie erwähnt bewegen sich nicht zwei Planeten in derselben Ebene, und gerade die Bahn des Merkur hat unter den großen Planeten die größte Neigung gegenüber der Erdbahn. Infolgedessen geht der Planet bei seiner unteren Konjunktion gewöhnlich nördlich oder südlich in kleinerer oder größerer Entfernung an der Sonne vorbei. Wenn er aber zu dieser Zeit gerade nahe bei einem seiner Knoten steht, so kann man ihn als runden schwarzen Fleck über die Sonnenscheibe ziehen sehen. Man nennt diese Erscheinung einen Durchgang des Merkur. Solche Durchgänge kehren in Perioden von 46 Jahren wieder, und zwar treten innerhalb dieser Periode 4 Durchgänge im November und 2 im Mai auf. Sie werden von den Astronomen mit besonderem Interesse beobachtet, da es möglich ist, aus ihnen mit großer Genauigkeit die Zeitpunkte zu ermitteln, in denen der Planet vor die Sonnenscheibe tritt und sie wieder verläßt. Aus diesen Zeiten lassen sich dann wertvolle Schlüsse bezüglich der genauen Gesetze der Bewegung des Planeten ziehen.

Die erste Beobachtung eines Merkurdurchgangs gelang Gassendi am 7. November 1631. Diese Beobachtung hat indessen keinen wissenschaftlichen Wert, da Gassendis Instrumente zu unvollkommen waren.

Eine etwas bessere, aber ebenfalls noch nicht brauchbare Beobachtung wurde durch Halley 1677 während seines Aufenthalts auf der Insel St. Helena angestellt. Seit dieser Zeit sind die Durchgänge mit ziemlicher Regelmäßigkeit beobachtet worden.

In der folgenden Liste sind die Durchgänge genannt, die in den nächsten 50 Jahren sichtbar sein werden, zugleich unter Angabe der Gegenden der Erde, in denen sie beobachtet werden können.

1907 November 14.	Sichtbar in Europa und im Osten von Nordamerika.
1914 November 7.	Sichtbar in denselben Gegenden.
1924 Mai 7.	Der Anfang wird an der Westküste von Nordamerika, der ganze Durchgang nur auf dem großen Ozean und im östlichen Asien sichtbar sein.
1927 November 10.	Sichtbar in Asien und im östlichen Europa.
1937 Mai 11.	Merkur wird den südlichen Rand der Sonne streifen. Die Erscheinung wird nur in Europa und im atlantischen Ozean sichtbar sein.
1940 November 11.	Sichtbar im westlichen Teil von Nordamerika.
1953 November 14.	Sichtbar in Nordamerika.

Die Beobachtung der Merkurdurchgänge hat eine überraschende Tatsache ergeben. Die Bahn dieses Planeten ändert langsam ihre Lage insofern, als ihr Perihel um ungefähr 43 Sekunden im Jahrhundert weiter vorrückt, als es infolge der Anziehung aller bekannten Planeten geschehen sollte. Diese Abweichung entdeckte um 1845 Leverrier, der durch Voraussage des Ortes des Neptun, noch bevor dieser Planet von irgend jemand in einem Fernrohr bemerkt worden war, bekannt ist. Leverrier schrieb die erwähnte Perihelbewegung der Anziehung eines Planeten Vulkan oder einer Gruppe von Planeten zwischen Merkur und Sonne zu. Diese Annahme bewog die Gelehrten, nach dem vermuteten Planeten Ausschau zu halten. Um 1860 glaubte ein französischer Landarzt, der ein kleines Fernrohr besaß, diesen hypothetischen Planeten vor der Sonnenscheibe tatsächlich vorüberziehen zu sehen, doch ließ sich bald ein offenbarer Irrtum bei dieser Beobachtung nachweisen. Ein anderer Astronom von größerer Erfahrung, der an demselben Tage die Sonne betrachtete, sah auf ihrer Oberfläche nichts weiter als einen gewöhnlichen Fleck; dieser hatte wahrscheinlich den Arzt irregeleitet. Nunmehr ist seit etwa einem halben Jahrhundert die Sonne auf verschiedenen Stationen Tag für Tag aufmerksam beobachtet und photographiert worden, ohne daß wieder etwas Verdächtiges vor ihrer Scheibe gesehen worden wäre.

Es ist jedoch immerhin möglich, daß Weltkörper, die so winzig sind, daß sie der Beobachtung entgehen, öfters über die Sonnenscheibe ziehen. Außerhalb der Sonnenscheibe würden unter gewöhnlichen Umständen diese winzigen Körper naturgemäß nicht sichtbar sein, da die Sonne sie sicher gänzlich überstrahlt. Während einer totalen Sonnenfinsternis jedoch, wenn die Sonnenstrahlen durch den Mond abgeblendet werden, besteht wohl die Möglichkeit, solche kleinen sonnennahen Körper zu sehen, und tatsächlich wird bei diesen Gelegenheiten von den Beobachtern nach ihnen gesucht.

Während der Finsternis von 1878 glaubten Watson und Swift, beides fähige und erfahrene Beobachter, wirklich einige verdächtige Objekte entdeckt zu haben. Eine kritische Untersuchung ließ jedoch keinen Zweifel darüber, daß das, was Watson sah, ein Paar Fixsterne waren, die immer an der betreffenden Stelle des Himmels stehen. Was die Beobachtungen von Swift anbetrifft, so ist eigentlich nie bestimmt dargelegt worden, was er gesehen hat, da er nicht imstande war, die Stellung der betreffenden Objekte so genau anzugeben, daß man aus seinen Angaben hätte positive Schlüsse ziehen können.

Trotz aller Mißerfolge haben die Beobachter die Suche nach diesen vermuteten Planeten während mehrerer totaler Sonnenfinsternisse wiederholt. Der Verfasser suchte u. a. während der Finsternisse von 1869 und 1878 die Sonnenumgebung mit einem kleinen Fernrohr ab, aber gleichfalls ohne Erfolg. Vor einigen Jahren wurde zur Lösung der Frage zuerst die Hilfe der Photographie in Anspruch genommen, und zwar durch Pickering und Campbell während der Finsternisse von 1900 und 1901. Campbells Resultate während der letzten Finsternis waren in mancher Hinsicht für die ganze Angelegenheit entscheidend. Mit seinem photographischen Fernrohr wurden einige 50 Sterne photographiert, einige fast von der 8. Größenklasse, aber sie stellten sich alle als bekannte Fixsterne heraus. Es scheint daher sicher, daß es keinen intramerkuriellen Planeten gibt, der heller als 8. Größe ist. Nun müßte man Hunderte solcher Planeten annehmen, um die beobachtete Bewegung des Merkurperihels zu erklären, und andererseits würde eine so große Zahl dieser Körper einen viel stärkeren Glanz des Himmels in der Nähe der Sonne verursachen, als tatsächlich beobachtet wird.

Aber selbst wenn zwischen Merkur uud Sonne sich noch ein Planet bewegte, so würde die Schwierigkeit doch noch nicht gänzlich beseitigt sein. Ein solcher Körper müßte dann bei Merkur oder bei Venus oder bei beiden Planeten auch eine kleine Änderung in der Lage der Knoten verursachen, was durch die Beobachtung nicht bestätigt wird.

Als abschließendes Resultat läßt sich somit fast mit Sicherheit angeben, daß die Bewegung des Merkurperihels nicht durch einen oder mehrere intramerkurielle Planeten hervorgebracht wird. Die neueste Hypothese geht dahin, daß das Newtonsche Gesetz der allgemeinen Anziehung nicht ganz streng ist. Durch eine Änderung desselben würde sich die wirklich beobachtete Merkurbewegung besser darstellen lassen, doch bedarf die ganze Frage noch einer weiteren Untersuchung.

5. Die Venus.

Von allen Sternen am Himmel ist der Planet Venus der glänzendste, und Sonne und Mond sind die einzigen Gestirne, die ihn an Lichtstärke übertreffen. An klaren und mondscheinlosen Abenden kann man die Venus sogar einen Schatten werfen sehen. Wenn ein Beobachter genau weiß, wo er sie zu suchen hat, so kann er sie selbst am Tage erblicken, wenn sie nur hoch genug steht und die Sonne nicht in unmittelbarer Nachbarschaft ist. Wenn der Planet östlich von der Sonne steht, so kann er schon vor ihrem Untergang am Westhimmel gefunden werden; er sieht dann wie ein kleines

Lichtpünktchen aus, dessen Glanz sich in dem Maße steigert, als das Tageslicht abnimmt. Steht die Venus westlich von der Sonne, so geht sie des Morgens vor der Sonne auf und ist dann im Osten sichtbar. Nach dieser wechselnden Stellung ist der Planet auch Abend- bezw. Morgenstern benannt worden. Die Alten nannten ihn Hesperus, um ihn als Abendstern zu bezeichnen, und Phosphorus, wenn sie seine Stellung als Morgenstern meinten. Es ist sogar möglich, daß sie Hesperus und Phosphorus für zwei verschiedene Himmelskörper hielten.

Wenn man die Venus mit einem Fernrohr, selbst bei geringer Vergrößerung beobachtet, kann man

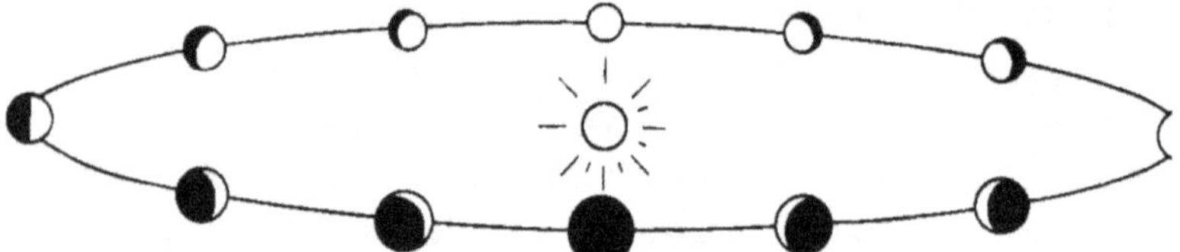

Fig. 36. Phasen der Venus in verschiedenen Punkten ihrer Bahn.

ihre Phasen, ähnlich denjenigen des Mondes, erkennen. Sie wurden zuerst von Galilei bemerkt, als er sein erstes primitives Fernrohr auf die Venus richtete, und diese Tatsache lieferte ihm gewichtige Beweisgründe für die Richtigkeit des Kopernikanischen Weltsystems. Nach damaligem Brauch veröffentlichte er seine Entdeckung in Form eines Anagramms, einer Buchstabenreihe, die in richtiger Zusammenstellung die Entdeckung den Fachgenossen mitteilen sollte. Ins Deutsche übersetzt lautete die Lösung des Anagramms: „Die Mutter der Liebe ahmt die Lichtgestalten der Cynthia nach“.

Was wir über die synodische Bewegung des Merkur gesagt haben, trifft im Wesentlichen auch bei Venus zu und braucht daher nicht wiederholt zu werden. Die scheinbare Größe des Planeten in den verschiedenen Teilen seiner synodischen Bahn wird durch Figur 36 erläutert. Während er sich von der oberen zur unteren Konjunktion bewegt, nimmt die scheinbare Größe des Planeten andauernd zu, wenn wir auch seinen ganzen Umriß nicht sehen können. Der beleuchtete Bruchteil seiner Scheibe wird dabei aber fortwährend kleiner; in der größten Elongation erscheint Venus als Halbmond, dann nimmt sie die Gestalt einer Sichel an, die schmäler und schmäler wird, je mehr sich der Planet der unteren Konjunktion nähert. In dieser letzteren Stellung selbst ist uns die unbeleuchtete Halbkugel zugekehrt, und der Planet ist daher unsichtbar. Im größten Glanz strahlt die Venus dann, wenn sie ungefähr halbwegs zwischen unterer Konjunktion und größter östlicher, bezw. westlicher Elongation steht. Sie geht dann ungefähr zwei Stunden nach der Sonne unter, oder zwei Stunden vor der Sonne auf, je nachdem sie gerade Abend- oder Morgenstern ist.

Die Rotation der Venus.

Die Frage nach der Umdrehung der Venus um ihre Achse interessiert die Astronomen schon seit Galileis Zeiten. Wegen des eigentümlichen blendenden Glanzes des Planeten ist es jedoch sehr schwer, Einzelheiten auf ihm wahrzunehmen. Im Fernrohr hat man von der Venus fast den Eindruck, als wenn man auf eine polierte Metallkugel blickte. Nichtsdestoweniger haben verschiedene Beobachter auf ihrer Oberfläche helle und dunkle Stellen zu unterscheiden geglaubt. Schon sehr früh, um das Jahr 1667, schloß Cassini aus diesen mutmaßlichen Flecken, daß sich der Planet in etwas weniger als 24 Stunden um seine Achse drehe. Während des folgenden Jahrhunderts veröffentlichte Bianchini, ein italienischer Beobachter, einen mit zahlreichen Abbildungen ausgestatteten Bericht über die Rotation des Planeten. Gegenüber Cassini folgerte er aus seinen Beobachtungen, daß Venus mehr als 24 Tage gebraucht, um sich einmal um ihre Achse zu drehen. Cassinis Sohn verteidigte daraufhin seines Vaters Resultat, indem er zeigte, daß gerade Bianchinis Beobachtungen auch für eine Rotationszeit von weniger als 24 Stunden sprachen. Der italienische Beobachter sah die Flecken an aufeinanderfolgenden Abenden stets ein wenig weiter vorgeschritten und bestimmte die Rotation des Planeten nach dieser langsamen Verschiebung, ohne zu bemerken, daß inzwischen in den 24 Stunden außer der kleinen Verschiebung bereits eine ganze Umdrehung vollendet war. Nach Verlauf von 24 Tagen war Bianchini dieselbe Hemisphäre des Planeten erschienen, wie zu Anfang, in der Zwischenzeit hatten aber nach Cassinis Ansicht nicht eine, sondern 25 Umdrehungen stattgefunden.

Schröter in Lilienthal versuchte die Rotationsfrage bei der Venus in gleicher Weise zu lösen, wie er es bei Merkur getan hatte. Er richtete seine Aufmerksamkeit besonders auf die Hörner der Venussichel, wenn der Planet nahezu zwischen Erde und Sonne stand. In bestimmten Zwischenzeiten erschien ihm auch hier ein Horn abgestumpft. Er schrieb diese Erscheinung wieder dem Schatten eines hohen Gebirges zu und bestimmte aus den Zwischenzeiten des Auftretens jener Abstumpfung die Rotationszeit der Venus zu 23 Stunden 21 Minuten, während der jüngere Cassini aus seines Vaters Beobachtungen hierfür 23 Stunden 15 Minuten abgeleitet hatte.

Nach Schröter beschäftigte sich Niemand mehr mit dem Problem der Venusrotation bis zum Jahre 1832. Da zeigte De Vico in Rom an, daß er die von Bianchini auf der Venus entdeckten Flecke wieder gesehen habe. Er schloß aus ihrer Beobachtung in Übereinstimmung mit Schröter, daß der Planet in 23 Stunden 21 Minuten rotiere.

Diese gute Übereinstimmung der Resultate von vier hervorragenden Forschern führte zur allgemeinen Annahme einer Umdrehungszeit von 23 Stunden 21 Min. für Venus. Manches sprach andererseits auch gegen dies Resultat. So konnte z. B. Herschel mit dem stärksten Fernrohr jener Zeit niemals irgendwelche beständigen Flecken auf der Venus erkennen. Wenn er irgend eine Schattierung auf der Oberfläche des Planeten zu erkennen glaubte, so verschwand dieselbe wieder so rasch, daß an eine Rotationsbestimmung nicht zu denken war. Herschels negatives Resultat ist auch weiterhin stets durch die große Mehrheit der Beobachter bestätigt worden. Eine ganz neue und überraschende Ansicht wurde vor wenigen Jahren von Schiaparelli bekannt gegeben. Schiaparelli behauptet, daß die Venus, genau ebenso wie Merkur, sich in derselben Zeit um ihre Achse und um die Sonne dreht; mit anderen Worten, Merkur und Venus kehren beide der Sonne stets dieselbe Seite zu, ebenso wie der Mond der Erde. Schiaparelli gelangte zu diesem Schluß durch die Beobachtung einer Anzahl außerordentlich schwacher Flecken, die mehrere Tage hintereinander auf der südlichen Halbkugel der Venus an der gleichen Stelle sichtbar waren. Er konnte den Planeten jeden Tag mehrere Stunden nacheinander beobachten, und die dabei wahrgenommene Beständigkeit der Flecken schloß die Annahme aus, daß der Planet in etwas weniger als einem Tag eine Umdrehung vollenden könnte. Auch Lowell wurde durch sorgfältiges Studium der Oberfläche der Venus zu demselben Schlusse geführt.

Ganz neue Gesichtspunkte in dieser Frage ergab das Spektroskop. Es ist bereits dargelegt worden, wie mit diesem Instrument bestimmt werden kann, ob ein Himmelskörper sich auf uns zu oder von uns fort bewegt. Das Prinzip gilt für einen Planeten, der in reflektiertem Sonnenlichte glänzt, ebensogut wie für einen selbstleuchtenden Fixstern. Wenn ein Planet rotiert, so bewegt sich die eine Hälfte seiner Scheibe auf uns zu, die andere von uns fort. Durch den Vergleich der relativen Lage der dunklen Linien des Spektrums, das die beiden Ränder der Planetenscheibe zeigen, kann daher die Geschwindigkeit der Bewegung in bezug auf die Erde bestimmt werden. Auf diese Weise fand Belopolski in Pulkowo, daß der Planet in einer sehr schnellen Umdrehung begriffen sei. Die Beobachtung ist jedoch so schwierig und die Linienverschiebung so gering, daß es auch auf diesem Wege nicht möglich war, zu einem ganz sicheren Resultat zu gelangen. Immerhin hat durch diese Beobachtung die kurze Umdrehungszeit der Venus sehr an Wahrscheinlichkeit gewonnen, trotz der gegenteiligen Wahrnehmungen Schiaparellis und Lowells.

Gegen die Ansicht, daß die Venus sich um ihre Achse in derselben Zeit dreht, in der sie ihre Bahn um die Sonne vollendet, spricht ferner die Unwahrscheinlichkeit einer solchen Bewegung. Die gewichtigen Gründe für die Gleichheit der beiden Perioden, die beim Erdmond vorliegen, lassen sich nicht mit der gleichen Beweiskraft auf einen Planeten anwenden, der vom

Mittelpunkte seiner Bewegung so weit entfernt steht wie die Venus. Man müßte sonst noch voraussetzen, daß der Planet eine feste Masse besitzt, wie der Mond, und daß seine Achse gegen die Sonne gerichtet ist.

Neue Forschungen über die Atmosphäre des Planeten machen es übrigens, wie wir sehen werden, fast sicher, daß alle früheren und neueren Wahrnehmungen von festen Flecken auf der Venus auf unbewußten Täuschungen beruhen, wodurch auch die auf ihnen aufgebauten Schlüsse in sich zusammenfallen.

Die Atmosphäre der Venus.

Es ist jetzt sicher festgestellt, daß die Venus von einer Atmosphäre umgeben wird, die wahrscheinlich dichter als diejenige der Erde ist. Ihr Vorhandensein wurde zuerst auf eine merkwürdige und interessante Weise während eines Venusdurchgangs vor der Sonnenscheibe im Jahre 1769, zuletzt auch 1882 konstatiert. Als der Planet bereits etwas mehr als zur Hälfte vor der Sonnenscheibe stand, erschien sein äußerer Rand erleuchtet, wie die umstehende Figur 37 zeigt. Dieser Lichtring fing indessen nicht in der Mitte des äußeren Planetenrandes an, wie es hätte sein müssen, wenn er durch regelmäßige, der irdischen ähnliche Strahlenbrechung verursacht worden wäre, sondern er begann an einer Stelle nahe an dem einen Ende des Bogens. Diese Erscheinung erklärte Russell in Princeton dadurch, daß die Atmosphäre der Venus so mit Dampf erfüllt sei, daß die Sonnenstrahlen sie nicht zu durchdringen vermögen, und daß das Licht, in dem der Planet erstrahlt, nicht von seiner Oberfläche reflektiert wird, sondern von einer beleuchteten Wolken- oder Dampfschicht stammt, die in der Atmosphäre des Planeten schwebt. Ist dies wirklich der Fall, so wird es kaum jemals möglich sein, daß irdische Astronomen den festen Kern des Planeten durch diese Wolken hindurch erblicken. Die vorhin erwähnten, von einzelnen Beobachtern vermuteten Flecken können daher nur vorübergehende Wolkengebilde gewesen sein.

Um die Täuschungen näher zu beleuchten, denen das Auge selbst guter Beobachter unterworfen sein kann, wollen wir noch die Tatsache erwähnen, daß

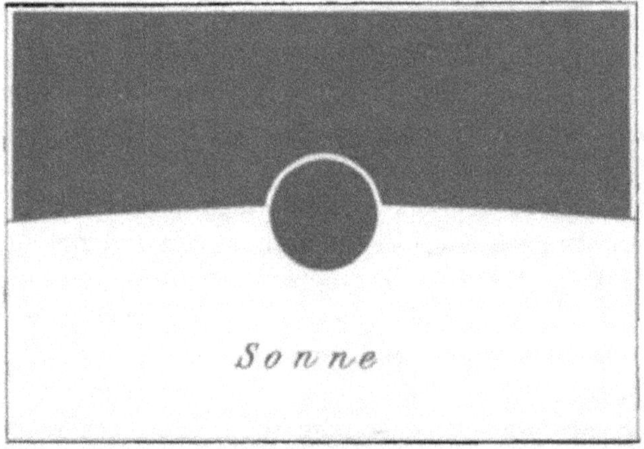

Fig. 37. Wirkung der Atmosphäre der Venus während des Durchganges vor der Sonnenscheibe im Jahre 1882.

mehrere Astronomen wiederholt die ganze Halbkugel der Venus zu sehen glaubten, wenn der Planet nahe seiner unteren Konjunktion als feine Sichel zu sehen war. Er bot dann die Erscheinung des Erdlichtes auf dem Monde dar, die jeder kennt, der unseren Trabanten zu einer Zeit beobachtet, wenn er als schmale Sichel am Morgen- oder Abendhimmel erscheint. Beim Monde wissen wir, daß seine dunkle Halbkugel dann durch das von der Erde reflektierte Sonnenlicht erleuchtet wird. Bei der Venus jedoch ist es ausgeschlossen, daß das Licht der Erde oder eines anderen Weltkörpers zur Erklärung einer solchen Erscheinung herangezogen werden könnte. Die Erscheinung ist manchmal als eine Art Phosphoreszenz der dunklen Halbkugel der Venus gedeutet worden, sie ist aber wahrscheinlich auf eine optische Täuschung zurückzuführen. Der Lichtschimmer ist nämlich gewöhnlich am Tage gesehen worden, wenn der Himmel so hell erleuchtet war, daß ein so schwaches Licht, wie es die Phosphoreszenz hervorbringt, völlig unsichtbar geblieben wäre. Welcher Ursache wir auch dieses Licht zuschreiben mögen, auf alle Fälle müßte es abends viel besser sichtbar sein, als am Tage, und schon die Tatsache, daß es in der Dunkelheit noch nicht bemerkt worden ist, scheint endgiltig gegen sein wirkliches Vorhandensein zu sprechen.

Die ganze Erscheinung gibt ein neues Beispiel für ein wohlbekanntes psychologisches Gesetz, das besagt, daß unsere Fantasie stets geneigt ist, den wahrgenommenen Dingen Eigenschaften anzudichten, die wir sonst an ihnen zu sehen gewohnt sind. Die Erscheinung des Erdlichtes bei der Mondsichel ist uns so vertraut, daß beim Betrachten der Venus die allgemeine Ähnlichkeit der Erscheinung uns auch hier dieses Erdlicht vortäuscht.

Hat Venus einen Mond?

Während der beiden letzten Jahrhunderte haben von Zeit zu Zeit Beobachter der Venus geglaubt, neben ihr einen Trabanten zu sehen. Die meisten mit guten Fernrohren ausgerüsteten Beobachter der neueren Zeit haben jedoch nichts neben dem Planeten entdecken können, und man kann mit Bestimmtheit behaupten, daß Venus selbst in den stärksten Fernrohren unserer Zeit keinen Mond zeigt. Möglicherweise waren die gesehenen Trabanten Trugbilder, wie sie der Astronom aus seiner Praxis wohl kennt. Sie entstehen beim Anvisieren eines hellen Objektes durch eine doppelte Reflexion innerhalb der Linsen im Objektiv oder Okular.

Vor einigen Jahren erhielt der Verfasser einen Brief von dem Besitzer eines großen Fernrohrs in England, der eine schwache aber doch deutlich wahrnehmbare Lichtaureole um den Planeten Mars zu sehen glaubte. Er wünschte zu erfahren, ob die Erscheinung reell sei, oder auf einer Täuschung beruhe, und wie diese dann zu erklären wäre. In dem Antwortschreiben wurde ihm mitgeteilt, daß eine solche Aureole durch doppelte Reflexion zwischen den beiden Linsen des Objektivs entsteht, wenn ihre Krümmungen nahezu, aber nicht völlig gleich sind. Es wurde ihm geraten, das Fernrohr einmal auf Sirius zu richten und zuzusehen, ob sich nicht auch hier eine ähnliche Erscheinung bemerkbar mache. Wahrscheinlich hat er sie dann auch bei diesem Fixstern wahrgenommen.

Die Venusdurchgänge.

Die Durchgänge der Venus vor der Sonnenscheibe gehören zu den seltensten Ereignissen der Astronomie, da sie durchschnittlich nur einmal in 60 Jahren vorkommen. In einem regelmäßigen Zyklus von 243 Jahren, innerhalb dessen vier Durchgänge stattfinden, wiederholt sich diese Erscheinung und zwar so, daß zwischen der einen und den folgenden nacheinander 8, 121½, 8 und 105½ Jahre liegen. Die Daten der letzten sechs und die der zwei nächsten Venusdurchgänge sind die folgenden:

1631 Dezember 7.	1874 Dezember 9.
1639 Dezember 4.	1882 Dezember 6.
1761 Juni 6.	2004 Juni 8.
1769 Juni 3.	2012 Juni 6.

Kaum jemand von den gegenwärtig lebenden Menschen wird also den nächsten Venusdurchgang, der erst 2004 stattfindet, erleben. Die genaue Zeit jedoch, wann am 8. Juni 2004 die Venus vor der Sonnenscheibe erscheinen wird, kann bereits jetzt für jeden Punkt der Erdoberfläche bis auf eine oder zwei Minuten genau vorausbestimmt werden.

Das Interesse, das sich an die Venusdurchgänge des verflossenen Jahrhunderts knüpfte, hat seinen Grund darin, daß man in ihnen das beste Mittel zur Bestimmung der Entfernung der Sonne von der Erde erblickte. Dieser Grund und die Seltenheit der Erscheinung führten dazu, daß bei Gelegenheit der letzten vier Durchgänge in großem Maßstabe vorbereitete Beobachtungen ausgeführt wurden. Bereits 1761 und 1769 sandten die führenden Nationen Beobachter nach verschiedenen Gegenden der Welt, um die genaue Zeit des Eintrittes und des Austrittes der Venus festzustellen. In den Jahren 1874 und 1882 wurden wieder von Deutschland, Großbritannien, Frankreich und Nordamerika Expeditionen ausgerüstet, die besonders auf der Südhalbkugel der Erde ihre Beobachtungsposten einnahmen. Die in diesen beiden Jahren ausgeführten Beobachtungen sind für die Erforschung der Venusbahn von großem Wert; für die Bestimmung der Sonnenentfernung kommen sie heute erst in zweiter

Linie in Betracht, da man jetzt andere Methoden kennt, die diesen Wert ebenso sicher ermitteln lassen.

6. Mars.

Mit dem Planeten Mars hat sich in den letzten Jahren das Interesse des Publikums ganz besonders beschäftigt. Seine Ähnlichkeit mit unserer Erde, die auf seiner Oberfläche vermuteten Kanäle und Ozeane, sein Klima und seine Schneebildung usw., dies alles leitete das Interesse des Publikums unwillkürlich auf die eventuellen Bewohner dieses Planeten. Selbst auf die Gefahr hin, diejenigen Leser zu enttäuschen, die gern sichere Beweise dafür haben möchten, daß unsere Nachbarwelt mit vernunftbegabten Wesen bevölkert ist, will ich darzulegen versuchen, was wir wirklich über diesen Planeten wissen, und diese Tatsachen scharf von der großen Menge von Illusionen und unbegründeten Spekulationen trennen, die sich in den letzten 20 Jahren in populäre Bücher und Zeitschriften eingeschlichen haben.

Wir beginnen mit einigen Einzelheiten, die für die Kenntnis der Vorgänge auf dem Planeten von Wichtigkeit sind. Sein Umlauf um die Sonne, also ein Marsjahr, umfaßt 687 Tage, oder 2 Jahre weniger 43 Tage. Wäre seine Umlaufsperiode genau 2 Jahre, so würde er seine Bahn einmal zurücklegen, während die Erde zwei Umläufe um die Sonne vollendet, und wir würden den Planeten in regelmäßigen Zwischenzeiten von 2 Jahren in Opposition treten sehen. Da er sich aber etwas schneller bewegt, braucht die Erde außer den 2 Jahren noch 1 bis 2 Monate, um ihn einzuholen, so daß die Oppositionen sich in Zwischenzeiten von 2 Jahren und 1 bis 2 Monaten ereignen. Dieser Überschuß wächst nach 8 Oppositionen zu einem vollen Jahre an; folglich wird Mars am Schlusse von ungefähr 17 Jahren zu derselben Zeit wieder in Opposition gelangen und nahezu an demselben Punkte seiner Bahn stehen wie vorher. In dieser Zeit vollendet die Erde 17, der Mars 9 Umläufe um die Sonne.

Die Zeitdifferenz zwischen den einzelnen Marsoppositionen ist, wie wir bereits erwähnten, nicht genau gleich. Es wird dies durch die große Exzentrizität der Marsbahn verursacht, die größer ist, als die Exzentrizität irgend eines anderen großen Planeten, Merkur ausgenommen. Ihr genauer Wert beträgt 0,093 oder beinahe $^1/_{10}$, d. h. er steht der Sonne im Perihel fast um $^1/_{10}$ näher als in der mittleren Entfernung, und umgekehrt im Aphel um $^1/_{10}$ ferner. Seine Entfernung von der Erde zur Oppositionszeit ändert sich in demselben Maße; findet die Opposition statt, wenn der Planet dem Perihel nahe ist, so beträgt die Entfernung von der Erde kaum 60 Millionen Kilometer, im Aphel etwa 100 Millionen Kilometer. Die Folge davon ist, daß bei einer Periheloppostion, die beiläufig nur im September stattfinden kann, der Planet mehr als dreimal so hell erscheint, wie bei einer Aphelopposition, die sich dann im Februar oder März ereignet. Die letzten Oppositionen fanden Ende März 1903, Anfang Mai 1905 und Anfang Juli 1907 statt. Die nächste im September 1909 kommt dem Marsperihel bereits außerordentlich nahe, so daß der Planet dann eine besonders glänzende Erscheinung darbieten wird.

In der Nähe der Opposition ist Mars an seinem intensiven Lichte und besonders an der rötlichen Farbe, die von derjenigen der meisten anderen Sterne wesentlich abweicht, leicht zu erkennen. Es ist eigentümlich, daß das Aussehen des Planeten im Fernrohr diese Färbung nicht so deutlich erkennen läßt, wie der Anblick mit unbewaffnetem Auge.

Oberfläche und Rotation des Mars.

Der große Huyghens, der in der zweiten Hälfte des 17. Jahrhunderts lebte, war der erste, der bei seinen Beobachtungen des Mars im Fernrohr den verschiedenartigen Charakter einzelner Teile seiner Oberfläche erkannte und Zeichnungen von dem Planeten anfertigte. Die von Huyghens dargestellten Umrisse können noch heute auf der Oberfläche des Mars identifiziert werden. Bei weiteren Beobachtungen konnte man leicht erkennen, daß der Planet in etwas mehr als einem unserer Tage, genauer in 24 Stunden 37 Minuten, eine Umdrehung um seine Achse vollführt.

Diese Rotationszeit ist die einzige sicher bestimmte von allen Planeten des Sonnensystems, abgesehen von unserer Erde. Mehr als 200 Jahre hat Mars in genau dieser Zeit seine Umdrehung vollzogen, und es liegt daher kein Grund vor, anzunehmen, daß diese Zeit sich meßbar ändert, ebensowenig wie unsere Tageslänge. Die große Ähnlichkeit seiner Tagesdauer mit der unsrigen — der Überschuß beträgt ja nur 37 Minuten — hat zur Folge, daß an zwei aufeinander folgenden Abenden zur gleichen Stunde Mars der Erde fast dieselbe Seite zukehrt. Bei genauerem Zusehen bleibt er jedoch wegen der etwas langsameren Rotation an jedem folgenden Abend ein wenig in der Bewegung zurück, so daß man im Verlaufe von etwa 40 Tagen auch beim Innehalten derselben Beobachtungsstunde nach und nach alle Teile seiner Oberfläche sehen kann.

Alles was bis jetzt die Beobachtungen des Mars geliefert haben, läßt sich zu einem Kartenbilde (vgl. Tafel) vereinigen, das die Umrisse der hellen und dunklen Gebiete seiner Oberfläche zeigt. Weiter ist bereits lange bekannt, daß für gewöhnlich an den beiden Marspolen eine weiße Kappe sichtbar ist. Wenn sich ein Pol uns und folglich auch der Sonne zuwendet, wird diese Kappe allmählich kleiner, und wieder größer, wenn der betreffende Pol sich von der Sonne abwendet. Diese an beiden Polen auftretenden weißen Kappen wurden naturgemäß gleich für Schnee und Eis ausgegeben, die während des Marswinters in der Nähe der Pole auftreten und während des Sommers ganz oder teilweise abschmelzen.

Die „Kanäle" des Mars.

Um 1877 begannen Schiaparellis berühmte Beobachtungen der Marsoberfläche und die Veröffentlichungen über die sogenannten „Kanäle". Die letzteren bestanden nach Schiaparelli aus Streifen, die von einem zum anderen Punkte der Planetenoberfläche gingen und ein wenig dunkler als die übrige Oberfläche des Planeten waren.

Selten hat eine verkehrte Übersetzung mehr Mißverständnis verursacht, als in dem vorliegenden Falle. Schiaparelli nannte diese Streifen „canale", ein italienisches Wort, das Rinne bedeutet. Er nannte sie so, weil man damals glaubte, daß die dunklen Teile der Oberfläche Ozeane seien; die Streifen, die diese Ozeane verbanden, wurden daher für Wasserrinnen gehalten, und demgemäß benannt. Die Übernahme dieses Wortes in die anderen Sprachen führte jedoch zu der noch heute weit verbreiteten Ansicht, daß diese Gebilde auf dem Mars als Werke vernunftbegabter Wesen aufzufassen seien, wie die Kanäle auf der Erde.

Bis auf den heutigen Tag gehen die Ansichten der Beobachter und astronomischen Autoritäten bezüglich der Bedeutung dieser Kanäle weit auseinander. Das kommt daher, weil ihre Umrisse auf der Oberfläche des Planeten nur ganz zart angedeutet sind. Bei genauerem Zusehen findet man ja überall auf dem Planeten verschiedene Schattierungen, helle und dunkle Flecke, aber sie sind so schwach und undeutlich und laufen durch alle erdenklichen Abstufungen so ineinander über, daß es gewöhnlich große Schwierigkeiten macht, ihre genaue Form und ihre Umrisse anzugeben.

Diese Schwierigkeiten, verbunden mit dem wechselnden Aussehen dieser Details unter verschiedenen Beleuchtungsverhältnissen und mit dem Wechsel in der Beschaffenheit unserer Atmosphäre bringen es mit sich, daß die Beobachter die erwähnten Streifen auf dem Mars ganz verschieden auffassen und zeichnen. So besitzen wir Zeichnungen des Planeten, wie z. B. eine auf der Lowell-Sternwarte hergestellte Marskarte, worauf die Kanäle als feine dunkle Linien so zahlreich angegeben sind, daß sie wie ein Netz den größten Teil der Marsoberfläche bedecken, während sie auf Schiaparellis Karte meist als schwache Bänder dargestellt sind, die nicht so deutlich wie auf Lowells Zeichnungen begrenzt sind. Lowells Kanäle übertreffen auch an Zahl die von Schiaparelli gesehenen. Nun sollte man wenigstens denken, daß alle von Schiaparelli aufgezeichneten Linien auch auf Lowells Karte vor-

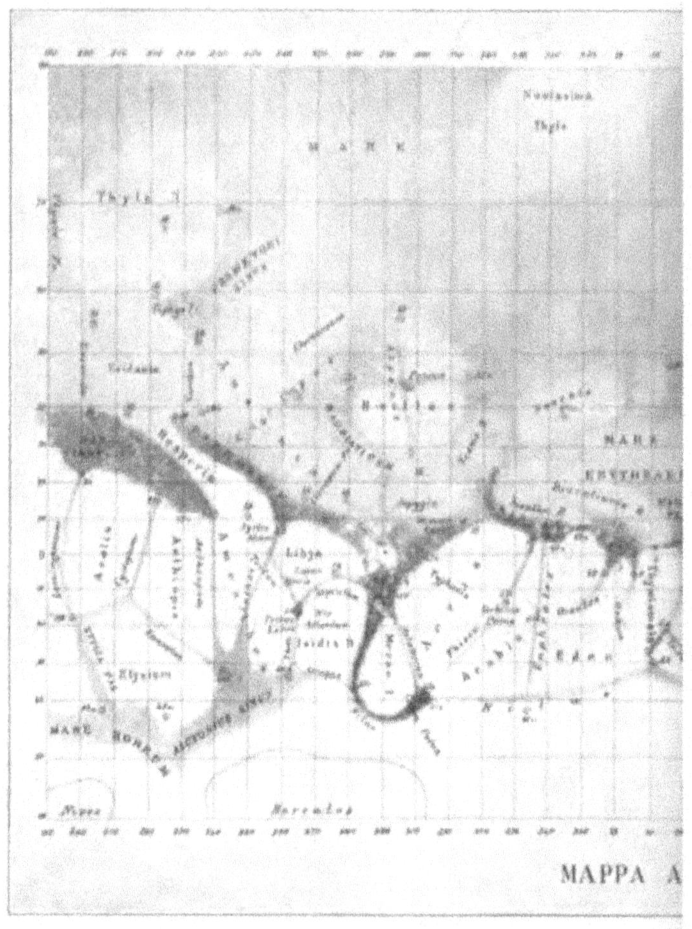

Übersichtskarte des

el.

·n Mars nach Schiaparelli.

kommen; aber weit gefehlt, es besteht nur eine allgemeine Ähnlichkeit unter den beiderseitigen Aufzeichnungen. Eine besondere Eigentümlichkeit der Lowellschen Karte besteht darin, daß an den Kreuzungsstellen der Kanäle dunkle, runde Flecken, gleichsam Seen, sich finden. So ausgeprägte Flecken sucht man vergeblich auf der Karte von Schiaparelli.

Ein während der günstigen Oppositionen des Mars besonders deutlich sichtbares Objekt seiner Oberfläche

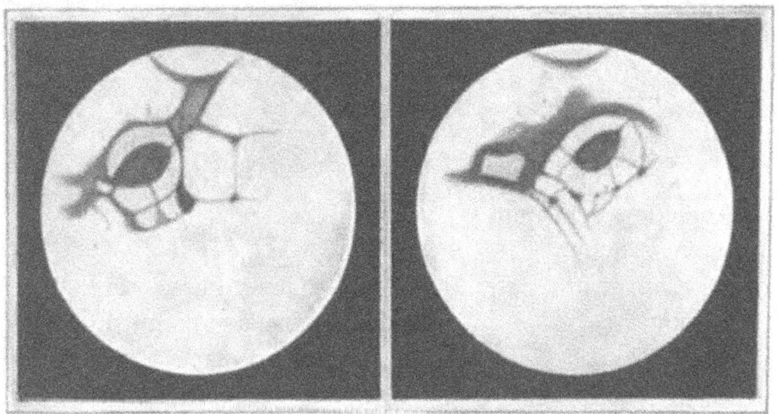

Fig. 38. Der Lacus Solis auf dem Mars nach Zeichnungen von Campbell und von Hussey.

ist ein großer, dunkler, fast kreisrunder Fleck, dessen Umgebung fast weiß ist, der Lacus Solis oder Sonnensee. Alle Beobachter sind bezüglich seiner Existenz und seiner Form einig. Sie stimmen auch darin überein, daß gewisse schwache Striche oder Kanäle sich von diesem See nach verschiedenen Richtungen ausbreiten. Wenn wir jedoch genauer zusehen, so finden wir, daß sie schon bezüglich der Anzahl dieser Kanäle auseinandergehen und das ihn umgebende Gebiet be-

Wahrscheinliche Natur der Marskanäle.

Was wir einigermaßen sicher über die Erscheinung der Marskanäle wissen, kann in die folgenden Sätze zusammengefaßt werden:

1. Die ganze Marsoberfläche zeigt eine große Mannigfaltigkeit an außerordentlich feinen Details, deren Umrisse sich nicht näher angeben lassen.

2. Sie enthält zahlreiche dunkle Linien, die sich über weite Strecken des Planeten ausdehnen und in bezug auf ihr Aussehen zwischen Streifen von verwaschenen unbestimmten Umrissen bis zu feinen fadenartigen Strichen wechseln.

3. Vielfach erwecken die dunklen Stellen auf dem Planeten den Eindruck, als ob sie zum Teil miteinander zusammenhingen, wodurch die Veranlassung zur Annahme von langen dunklen Kanälen auf dem Planeten gegeben war.

Der dritte Satz, der auf die im vorigen Kapitel erwähnte Beobachtung Cerullis hinausläuft, kann durch einen einfachen Versuch plausibel gemacht werden. Wenn man ein in Punktiermanier ausgeführtes Stahlstichportrait durch ein Vergrößerungsglas betrachtet, so sieht man nichts als eine große Anzahl von Punkten, die in verschiedenen geraden und gekrümmten Linien angeordnet sind. Sobald man jedoch das Vergrößerungsglas fortnimmt, verbindet das Auge diese Punkte zu bestimmten zusammenhängenden Linien, die die Umrisse und Züge eines menschlichen Gesichts darstellen. Etwas ähnliches zeigt jede in Rastermanier angefertigte Illustration, wovon sich der Leser z. B. beim Betrachten der Figur 38 selbst überzeugen kann. Ebenso wie bei dem Stahlstich das Auge eine Ansammlung von Punkten zu einem Gesicht zusammensetzt, kann es auch die kleinen Flecken und Fleckchen auf dem Mars als lange ununterbrochene Kanäle auffassen.

Welcher Art die von Cerulli vermuteten Teilgebilde der Kanäle sind, ob sie aus Punkten oder Flecken bestehen, läßt sich allerdings heute noch nicht mit Sicherheit entscheiden.

Eine sehr merkwürdige, bei den Veränderungen der Marskanäle beobachtete Erscheinung stellen ihre gelegentlichen Verdoppelungen dar. Sie wurden zuerst von Schiaparelli gesehen, später auch von Lowell u. a. beobachtet. Man fand, daß ein Kanal, der zu gewissen Zeiten einfach erschien, später aussah, als ob er aus zwei parallelen Linien bestände. Jeder Beobachter weiß, daß eine derartige Verdoppelung z. B. dann eintritt, wenn eine feine dunkle Linie dem Auge so nahe gerückt wird, daß auf der Netzhaut des Auges kein scharfes Bild derselben mehr entsteht. Einem kurzsichtigen Auge kann z. B. ein Telegraphendraht unter Umständen doppelt erscheinen. Doch auch beim normalen Sehen kann z. B. ein dunkles Band auf hellem Grunde aus einiger Entfernung doppelt erscheinen, wenn strahlenbrechende Substanzen oder warme, bewegte Luft den Anblick stören. Ob und wieweit derartige Täuschungen bei den Marskanälen in Frage kommen, läßt sich naturgemäß schwer entscheiden.

Bei der Beurteilung der verschiedenen Hypothesen über die Natur der Marskanäle muß man sich ferner daran erinnern, daß wir mit den besten Fernrohren der Gegenwart in der Entfernung des Mars nur solche Linien sehen können, die 50—150 km breit sind. Je dunkler die Linie, desto schmäler kann sie sein, um noch gerade erkannt zu werden. Die Auffassung, daß die Linien auf dem Mars wirkliche von seinen Bewohnern gegrabene Kanäle darstellen, läßt sich daher schon mit Rücksicht auf die Dimensionen dieser Gebilde nicht aufrecht erhalten. Dagegen ist es nicht ausgeschlossen, daß es, wie Lowell annimmt, weite durch Vegetation dunkel gefärbte Gebiete sind.

Es muß noch erwähnt werden, daß in den beiden Polargegenden des Planeten keine Kanäle gesehen worden sind. Allerdings werden, selbst wenn die mutmaßlichen Schneekappen abgeschmolzen sind, diese Gebiete von der Erde aus in so schräger Richtung gesehen, daß es schwer fällt, hier überhaupt noch Details zu erkennen.

Von hohem Interesse ist auch die Frage, ob die Polarkappen des Mars wirklich aus Schnee bestehen, der während des Marswinters dort den Boden bedeckt, und dann wieder schmilzt, wenn die Sonne die betreffende Polargegend von neuem bescheint. Um dies besser zu erklären, müssen wir noch einige neuere Resultate kennen lernen, die sich auf die Atmosphäre des Planeten beziehen.

Die Atmosphäre des Mars.

Alle neueren Beobachter des Mars stimmen darin überein, daß wenn er überhaupt eine Atmosphäre hat, sie viel dünner sein muß, als die Erdatmosphäre und daß sie wenig oder gar keinen Wasserdampf enthalten kann. Diese Schlußfolgerung gestattet sowohl das Fernrohr wie das Spektroskop. Die Beobachtungen des Planeten im Fernrohr zeigen, daß die Details seiner Oberfläche selten oder nie durch Nebel- oder Wolkenbildung in der Marsatmosphäre verdeckt werden. Es trifft zu, daß die Einzelheiten auf dem Mars nicht immer mit derselben Deutlichkeit und Schärfe zu erkennen sind; aber diese Sichtbarkeitsverhältnisse sind doch nicht so verschieden, daß sie nicht Veränderungen der Durchsichtigkeit unserer irdischen Atmosphäre zugeschrieben werden könnten. Obgleich die Linien meistens nahe dem Rande der Planetenscheibe matter erscheinen als dann, wenn sie gerade in ihrer Mitte sichtbar sind, so kann diese Erscheinung doch wenigstens zum großen Teil von der schrägen Richtung herrühren, unter der die Lichtstrahlen den Rand des Planeten verlassen, wie wir das schon am Schlusse des vorigen Abschnittes bei den Polarkappen des Mars erwähnten. Selbst am Monde, der keine Spur einer Atmosphäre besitzt, kann man mit dem bloßen Auge oder in einem Opernglase eine gewisse Abnahme der Deutlichkeit seiner Oberflächendetails nach dem Rande zu bemerken. Immerhin ist es wohl möglich, daß bei Mars die Unschärfe der Randgegenden zum Teil einer dünnen Atmosphäre zuzuschreiben ist.

Eine besonders sorgfältige spektroskopische Untersuchung des Planeten ist von Campbell ausgeführt worden, der das Marsspektrum mit demjenigen des Mondes verglich. Er konnte zwischen den beiden Spektren nicht den geringsten Unterschied finden. Wenn Mars eine Atmosphäre hätte, die fähig wäre, das Licht wesentlich zu absorbien, so würde man dunkle Absorptionslinien im Marsspektrum erblicken, oder es würden wenigstens einige der dunklen Linien des Sonnenspektrums verstärkt erscheinen. Da dies nicht zutrifft, so können wir wohl den ganz allgemeinen Schluß ziehen, daß die Atmosphäre des Mars, falls der Planet überhaupt eine solche besitzt, außerordentlich dünn sein muß und nicht viel Wasserdampf enthalten kann. Schnee kann aber nur bei Kondensation von

Wasserdampf in der Atmosphäre fallen. Es ist daher schon aus diesem Grunde wenig wahrscheinlich, daß in den Polargegenden des Mars viel Schnee fällt.

Eine weitere Erwägung zeigt ferner, daß die schmelzende Kraft der Sonnenstrahlen notwendigerweise von ihrer Wärmewirkung abhängig ist. In den Polargegenden des Mars fallen die Sonnenstrahlen sehr schräg auf seine Oberfläche und selbst dann, wenn die ganze Wärmestrahlung absorbiert würde, könnten im Laufe des Sommers nur wenige Fuß Schnee abschmelzen. Nun wird aber bei weitem der größte Teil der Wärmestrahlen von der weißen Schneefläche reflektiert, die obendrein durch die starke Ausstrahlung in den völlig kalten Raum kühl erhalten wird. Die Schneemenge, die in den Polargegenden des Mars fallen und schmelzen kann, dürfte somit nur sehr gering sein und ihre Höhe sich höchstens auf einige Zentimeter belaufen.

Da der geringste Schneefall genügt, um einer Gegend eine weiße Oberfläche zu verleihen, so folgt aus dem Vorstehenden keineswegs, daß die Polarkappen des Mars nicht aus Schnee bestehen sollten. Es ist jedoch wahrscheinlicher, daß die Erscheinung von einer einfachen Kondensation von Wasserdampf auf der intensiv kalten Oberfläche des Planeten herrührt, wodurch eine dem Rauhfrost ähnliche Erscheinung hervorgebracht wird, der ja auch nur gefrorener Tau ist. Dies dürfte die plausibelste Erklärung der Polarkappen auf dem Mars sein. Es ist auch schon vermutet worden, daß sie vielleicht aus kondensierter Kohlensäure bestehen. Diese Theorie setzt nichts Unmögliches voraus, ist aber doch sehr unwahrscheinlich.

Der Leser muß schon entschuldigen, wenn in diesem Kapitel nichts über die Möglichkeit einer Bewohnbarkeit des Mars gesagt ist, aber er weiß selbst hierüber genau ebensoviel, wie der Verfasser, nämlich gar nichts.

Die Marstrabanten.

Kaum eine Entdeckung des vorigen Jahrhunderts überraschte die astronomische Fachwelt so sehr, wie die Auffindung von zwei Marstrabanten durch Asaph Hall in Washington im Jahre 1877. Trotzdem man Mars mehr als zwei Jahrhunderte hindurch eingehend beobachtet hatte, waren diese beiden Monde wegen ihrer außerordentlichen Kleinheit den Astronomen entgangen. Man hatte es früher überhaupt für sehr unwahrscheinlich gehalten, daß Planetentrabanten so geringe Dimensionen haben könnten, wie diese beiden Körper, und aus diesem Grunde hatte sich wohl auch Niemand die Mühe gegeben, mit einem großen Fernrohr gründlich nach ihnen zu suchen. Jetzt nach ihrer Entdeckung stellte es sich heraus, daß sie eigentlich gar keine besonders schwierigen Objekte sind, doch hängt ihre mehr oder weniger günstige Sichtbarkeit natürlich wesentlich von der Stellung des Mars zur Erde ab. Sie sind der Beobachtung nur zugänglich, wenn Mars gerade in Opposition steht, können dann aber je nach den Umständen 3, 4, ja selbst 6 Monate hindurch beobachtet werden. Bei einer Perihelopposition findet man sie schon mit einem Fernrohr von weniger als 12 Zoll Objektivöffnung; wie weit man dabei in der Größe des Fernrohrs herabgehen kann, hängt von der Geschicklichkeit des Beobachters und davon ab, wie weit es ihm gelingt, das intensive

Licht des Hauptplaneten von seinem Auge fernzuhalten. Gewöhnlich ist ein Fernrohr von wenigstens 12 bis 18 Zoll Objektivdurchmesser zu ihrer Wahrnehmung nötig. Die Hauptschwierigkeit liegt, wie bereits angedeutet, fast allein in dem Glanz des Hauptkörpers. Könnte dieser abgeblendet werden, so würde man sie sicher mit viel kleineren Instrumenten finden. Wegen dieses Glanzes ist auch der äußere Trabant viel leichter auffindbar als der innere, trotzdem in Wirklichkeit der innere vielleicht der hellere ist.

Hall gab dem äußeren Monde den Namen Deimos, dem inneren den Namen Phobos, da beide in der griechischen Mythologie als Begleiter des Kriegsgottes Mars auftreten. Phobos ist insofern merkwürdig, als er sich in 7 Stunden 39 Minuten, der kürzesten Periode im ganzen Sonnensystem, um den Mars bewegt. Dies ist weniger als $^1/_3$ der Umdrehung des Planeten um seine Achse, woraus folgt, daß für etwaige Bewohner des Planeten ihr nächster Mond im Westen auf- und im Osten untergeht.

Deimos vollendet seinen Umlauf um Mars in 30 Stunden 18 Minuten. Die Folge dieser gleichfalls noch sehr schnellen Bewegung ist, daß zwischen seinem Auf- und Untergang ungefähr 2 Tage verfließen.

Phobos ist nur 6000 km von der Oberfläche des Planeten entfernt, und muß daher für Bewohner des Mars ein interessantes Objekt darstellen, falls sie Fernrohre besitzen.

Die Marsmonde sind die kleinsten im Sonnensystem sichtbaren Objekte, Eros und noch einige andere der schwächeren kleinen Planeten vielleicht ausgenommen. Nach Pickerings photographischen Messungen ihrer Lichtstärke kann ihr Durchmesser etwa auf 11 km geschätzt werden. Ihre scheinbare Größe für unser Auge entspricht somit etwa der Größe eines kleinen Apfels, der über Berlin hängt und von Hamburg aus mit einem Fernrohr beobachtet wird. In dieser Hinsicht stehen die Marsmonde in eigentümlichem Gegensatz zu fast allen anderen Trabanten, die meist mehrere Tausend Kilometer im Durchmesser haben. Eine Analogie hierzu bieten vielleicht nur noch die winzigen erst neuerdings aufgefundenen Satelliten des Jupiter und Saturn, von denen in den entsprechenden Kapiteln noch die Rede sein wird. Trotz ihrer Kleinheit übertreffen aber auch sie die Marstrabanten sicher noch ganz wesentlich an Durchmesser.

Die Marstrabanten haben den Astronomen bei der genauen Bestimmung der Marsmasse sehr gute Dienste geleistet. Es wird davon in einem anderen Kapitel die Rede sein, wo die Methoden der Massenbestimmung von Planeten noch näher auseinandergesetzt werden sollen.

Die Monde der Planeten bieten überhaupt noch manche eigentümlichen und schwierigen Probleme dar, die sich insbesondere auf die Gravitation beziehen. Ihre Bahnen sind gewissen Veränderungen unterworfen, die zum Teil auf die Ausbauchung der Hauptplaneten am Äquator zurückzuführen sind, und die Berechnung dieser Änderungen und ihre Vergleichung mit den Beobachtungen hat ein weites Forschungsfeld eröffnet, auf dem sich besonders der jetzige Direktor der Berliner Sternwarte, Hermann Struve, betätigt hat.

7. Die Gruppe der kleinen Planeten.

Die scheinbare Lücke im Sonnensystem zwischen den Bahnen des Mars und Jupiter zog naturgemäß schon frühzeitig die Aufmerksamkeit der Astronomen auf sich. In der Titius-Bodeschen Reihe hatte man eine Folge von acht Zahlen in regelmäßiger Progression, und jede von ihnen bis auf eine repräsentierte die Entfernung eines Planeten von der Sonne. Nur dieser eine Platz war leer. Bestand nun diese Lücke in Wirklichkeit oder war der Planet, der sie ausfüllte, so klein, daß er den Blicken der Beobachter entgangen war? Die Entscheidung dieser Frage wurde von Piazzi, einem italienischen Astronomen, der ein kleines Observatorium in Palermo besaß, geliefert. Piazzi war ein eifriger Beobachter und um die Wende des 18. Jahrhunderts gerade mit der Anfertigung eines Sternkataloges beschäftigt. Am 1. Januar 1801 gelang es ihm, das neue Jahrhundert mit der Entdeckung eines Sterns zu eröffnen, der bisher noch unbekannt geblieben war. Dieser Stern erwies sich gerade als der lange gesuchte Planet, der in der Lücke zwischen Mars und Jupiter seine Bahn beschrieb. Er erhielt den Namen Ceres.

Es überraschte sehr, daß der Planet so klein war; als man aus den Beobachtungen seine Bahn ableitete, stellte sie sich obendrein als sehr exzentrisch heraus. Neue überraschende Entdeckungen sollten jedoch bald folgen. Noch ehe der neue Planet einen Umlauf vollendet hatte, fand Olbers, ein Bremer Arzt, der sich in seinen Mußestunden mit astronomischen Beobachtungen und Untersuchungen beschäftigte, einen zweiten Planeten, der ungefähr in derselben Gegend seine Bahn um die Sonne beschrieb. An Stelle eines einzigen großen Planeten waren hier also zwei kleine. Olbers kam der Gedanke, daß es sich vielleicht um Bruchstücke eines zerstörten größeren Planeten handelte, und wenn diese Annahme zutraf, so war es wahrscheinlich, daß ihrer noch mehr zu finden waren. Diese letzte Vermutung bestätigte sich bald. In den nächsten drei Jahren wurden noch zwei weitere dieser kleinen Körper entdeckt, so daß bis 1807 im ganzen vier Planeten zwischen Mars und Jupiter bekannt waren.

Dabei blieb es einige vierzig Jahre. Erst im Jahre 1845 fand Hencke in Driesen, ein Liebhaber der Astronomie, einen fünften Planeten. Im folgenden Jahre kam ein sechster hinzu, und dann begann jene merkwürdige Reihe von Entdeckungen, die Jahr für Jahr zunahm, so daß die Zahl der heute bekannten kleinen Planeten bis auf mehr als ein halbes Tausend angewachsen ist.

Die Jagd nach Asteroiden.

Bis 1890 waren diese kleinen Körper nur von einigen wenigen Beobachtern, die der Suche danach besondere Aufmerksamkeit widmeten, entdeckt worden; man fing sie, wie der Jäger auf der Birsch. Die betreffenden Beobachter legten gewissermaßen Fallen, indem sie die vielen kleinen Sterne an irgend einer Stelle des Himmels in der Nähe der Ekliptik in Karten einzeichneten, und dann auf Eindringlinge lauerten. Sobald ein fremder Stern in der Gegend erschien, wurde er sofort als ein kleiner Planet erkannt und in die Asteroidengruppe eingereiht.

Nunmehr tauchte eine ganze Reihe von Planetenjägern auf. Manche von ihnen waren Laien und von sonstiger astronomischer Tätigkeit her wenig bekannt. Der erfolgreichste in den fünfziger Jahren war beispielsweise Goldschmidt, ein Pariser Juwelier. Einen Rekord in der Entdeckung kleiner Planeten erzielten

Palisa in Wien und Peters in Clinton, von denen der erstere 83, der letztere 48 Planeten auffand.

Nachdem die Photographie in die astronomische Beobachtungskunst eingeführt war, zeigte sich, daß diese eine viel bequemere und sichere Methode zur Entdeckung und Beobachtung dieser Körper bot, als die visuelle Beobachtung am Fernrohr. Der Astronom braucht nur sein Instrument auf den Himmel zu richten und die Sterne bei genügend langer Exposition, vielleicht eine oder zwei Stunden hindurch, zu photographieren. Die Fixsterne werden sich dann als kleine, runde Punkte auf dem Negativ abbilden; befindet sich aber unter ihnen ein Planet, also ein in Bewegung begriffener Körper, so kann sein Bild nicht mehr als Punkt erscheinen, sondern muß einen kurzen Strich bilden. Anstatt am Fernrohr den Himmel mühsam abzusuchen, braucht der Beobachter nur verhältnismäßig kurze Aufnahmen zu machen und dann die photographische Platte abzusuchen, eine viel bequemere Methode, die nicht einmal den Vergleich mit einer genauen Sternkarte erfordert, da der Planet sofort an dem Strich zu erkennen ist.

Max Wolf, der rührige Direktor der Heidelberger Sternwarte, war der erste, der auf diese Weise im Jahre 1891 einen Asteroiden entdeckte, und seitdem sind von ihm und anderen alljährlich mehrere Dutzend dieser Körper aufgefunden worden. Natürlich gestaltet sich die Aufsuchung und Entdeckung der noch unbekannten Planeten von Jahr zu Jahr schwieriger. Trotzdem läßt sich gegenwärtig für ihre Gesamtanzahl noch keine Ziffer angeben. Die meisten der zuletzt entdeckten kleinen Planeten sind sehr unbedeutend, indessen scheint ihre Zahl in dem gleichen Maße zu wachsen, wie ihre

Größe abnimmt. Selbst die hellsten dieser Körper, also naturgemäß diejenigen, die zuerst entdeckt wurden, sind so klein, daß sie in gewöhnlichen Fernrohren nur als sternartige Punkte erscheinen, und eine Scheibenform ist bei ihnen selbst mit den stärksten Instrumenten nur äußerst schwer zu erkennen. Soweit man unter diesen Umständen überhaupt von Größenbestimmungen sprechen kann, lassen sich für die helleren unter den Asteroiden etwa 5—600 km als Durchmesser angeben. Auf die Größe der kleineren Asteroiden kann man nur ungefähr aus ihrer Helligkeit schließen; sie mögen etwa 30—50 km im Durchmesser haben.

Die Bahnen der Asteroiden.

Die Bahnen der meisten kleinen Planeten sind sehr exzentrisch. Bei Polyhymnia beträgt die Exzentrizität ungefähr 0,33, womit gesagt ist, daß sie im Perihel um ein Drittel der Sonne näher steht, als in mittlerer Entfernung, und beim Aphel um ein Drittel weiter von ihr entfernt ist. Ihre mittlere Entfernung beträgt gerade 3 astronomische Einheiten, ihre kleinste Entfernung von der Sonne daher 2, ihre größte 4 Einheiten, d. h. sie steht im Aphel doppelt so weit von der Sonne entfernt wie im Perihel.

Die große Neigung der meisten Planetoidenbahnen gegen die Ekliptik ist gleichfalls merkwürdig. In einigen Fällen übersteigt sie 30 Grad; so beträgt z. B. die Neigung der Pallas 34 Grad.

Olbers' Hypothese, daß diese Weltkörper Bruchstücke eines durch eine Explosion zerstörten Planeten seien, ist neuerdings aufgegeben worden. Ihre Bahnen erstrecken sich über einen zu weiten Raum, als daß sie aus einer einzigen hervorgegangen sein könnten, wie es der Fall sein müßte, wenn die Asteroiden einst einen Körper gebildet hätten. Nach den gegenwärtigen Anschauungen haben sie von Anfang an in der Gestalt, wie wir sie jetzt am Himmel sehen, existiert. Nach der sogenannten Nebularhypothese stellte die Materie, aus der sich alle Planeten bildeten, einst Ringe von nebeliger Substanz dar, die sich um die Sonne bewegten. Bei allen anderen Planeten konzentrierte sich die Materie allmählich um den dichtesten Punkt des Ringes und gab so Veranlassung zur Bildung eines einzigen Körpers. Der Ring, aus dem die kleinen Planeten hervorgegangen sind, hat sich aber nicht so an einer bestimmten Stelle verdichtet, sondern sich in zahllose Einzelstücke gespalten.

Gruppen innerhalb der Asteroidenbahnen.

Die Bahnen der kleinen Planeten haben eine bemerkenswerte Eigenschaft, die vielleicht dazu führen wird, die Frage nach ihrer Entstehung zu beantworten. Es ist bereits darauf hingewiesen worden, daß die Planetenbahnen fast genaue Kreise sind, die aber die Sonne nicht zum Mittelpunkt haben. Nun wollen wir uns vorstellen, daß wir aus einer unendlichen Entfernung auf das Sonnensystem herabblicken, und wollen ferner annehmen, daß die Bahnen der kleinen Planeten als fein gezogene Kreise sich dem Auge darbieten. Diese Kreise würden untereinander wie ein Netz verschlungen sein, sie würden sich mehrfach kreuzen und einen breiten Ring ausfüllen, dessen äußerer Durchmesser fast doppelt so groß ist, wie der innere. Wir wollen uns nun vorstellen, daß wir alle diese Kreise, wie wenn sie von Draht wären, auseinander nehmen und dann Kreis für Kreis nach der

Größe geordnet um die Sonne als Zentrum legen könnten. Wir würden dann auch einen deutlichen breiten Ring von Einzelkreisen um die Sonne erhalten; was aber besonders merkwürdig ist, die Bahnen würden die breite Fläche dieses Ringes nicht gleichmäßig ausfüllen, sondern, wie Fig. 39 zeigt, in einzelne Gruppen gesondert erscheinen. Noch vollständiger erläutert

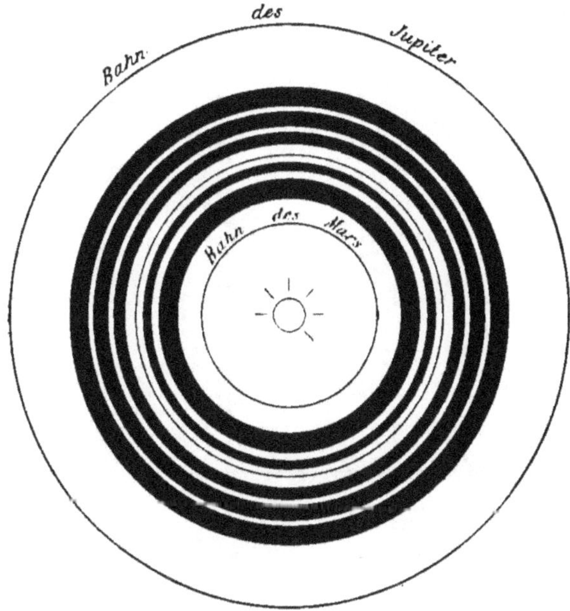

Fig. 39. Gruppenweise Anordnung der Bahnen der kleinen Planeten.

diese Verhältnisse Fig. 40, die folgendermaßen zu verstehen ist: Jeder Planet vollendet seinen Umlauf in einer bestimmten Anzahl von Tagen, die um so größer ist, je weiter er von der Sonne entfernt steht. Da der vollständige Kreisumfang der Bahn 360 Grade oder 1 296 000 Bogensekunden mißt, so folgt daraus, daß, wenn wir diese Zahl durch die Zeit des Umlaufs dividieren, der Quotient dann angibt, um welchen Winkel der Planet sich durchschnittlich jeden Tag bewegt. Dieser Winkel wird die **mittlere Bewegung** des Planeten genannt. Bei den kleinen Planeten, die hier allein in Frage kommen, beträgt die tägliche Bewegung 400 bis über 1000 Bogensekunden; sie ist um so größer, je kürzer die Zeit des Umlaufes ist und je näher der Planet der Sonne steht.

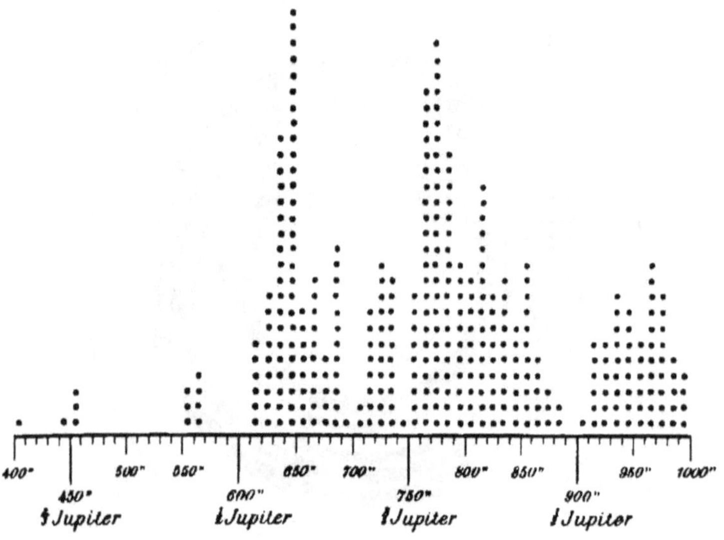

Fig. 40. Verteilung der kleinen Planeten nach ihren mittleren täglichen Bewegungen.

Nun wollen wir eine wagerechte Linie ziehen und darauf die Werte der mittlereren Bewegungen von 400 bis zu 1000 Sekunden von 10 zu 10 Sekunden eintragen. Zwischen je zwei Skalenstriche tragen wir so viel Punkte ein, als Planeten innerhalb dieser mittleren Bewegungen existieren. Zwischen 550″ und 560″ sind z. B. drei Punkte. Das bedeutet, daß es drei

Planeten gibt, die eine mittlere Bewegung zwischen 550″ und 560″ haben. Ebenso sind vier Planeten zwischen 560″ und 570″ eingetragen. In den nächsten Feldern gibt es keine Planeten, bis wir über 610″ hinauskommen, wo wir zwischen 610″ und 620″ sechs Planeten finden, denen dann eine große Menge weiterer folgt.

Beim Betrachten der Figur können wir fünf oder sechs Gruppen unter den kleinen Planeten erkennen. Die äußerste liegt zwischen 400″ und 460″ und ist Jupiter am nächsten. Die Umlaufszeiten dieser Gruppen betragen etwa 8 Jahre. Dann kommt eine weite Lücke bis etwa 560″, wo wir eine kleine Gruppe von Planeten zwischen 540″ und 580″ haben. Weiter abwärts sind die Planeten wieder zahlreicher, aber wir finden auch Lücken, wo sehr wenige oder gar keine Planeten existieren, z. B. bei 700″, 750″ und 900″. Das Merkwürdigste an dieser Gruppenanordnung ist, daß die ganz leeren Plätze gerade diejenigen Stellen der Skala sind, in denen die mittleren Bewegungen eine bestimmte Beziehung zu der Bewegung des Jupiter haben. Ein Planet mit einer mittleren Bewegung von 900″ würde seinen Umlauf um die Sonne im dritten Teil des Jupiterumlaufs vollenden, einer von 600″ in der Hälfte dieser Zeit und einer von 750″ in $^2/_5$ des Jupiterjahres. Es gibt nun ein Gesetz der Himmelsmechanik, welches besagt, daß Planetenbahnen mit derartigen einfachen Beziehungen zu einander im Laufe der Zeit großen Veränderungen unterliegen. Es wurde daher von Kirkwood, der zuerst auf diese Lücken in dem Asteroidengürtel aufmerksam machte, vermutet, daß sie darauf zurückzuführen seien, daß an den betreffenden Stellen ein Planet seine Bahn überhaupt nicht dauernd innehalten könne. Diese Ansicht ist aber schon deshalb nicht ganz einwandfrei, weil wir in unserer Figur bei 450″, also bei einem Umlauf, der $^{2}/_{3}$ des Jupiterjahres beträgt, keine Lücke, sondern im Gegenteil gerade eine ausgesprochene Planetengruppe vorfinden.

Der merkwürdigste Asteroid.

Einer der kleinen Planeten nimmt eine solche Ausnahmestellung ein, daß er eine besondere Behandlung verdient. All die Hunderte von Asteroiden, die bis 1898 bekannt waren, bewegten sich zwischen den Bahnen von Mars und Jupiter. Da fand im Sommer 1898 Witt in Berlin einen Planeten, der im Perihel weit innerhalb der Bahn des Mars stand, nur 22 000 000 km von der Erdbahn entfernt. Er nannte ihn Eros. Die Exzentrizität seiner Bahn ist so groß, daß der Planet im Aphel beträchtlich außerhalb der Marsbahn liegt. Im übrigen sind die beiden Bahnen, die Eros- und die Marsbahn, in einander verschlungen wie zwei Glieder einer Kette, so daß die Bahnen, wenn man sie durch Drahtringe darstellen wollte, in einander hängen würden.

Wegen der großen Neigung seiner Bahn entfernt sich dieser Planet weit vom Tierkreise. So stand er während seiner Opposition im Jahre 1900 eine Zeit lang so weit nördlich, daß er in unseren mittleren Breiten gar nicht unterging und den Meridian nördlich vom Zenit passierte. Diese Eigentümlichkeit seiner Bewegung ist ohne Zweifel die Ursache gewesen, daß er nicht schon früher entdeckt wurde. Während seiner starken Annäherung an die Erde im Winter 1900/1901 wurde er genauer beobachtet, und da stellte es sich heraus, daß er von Stunde zu Stunde seine Helligkeit wechselte. Sorgfältige Beobachtungen zeigten, daß dieser Wechsel ganz periodisch in Zwischenzeiten von $2^1/_2$ Stunden auftrat. In dieser Periode nahm sein Licht mit großer Regelmäßigkeit ab und dann wieder zu. Einige Beobachter stellten fest, daß nach Ablauf jeder zweiten Periode die Lichtabnahme schwächer war wie sonst, so daß die wirkliche Periode eigentlich 5 Stunden betrug. Zur Erklärung dieses eigentümlichen Lichtwechsels nahm man an, daß dieser Planet in Wirklichkeit aus zwei um einander rotierenden Körpern besteht, die sich vielleicht gerade zu einem einzigen vereinigten. Wahrscheinlicher ist es wohl, daß die Veränderlichkeit des Eros davon herrührt, daß helle und dunkle Gebiete auf diesem kleinen Planeten existieren, und daß er uns heller oder dunkler erscheint, je nachdem auf der uns zugekehrten Halbkugel helle oder dunkle Gebiete vorherrschen. Die Angelegenheit wurde noch verwickelter, als dieser Lichtwechsel allmählich verschwand, nachdem man ihn monatelang beobachtet hatte. Die physische Konstitution dieses Planeten muß somit noch als völlig rätselhaft angesehen werden.

Vom rein wissenschaftlichen Standpunkte aus ist Eros insofern höchst interessant, als er der Erde von Zeit zu Zeit so nahe kommt, daß seine Entfernung mit großer Genauigkeit gemessen werden kann. Hieraus kann man wiederum die Distanz der Sonne von der Erde und die Größenverhältnisse des ganzen Sonnensystems mit größerer Genauigkeit ermitteln, als durch irgend eine andere Methode. Leider ereignen sich diese günstigen Oppositionen nur in langen Zwischenzeiten. Eine solche starke Annäherung des Eros an die Erde fand bereits im Jahre 1892, also kurz vor seiner Entdeckung, statt. Wie sich nachträglich herausstellte, wurde er damals mehrfach an der Harvardsternwarte photographiert, ohne in der sternreichen Umgebung erkannt zu werden. Seine Entfernung von der Erde betrug damals nur 0,16 astronomische Einheiten oder 24 Millionen Kilometer, während die größte Annäherung des Mars an die Erde fast 60 Millionen Kilometer beträgt. Eine starke Annäherung des Eros an die Erde ist nicht wieder vor 1931 zu erwarten.

Um 1900 näherte sich Eros der Erde bis auf ungefähr 50 Millionen Kilometer, und die vereinigten Beobachtungen verschiedener Sternwarten gingen damals in erster Linie darauf hinaus, seine genaue Stellung unter den Sternen von Abend zu Abend visuell oder photographisch zu bestimmen, um nachher seine Parallaxe hieraus ermitteln zu können. Doch der Planet war damals schwach und die Beobachtungen daher schwierig; trotzdem haben dieselben, wie eine vorläufige Bearbeitung gezeigt hat, ein sehr genaues Resultat ergeben.

Veränderungen des Lichtes, die einer Umdrehung um die Achse zugeschrieben werden könnten, sind außer bei Eros auch bei anderen kleinen Planeten wiederholt vermutet, aber noch nicht mit Sicherheit festgestellt worden.

8. Jupiter und seine Trabanten.

Jupiter, der „Riesenplanet“, ist nächst der Sonne der größte Himmelskörper im Sonnensystem. Er ist tatsächlich mehr als 3 mal so groß und hat ungefähr 3 mal so viel Masse wie alle anderen Planeten zusammengenommen. Trotzdem ist die Masse der Sonne doch so überwiegend, daß Jupiter noch nicht $^1/_{1000}$ der Sonnenmasse ausmacht.

Der Jupiter ist im Jahre 1905 Ende November, 1906 Ende Dezember in Opposition zur Sonne gewesen und wird Ende Januar 1908 diese Stellung wieder erreichen; die Zeiten günstigster Sichtbarkeit treten also jedesmal einen Monat später ein als im vorhergehenden Jahre. In der Nähe seiner Opposition kann er am Himmel sowohl an seinem Glanz, wie an seiner Farbe leicht erkannt werden. Er ist dann nächst der Venus der hellste Stern am Himmel. Vom Mars, der ihm zuweilen an Helligkeit gleichkommt, ist er durch sein weißes Licht zu unterscheiden. Wenn wir ihn in einem kleinen Fernrohr, ja schon in einem einfachen Feldstecher betrachten, so können wir leicht sehen, daß er dann nicht mehr als ein leuchtender Punkt, sondern als eine Scheibe von beträchtlichen Dimensionen erscheint. Wir können ferner auf seiner Oberfläche deutlich dunkle parallele Zonen erkennen. Diese dunklen Bänder wurden bereits vor 200 Jahren von Huyghens beobachtet und aufgezeichnet. Als man größere Fernrohre benutzte, lösten sich diese Bänder in verschiedene wolkenähnliche Gebilde auf, die sich nicht nur von Monat zu Monat, sondern sogar schon von Abend zu Abend veränderten. Durch sorgfältige Beobachtung der Lage dieser wolkenartigen Gebilde auf der Jupiterscheibe fand man, daß der Planet sich in ungefähr 9 Stunden 55 Minuten um seine Achse dreht. Die Rotation des Jupiter erfolgt mithin so rasch, daß der Astronom auf der Erde im Laufe eines einzigen Winterabends alle Teile der Oberfläche des Planeten nach einander zu Gesichte bekommt.

Zwei Eigentümlichkeiten des Planeten fallen dem aufmerksamen Beobachter am Fernrohr sofort auf. Erstens, daß die Scheibe des Jupiter nicht gleichförmig hell ist, sondern nach dem Rande hin allmählich dunkler wird, so daß der letztere nicht hell und scharf, sondern weich und matt erscheint. In dieser Beziehung bildet die Erscheinung des Jupiter im Fernrohr einen direkten

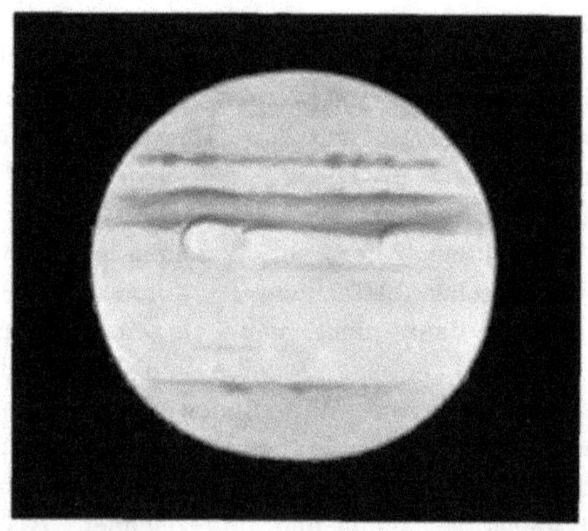

Fig. 41. Anblick des Jupiter im Fernrohr am 24. Januar 1906, 9 Uhr M. E. Z.

Gegensatz zum Monde oder zum Mars. Diese Lichtabnahme des Jupiter nach dem Rande zu wird von manchen einer dichten Atmosphäre zugeschrieben, die vielleicht den Planeten umgibt. Die zweite Eigentümlichkeit des Jupiter, auf die wir hinweisen wollen, beruht in der elliptischen Form seiner Scheibe. Der Planet ist nicht völlig rund, sondern an den Polen abgeplattet, wie unsere Erde, aber in viel stärkerem Maße. Selbst der aufmerksamste Beobachter würde von einem anderen Planeten aus bei unserer Erde keine Abweichung von der Kugelgestalt wahrnehmen, während bei Jupiter die Abplattung sehr augenfällig ist; sie beträgt $^1/_{16}$. Diese starke Abplattung des Planeten rührt zweifellos von der schnellen Drehung um seine Achse her.

Die Oberfläche des Jupiter.

Die Erscheinungen der Jupiteroberfläche sind fast ebenso wechselnd, wie die Erscheinungen der Wolken in unserer Erdatmosphäre. Für gewöhnlich sehen wir lange Streifen, deren Ursache anscheinend ebenso in Luftströmungen zu suchen ist, wie bei den Streifenwolken auf der Erde. Zwischen diesen Wolken sieht man häufig runde weiße Flecke. Zuweilen haben die Wolken einen rötlichen Schein, besonders diejenigen in der Nähe des Äquators. Hier in mittleren Breiten, ein wenig nördlich und südlich vom Jupiteräquator, sind sie überhaupt auch am deutlichsten ausgesprochen und rufen daher in kleinen Fernrohren den erwähnten Eindruck dunkler Bänder hervor.

Der Anblick des Jupiter ist fast in jeder Hinsicht sehr verschieden von demjenigen des Mars und der Venus. Im Gegensatz zum Mars finden wir auf seiner Oberfläche keine Gebilde von dauerndem Bestande. Vom Mars können Karten gezeichnet und von Generation zu Generation auf ihre Richtigkeit hin geprüft werden, von Jupiter hingegen läßt sich in Ermangelung irgend welcher fester Anhaltspunkte eine Karte nicht entwerfen. Immerhin hat man auf seiner Oberfläche einzelne Gebilde mehrere Jahre hindurch beobachten können. Am bemerkenswertesten war ein großer roter Fleck, der auf der südlichen Halbkugel des Planeten im Sommer 1878 plötzlich auftauchte. Mehrere Jahre blieb er ein sehr deutliches, an seiner Farbe leicht kenntliches Objekt. Nach etwa zehn Jahren begann er zu verblassen; es geschah dies nicht stetig, sondern unter mehrfachen Schwankungen. Der Fleck schien manchmal bereits ganz verschwunden zu sein, dann leuchtete er wieder von neuem auf. Diese Erscheinungen dauerten etwa bis 1902, von welchem Jahre ab der Fleck immer undeutlicher wurde. Wann und ob er überhaupt vollständig verschwunden ist, läßt sich nicht genau feststellen, da die Abnahme seiner Sichtbarkeit sehr langsam und sehr unbestimmt erfolgte. Einige mit guten Augen ausgestattete Beobachter berichten, daß er auch jetzt noch schwach sichtbar sei.

Physische Beschaffenheit des Jupiter.

Die Frage nach der physischen Beschaffenheit dieses merkwürdigen Planeten ist noch unbeantwortet. Es läßt sich darüber noch keine einzige Hypothese aufstellen, die alle Erscheinungen seiner Oberfläche erklären könnte.

Die bemerkenswerteste Eigenschaft des Planeten ist vielleicht seine geringe Dichtigkeit. Sein Durchmesser ist ungefähr 11 mal so groß, wie derjenige der Erde. Daraus folgt, daß sein Volumen dasjenige der Erde 1300 mal überschreiten muß. Seine Masse übertrifft dagegen diejenige der Erde nur um wenig mehr als das 300 fache. Hieraus folgt, daß seine Dichtigkeit viel geringer als diejenige der Erde ist; es ist festgestellt, daß sie nur ungefähr $^1/_3$ größer ist als die Dichtigkeit des Wassers. Eine einfache Berechnung zeigt, daß die Schwerkraft an seiner Oberfläche zwei- bis dreimal so groß ist, als diejenige an der Erdoberfläche. Angesichts dieser enormen Schwerkraft müßte man eigentlich vermuten, daß sein Inneres enorm zusammengepreßt und seine Dichtigkeit daher verhältnismäßig groß sei. Das würde auch zweifellos der Fall sein, wenn der Planet aus flüssiger oder fester Masse derselben Art wie die Erde zusammengesetzt wäre. Man könnte somit folgern, daß wenigstens seine äußeren Teile aus einem gasförmigen Stoffe bestehen. Wie ließe sich dies aber andererseits in Einklang bringen mit dem langen, fast 30jährigen Bestehen des roten Flecks? Indessen bleibt heute nichts anderes übrig, als die Hypothese von der Gasform des Planeten ohne wesentliche Einschränkung anzunehmen. Außer dem Beweis für die Existenz von Wasserdampf in seiner Atmosphäre, der durch das fortwährend wechselnde Aussehen des Planeten erbracht ist, haben wir eine weitere, fast einwandfreie Stütze dieser Hypothese in dem Gesetz seiner Achsendrehung. Man hat nämlich gefunden, daß der Jupiter darin der Sonne gleicht, daß seine Äquatorialgegenden in kürzerer Zeit rotieren, als die Gebiete nördlich und südlich davon; diese Erscheinung stellt wahrscheinlich ein allgemeines Rotationsgesetz gasförmiger Körper dar. Es scheint somit, daß Jupiter bezüglich seiner physischen Eigenschaften mehr oder weniger der Sonne ähnelt, eine Ansicht, mit der sein Aussehen im Fernrohr völlig übereinstimmt. Der Unterschied zwischen der Umdrehungszeit am Äquator und in mittleren Breiten beträgt bei Jupiter, soviel wir bis jetzt wissen, etwa fünf Minuten. Da heißt, die Äquatorialgegenden vollenden eine drehung in 9 Stunden 50 Minuten, während ein in den mittleren Breiten in 9 Stunden 55 M. rotiert. Dies bedeutet einen Geschwindigkeitsunters von ungefähr 400 km in der Stunde, der selbst bei Annahme einer flüssigen Oberfläche nicht denkbar wäre.

Es ist eigentümlich, daß für die Umdrehung der Jupiterkugel in verschiedenen Breiten noch kein bestimmtes Gesetz gefunden ist wie bei der Sonne. Wenn man sich nur auf die dürftigen Beobachtungen stützen wollte, die über die Jupiterrotation vorliegen, so müßte man eigentlich zu dem Schluß gelangen, daß die Zeitdifferenz in der Umdrehung nicht stetig vom Äquator nach Norden und Süden ansteigt, sondern in einer gewissen Breite fast plötzlich eintritt. Eine solche Schlußfolgerung kann aber nicht eher als berechtigt angesehen werden, bis sie durch längere Beobachtungsreihen steng nachgewiesen ist. Es ist sehr zu wünschen, daß über diesen Gegenstand einmal eine genauere Untersuchung angestellt wird.

Indessen besteht noch eine weitere Ähnlichkeit zwischen Jupiter und der Sonne: beide sind nämlich in der Mitte ihrer Scheibe heller, als gegen den Rand zu. Bei Jupiter ist, wie bereits erwähnt, diese Lichtabnahme nach den Randgegenden sogar sehr auffallend, und die äußere Begrenzung seiner Scheibe erscheint wesentlich weicher, als bei irgend einem anderen Planeten.

Die Ähnlichkeit zwischen der Oberflächenbeschaffenheit der Sonne und des Jupiter hat zumal bei der großen Helligkeit des Planeten zu der Frage Anlaß gegeben, ob Jupiter nicht ganz oder wenigstens noch zum Teil selbstleuchtend sei. Auch diese Frage harrt noch ihrer Lösung.

Der Gedanke, daß der Planet noch viel eigenes Licht ausstrahlt, wird wohl schon genügend durch die

Tatsache widerlegt, daß die Trabanten des Jupiter völlig verschwinden, wenn sie in seinen Schatten treten. Wir können daher mit Bestimmtheit behaupten, daß Jupiter nicht genug Licht aussendet, um einen Trabanten soweit zu erleuchten, daß wir ihn in diesem Lichte allein sehen könnten. Wenn der Trabant von dem Planeten auch nur ein Prozent desjenigen Lichtes erhielte, das er von der Sonne empfängt, so wäre seine Unsichtbarkeit im Jupiterschatten kaum denkbar. Ferner hat man gefunden, daß das Licht, welches Jupiter aussendet, doch schon etwas geringer ist, als dasjenige, welches er von der Sonne erhält. Hieraus folgt, daß die ganze Lichtmenge, die der Planet ausstrahlt, auch nur reflektiertes Licht sein kann; man braucht hierbei nicht einmal anzunehmen, daß der Planet eine größere Rückstrahlungskraft besitzt, als weiße Körper auf der Erdoberfläche. Immerhin bleibt auch dann noch die Frage offen, ob nicht vielleicht einzelne weißen Flecken, die manchmal auf seiner Oberfläche auftauchen und oft viel heller sind, als die anderen Teile des Planeten, doch mehr Licht ausstrahlen als sie von der Sonne erhalten, und daher noch in eigenem Lichte leuchten.

Eine Hypothese, die sich noch am besten allen Erscheinungen des Planeten anpaßt, läßt sich dahin formulieren, daß der Planet einen festen Kern besitzt, wie die Erde oder irgend ein anderer Planet, und daß die geringe Durchschnittsdichtigkeit der ganzen Masse dem Charakter der Materie zuzuschreiben ist, die diesen Kern umgibt. Aller Wahrscheinlichkeit nach besitzt der Kern noch eine sehr hohe Temperatur, die selbst derjenigen der Sonnenoberfläche nahe kommen mag. Diese Temperatur nimmt jedoch nach außen zu allmählich ebenso ab, wie wir es bei der Sonne ja auch vermuten, und auf diese Weise erklärt es sich vielleicht, daß die äußere Materie, die uns als die Begrenzung und die Oberfläche des Planeten erscheint, keine genügend hohe Temperatur mehr besitzt, um eine nennenswerte Menge von Licht und Wärme auszustrahlen.

Alles in allem kann man Jupiter als eine kleine Sonne ansehen, deren Oberfläche soweit erkaltet ist daß sie kein Licht mehr ausstrahlt.

Die Monde des Jupiter.

Als Galilei sein erstes kleines Fernrohr auf den Planeten Jupiter richtete, war er nicht wenig überrascht, ihn von vier Begleitern umgeben zu sehen. Nachdem er sie einige Abende hindurch beobachtet hatte, fand er, daß sie um ihren Zentralkörper Kreise beschrieben, genau so, wie die damals noch nicht allgemein anerkannte Theorie des Kopernikus es für die Planeten des Sonnensystems verlangte. Diese merkwürdige Ähnlichkeit der Jupiterwelt mit dem Sonnensystem erwies sich als eine kräftige Stütze der Kopernikanischen Theorie.

Die vier großen Jupitermonde können schon mit einem gewöhnlichen Fernrohr, ja selbst mit einem guten Opernglase gesehen werden. Man hat sogar angenommen, daß gute Augen sie manchmal ohne optische Hilfsmittel wahrnehmen können. Sie sind sicher so hell wie die schwächsten Sterne, die mit bloßem Auge noch zu erkennen sind, indessen bildet der Glanz des benachbarten Planeten selbst für das schärfste Auge ein schwer zu überwindendes Hindernis bei ihrer Wahrnehmung. Was es mit dem Sehen der Jupitermonde mit bloßem Auge oft für eine Bewandtnis hat, lehrt eine Geschichte, die Arago erzählt. Eine Frau erklärte, diese Körper jederzeit sehen, ja sogar ihre gegenseitige Stellung angeben zu können. Beim genaueren Nachprüfen fand man aber, daß sie die Monde stets auf der entgegengesetzten Seite des Planeten zu sehen vorgab, als sie wirklich standen. Die Vermutung lag nun nahe, daß sie die Stellungen einer astronomischen Zeitschrift oder einem Jahrbuch entnommen hatte, wo Zeichnungen von der Stellung der Jupitertrabanten für jeden Tag des Jahres veröffentlicht werden, bei denen aber oben und unten, links und rechts vertauscht ist, um den Anblick in einem astronomischen, also umkehrenden Fernrohr wiederzugeben. Nichtsdestoweniger ist es wohl möglich, daß, wenn die beiden äußeren Trabanten gerade dicht neben einander stehen, sie durch ihr vereintes Licht auch dem unbewaffneten Auge sichtbar werden können.

Aus den Messungen von Barnard folgt für die vier großen Jupitermonde ein Durchmesser von 2800 bis 4800 km. Sie unterscheiden sich also bezüglich ihrer Größe nicht wesentlich von unserem Monde. Bis zum Jahre 1892 waren nur vier Jupitermonde bekannt, dann entdeckte Barnard mit dem großen Lickrefraktor einen fünften, der dem Planeten viel näher steht als die anderen vier. Er vollendet einen Umlauf um Jupiter in etwas weniger als 12 Stunden. Es ist dies die kürzeste bekannte Umlaufszeit im Sonnensystem, wenn wir von dem inneren Marstrabanten absehen. Indessen ist diese Zeit doch schon etwas länger als die Rotationsdauer des Jupiter, während bei Mars, wie wir gesehen haben, der innerste Mond noch vor Ablauf eines Marstages einen vollen Umlauf ausführt.

Der nächste Jupitertrabant, oder der innerste von den vier zuerst bekannten, noch heute der erste Trabant genannt, bewegt sich in ungefähr 1 Tag und 18 1/2 Stunden einmal um Jupiter herum, während der äußerste oder vierte Trabant hierzu fast 17 Tage braucht.

Der fünfte Trabant gehört zu den schwierigsten Objekten im Sonnensystem, und nur einige wenige der stärksten Fernrohre der Welt haben ihn zu zeigen vermocht. Seine Bahn ist ausgesprochen exzentrisch und besitzt infolge der elliptischen Form des Hauptplaneten die merkwürdige Eigentümlickeit, daß ihre große Achse und daher auch ihr Perihelpunkt einen vollständigen Umlauf in einem Jahre vollenden.

Ein sechster und siebenter Trabant des Jupiter, wenn man sie so nach der Reihenfolge ihrer Entdeckung bezeichnet, wurde im Winter 1904—1905 von Perrine auf der Licksternwarte gefunden. Die Entdeckung geschah mit Hilfe der Photographie, die allein so schwache Körper noch abzubilden vermag, indessen ist der sechste Mond neuerdings bereits mehrfach an großen Instrumenten auch visuell beobachtet worden. Diese beiden neuen Trabanten sind wesentlich weiter vom Jupiter entfernt, als die fünf anderen, und brauchen mehr als sechs Monate zu einem vollständigen Umlauf. Sie sind nicht nur wegen ihrer Kleinheit, sondern auch wegen der beträchtlichen Neigung und Exzentrizität ihrer Bahnen bemerkenswert. Die letztere ist z. B. so groß, daß die größte Entfernung des inneren der beiden Monde vom Jupiter die mittlere Entfernung des äußeren übertrifft.

Schon wiederholt ist die Frage aufgeworfen worden, ob die Jupitertrabanten runde Körper seien wie die Planeten und die meisten anderen Monde. Einige Beobachter, besonders Barnard und W. H. Pickering, haben sonderbare Veränderungen in der Form des ersten Trabanten während seines Vorüberganges vor der Jupiterscheibe beobachtet. Zu gewissen Zeiten sah er wie ein Doppelkörper aus. Nach wiederholten sorgfältigen Beobachtungen konnte jedoch Barnard erkennen, daß die Erscheinung dem wechselnden Tone des Hintergrundes, gegen den der Trabant sich auf dem Planeten abhob, zum Teil auch gewissen Schattierungen, helleren und dunkleren Partien auf dem Trabanten zuzuschreiben sei.

Während ihres Umlaufs um den Planeten zeigen diese Körper mancherlei interessante Erscheinungen, die schon mit Fernrohren mittlerer Größe beobachtet werden können. Vor allen Dingen sind an dieser Stelle ihre Finsternisse und Durchgänge vor der Planetenscheibe zu erwähnen. Während des Teils ihres Laufes, der von der Sonne aus gesehen jenseits des Planeten liegt, passieren die Jupitermonde fast stets den Schatten des Planeten. Nur beim vierten, dem entferntesten Trabanten kommen Ausnahmen vor, insofern als er zuweilen ober- oder unterhalb des Schattens vorüberziehen kann, wie es unser Mond bezüglich des Erdschattens in der Regel tut. Wenn ein Trabant in den Schatten tritt, so sieht man ihn allmählich verblassen, bis er endlich dem Auge ganz verschwindet.

In dem Teile ihrer Bahn, der von der Erde aus gesehen diesseits liegt, gehen die Jupitermonde m über die Planetenscheibe hinweg. Man beobacht in der Regel, daß wenn ein Trabant den Pl rührt, er wegen der dunklen Färbung de randes heller erscheint als der letztere. W jedoch der Planetenmitte nähert, kann er trot Umständen dunkler aussehen als der Hi

Diese Erscheinung rührt natürlich nicht von einer Veränderung der Helligkeit des Trabanten her, sondern von der schon erwähnten Tatsache, daß der Planet in der Mitte heller erscheint als am Rande. Noch interessanter und eindrucksvoller ist der Schatten eines Trabanten, der unter solchen Umständen zuweilen auf dem Planeten sichtbar wird, und wie ein schwarzer Körper neben dem Trabanten einherzieht.

Die Erscheinungen der Jupitermonde einschließlich ihrer Durchgänge werden in astronomischen Jahrbüchern und Zeitschriften vorher angezeigt, so daß ein Beobachter stets erfahren kann, wann er nach dem Planeten auszuschauen hat, um eine Finsternis oder einen Durchgang zu beobachten.

Die Finsternisse des innersten der vier älteren Trabanten ereignen sich in Zwischenzeiten von weniger als zwei Tagen. Durch die Beobachtung der Zeiten dieser Finsternisse kann man in unbekannten Gegenden der Erde die geographische Länge leichter bestimmen als durch irgend eine andere Methode. Man muß hierzu erst die Abweichung seiner Uhr von der genauen Ortszeit feststellen, was nach einfachen astronomischen Beobachtungen geschieht, mit denen die Astronomen und Seefahrer vertraut sind. Hat man aber die genaue Ortszeit, in der eine Finsternis des Trabanten stattfand, ermittelt und vergleicht sie mit der Zeit, die in dem Jahrbuch vorhergesagt ist, so ergibt die Differenz sofort die in Zeit ausgedrückte geographische Länge des Beobachtungsortes.

Der Hauptmangel dieser Methode liegt darin, daß sie nur genäherte Resultate ergibt, da Beobachtungen des Zeitmomentes solcher Finsternisse bis auf einen starken Bruchteil einer Minute unsicher sind. Eine

Zeitminute entspricht aber, wie wir bereits gesehen haben, am Äquator 15 Minuten Bogenmaß oder 15 Seemeilen. In den Polargegenden ist jedoch die Wirkung des Beobachtungsfehlers wegen der Konvergenz der Meridiane nach Norden und Süden zu wesentlich geringer, so daß die Methode für Polarforscher immerhin höchst wertvoll bleibt.

9. Das Saturnsystem.

Nächst Jupiter ist Saturn der größte und schwerste Planet des Sonnensystems. Er vollendet seine Bahn um die Sonne in 29 1/2 Jahren. Wenn der Planet

Fig. 42. Saturn nach einer Zeichnung von J. E. Keeler.

sichtbar ist, erkennt man ihn ohne Schwierigkeit an der mattgelben Farbe seines Lichtes. In den nächsten Jahren wird er im Herbst in Opposition sein, jedes Jahr ungefähr 11 bis 13 Tage später. So fällt z. B. in den Jahren 1906 bis 1908 seine Opposition in den Monat September, in den Jahren 1909 und 1910 in den Oktober usw. Zu diesen Zeiten wird Saturn jeden Abend nach Eintritt der Dunkelheit am östlichen Himmel sichtbar sein. Der Planet sieht fast so aus wie Arkturus, der zur Zeit der Saturnoppositionen der nächsten Jahre abends am westlichen Himmel zu finden ist.

Wenngleich Saturn bei weitem nicht so hell wie Jupiter ist, so stellt er mit seinen Ringen doch den interessantesten Planeten des Sonnensystems dar. Kein anderes Objekt am Himmel kommt diesen Ringen gleich, und es überrascht durchaus nicht, daß sie den ersten Beobachtern am Fernrohr ein Rätsel waren. Galilei erschienen sie anfangs wie zwei Henkel des Planeten, nach einem oder zwei Jahren entschwanden sie jedoch gänzlich seinen Blicken. Wir wissen heute, daß sich dieses Verschwinden des Saturnringes in gewissen Perioden regelmäßig ereignet, da wir an manchen Stellen seiner Bahn gerade nur die schmale Kante des flachen Ringes sehen. In Galileis unvollkommenem Fernrohr war diese dünne Kante natürlich unsichtbar, und der Planet erschien gänzlich ohne Ring. Das Verschwinden des Ringes versetzte den Florentiner Beobachter in große Verlegenheit; er fürchtete bereits, das Opfer einer Täuschung geworden zu sein, und gab daher die Beobachtungen des Saturn auf. Er war damals schon bejahrt und überließ Anderen die Fortsetzung seiner Beobachtungen. Natürlich erschienen die von ihm anfangs bei dem Planeten wahrgenommenen Henkel bald wieder, aber es gab kein Mittel, zu ergründen, was sie eigentlich sind. Erst nach mehr als 40 Jahren wurde das Rätsel durch den großen holländischen Astronomen und Physiker Huyghens gelöst, der in einem Anagramm bekannt machte, daß der Planet „von einem dünnen, ebenen Ring umgeben sei, der ihn nirgends berühre und gegen die Ekliptik geneigt sei“.

Wechselndes Aussehen der Ringe des Saturn.

Im Jahre 1666 wurde die Sternwarte in Paris gegründet, eines der bedeutendsten wissenschaftlichen Institute Frankreichs, deren Errichtung der Regierung Ludwigs XIV zum Ruhme gereichen. Hier entdeckte Cassini eine Teilung im Saturnring, indem er zeigte, daß derselbe eigentlich aus zwei ineinander schwebenden, in einer Ebene liegenden Einzelringen besteht. Der äußere dieser Ringe scheint in der Mitte nochmals durch eine Linie getrennt zu sein, die man als Enckesche Teilung zu bezeichnen pflegt, nach dem Berliner Astronomen Encke, der sie zuerst bemerkt hat. Die Erscheinung dieser zweiten Spalte ist jedoch noch nicht ganz aufgeklärt; sie ist jedenfalls nicht so scharf und deutlich ausgesprochen, wie die Cassinische Trennung, sondern erscheint nur als zarter Schatten auf dem Außenring.

Um die wechselnde Erscheinung der Ringe zu verstehen, wollen wir uns Fig. 43 ansehen: sie zeigt, wie die Ringe und Saturn aussehen würden, wenn wir sie — in Wirklichkeit ist das niemals möglich — von oben herab sehen könnten. Wir bemerken zunächst die dunkle Cassinische Trennung, welche die Ringe in zwei Einzelringe teilt, einen inneren und einen äußeren, von denen der letztere der schmälere ist. Auf dem äußeren Ring sehen wir fernerhin die schwache graue Enckesche Trennung, die viel weniger scharf erscheint und viel schwerer zu sehen ist als die andere. Der innere Ring geht nach dem Planeten zu schließlich in eine graue Borde über, die Kreppring genannt wird. Dieser Kreppring wurde zuerst von Bond auf der Harvardsternwarte bemerkt, und dann lange als ein besonderer und getrennter Ring angesehen.

Sorgfältige Beobachtungen haben jedoch gezeigt, daß diese Ansicht den Tatsachen nicht ganz entspricht. Der Kreppring setzt sich außen an den Rand des inneren Ringes unmittelbar an, und geht allmählich in diesen über.

Fig. 43. Darstellung des Ringsystems des Saturn in senkrechter Aufsicht.

Die Ringe des Saturn sind um 28 Grad gegen die Ebene seiner Bahn geneigt, und behalten stets dieselbe Richtung im Raume bei, während der Planet um die Sonne kreist. Die Wirkung dieser unveränderlichen Lage erläutert Fig. 44, welche die Bahn des Saturn um die Sonne in perspektivischer Verkürzung zeigt. Wenn der Planet bei *A* steht, scheint die Sonne auf den nördlichen (oberen) Teil des Ringes. 7 Jahre später, wenn der Planet bei *B* steht, wird der Ring seitwärts von der Sonne beleuchtet. Nach dem Passieren des Punktes *B* bescheint die Sonne die südliche untere Hälfte des Ringes, zuerst schräg, dann immer steiler, bis der Planet *C* erreicht, wo die Neigung des Ringes gegen die Sonnenrichtung am größten ist und 28 Grad beträgt. Dann nimmt diese Neigung wieder ab, bis der Planet *D* passiert, wo wieder die schmale Kante des Ringes der Sonne zugekehrt ist. Von dem Punkte *D* an über *A* bis *B* scheint die Sonne wieder auf die nördliche Seite des Ringsystems.

Im Vergleich mit Saturn stehen wir der Sonne so nahe, daß der Ring uns trotz der veränderlichen Stellung der Erde in ihrer Bahn fast genau so erscheint, wie er einem Beobachter auf der Sonne erscheinen würde. Es gibt somit eine Periode von ungefähr 15 Jahren, während der wir die Nordseite, und eine ebensolange Periode, während der wir die Südseite der Ringe sehen. In den Übergangszeiten blicken wir immer schräger auf die Ebene der Ringe, bis diese von der Seite gesehen sich zu einer einzigen Linie zusammenschließen, oder sogar ganz verschwinden. Nach einiger Zeit öffnen sie sich wieder, um nach weiteren 15 Jahren wieder zu verschwinden. Die letzten Perioden der Unsichtbarkeit des Saturnringes fanden im Herbst 1891 und im Sommer 1907 statt.

Da wir jetzt wissen, welche Gestalt die Ringe in Wirklichkeit haben, können wir auch ihr scheinbares Aussehen im Fernrohr und ihre seltsamen Veränderungen verstehen. Fig. 42 zeigt das Ringsystem des Saturn in mittlerer Lage, doch erhält man von ihnen den besten Eindruck, wenn sie möglichst weit geöffnet sind, der Planet also die Stellung *A* oder *C* der Fig.

44 einnimmt. In diesem Falle sind die Teilungen und der Kreppring am deutlichsten sichtbar.

Der Schatten der Planetenkugel auf dem Ring macht sich als eine dunkle Kerbe bemerkbar, und andererseits erzeugt auch der Ring auf dem Planeten eine dunkle Schattenlinie.

Besonders interessant sind die etwas seltenen Fälle, in denen die Ebene des Ringes gerade zwischen Erde und Sonne fällt. Dann bescheint die Sonne die eine Seite des Ringes, während wir, allerdings unter einem sehr starken Winkel, auf die andere Seite blicken. Die Gelegenheit, Saturn gerade zu dieser Zeit zu beobachten,

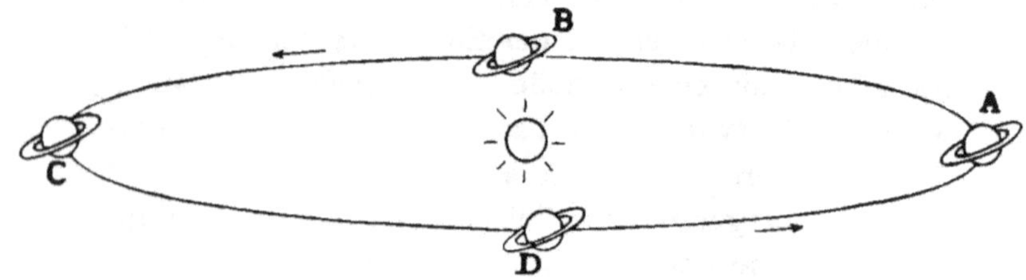

Fig. 44. Unveränderliche Achsenlage des Saturn während seines Umlaufes um die Sonne.

kommt selten wieder. In den beiden letzten Fällen 1877 und 1891 konnte man die Erscheinung nur wenige Tage sehen, und obendrein war gerade die Stellung des Planeten für diese Beobachtung nicht günstig. Nichtsdestoweniger gelang es im Jahre 1891 Barnard auf der Licksternwarte einen Eindruck von der Erscheinung zu gewinnen und festzustellen, daß die Ringe total unsichtbar waren, obwohl ihr Schatten sich von der Planetenoberfläche deutlich abhob. Diese Beobachtung zeigt, daß die Ringe so dünn sind, daß ihre Kanten selbst im größten Fernrohre unsichtbar bleiben.

Woraus bestehen die Saturnringe?

Als man erkannt hatte, daß dieselben Gesetze der Mechanik, die man aus Erscheinungen auf der Erde abgeleitet hatte, auch die Bewegungen der Himmelskörper beherrschen, boten die Saturnringe eine rätselhafte Erscheinung dar. Wodurch werden die Ringe in der Schwebe gehalten? Was hindert den Planeten daran, gegen den inneren Ring zu prallen und eine Katastrophe herbeizuführen, die dann diese ganze schöne Schöpfung zerstören würde? Eine Zeitlang nahm man an, daß ein flüssiger Ring gegen eine solche Katastrophe gesichert sei, dann wurde aber wieder das Gegenteil bewiesen. Schließlich kam man zu der Annahme, daß die Ringe überhaupt keinen zusammenhängenden Körper irgend welcher Art darstellen können, sondern nur eine dichte Masse von einzelnen winzigen Körpern bilden, die vielleicht aus kleinen Trabanten oder auch nur aus Teilchen wie Kiesel oder Staub besteht, ja daß sie vielleicht sogar einer Rauchwolke nicht unähnlich seien. Die Richtigkeit dieser Annahme wies Seeliger

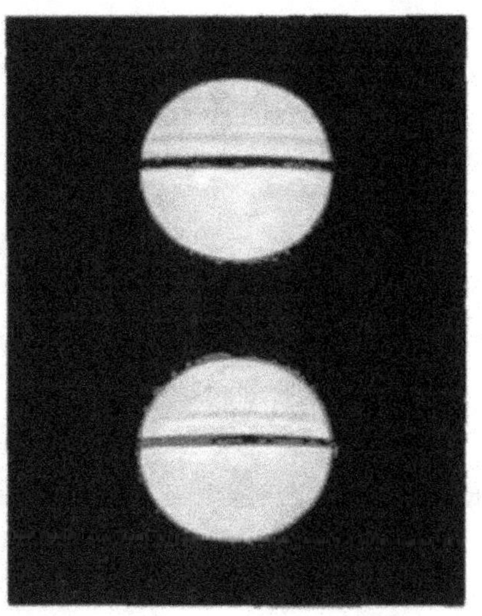

Fig. 45. Anblick des Saturn im Oktober 1891 nach Barnard.

aus Helligkeitsmessungen des Saturnringes nach; ein anderer direkter Beweis wurde 1895 von Keeler durch das Spektroskop erbracht. Keeler fand, daß die dunkeln Linien des Ringspektrums nicht gerade durchgingen, sondern gebogen und gebrochen erschienen. Hierdurch war der Nachweis geliefert, daß die Materie der Ringe sich um den Planeten mit ungleicher Geschwindigkeit dreht, und zwar ließ sich nachweisen, daß diese Rotation am äußersten Rande am langsamsten und nach dem inneren Rande zu immer rascher erfolgt, genau so, wie ein an der betreffenden Stelle stehender Trabant es nach dem dritten Keplerschen Gesetz tun würde, was nur der Fall sein kann, wenn der Ring aus einzelnen Körpern besteht. Würde er eine zusammenhängende Masse bilden, so müßte, gerade umgekehrt als Keelers Beobachtung ergab, die lineare Geschwindigkeit am äußersten Rande am größten sein.

Die Trabanten des Saturn.

Abgesehen von den Ringen, ist Saturn noch von einem aus 10 Trabanten bestehenden Gefolge umgeben, er besitzt also eine größere Zahl von Monden als irgend ein anderer Planet. Die Saturnmonde sind bezüglich ihrer Größe sehr ungleich. Der hellste, Titan, kann schon mit einem kleinen Fernrohr beobachtet werden, der schwächste der älteren 8 Trabanten, Hyperion, ist dagegen nur mit den stärksten Instrumenten sichtbar. Der 9. und 10. Trabant konnten bisher fast nur photographisch verfolgt werden.

Titan wurde von Huyghens zu derselben Zeit entdeckt, als dieser das Wesen der Ringe enträtselt hatte. Hieran knüpft sich eine Geschichte, die erst kürzlich durch die Veröffentlichung von Huyghens' Briefwechsel bekannt geworden ist. Nach dem Brauche jener Zeit suchte Huyghens sich die Priorität seiner Entdeckung dadurch zu sichern, daß er sie wieder in ein Anagramm einkleidete, eine Zusammenstellung von Buchstaben, die richtig geordnet den Leser benachrichtigen sollten, daß der neu entdeckte Begleiter des Saturn seinen Umlauf in 15 Tagen vollführt. Eine Abschrift des Anagramms wurde unter anderem auch Wallis, einem englischen Mathematiker, zugeschickt. In seinem Antwortschreiben dankte der letztere Huyghens für dessen Aufmerksamkeit, bemerkte aber, er hätte ihm auch etwas mitzuteilen und kleidete diese Nachricht gleichfalls in eine noch längere Buchstabenreihe. Bei der Auflösung des Wallisschen Anagramms merkte Huyghens zu seiner Überraschung, daß es genau denselben Inhalt hatte, wie das seinige. Nur war bei Wallis die Entdeckung mit etwas anderen Worten und ausführlicher mitgeteilt. Es stellte sich heraus, daß Wallis, der Anagramme sehr geschickt zu lösen verstand, den Sinn der Huyghensschen Buchstabenzusammenstellung bald herausgefunden hatte, und, um die Zwecklosigkeit der Anagramme zu zeigen, für die ihm nun offenbar gewordene Tatsache der Entdeckung zum Scherz ein eigenes Anagramm aufstellte. Huyghens soll von dem Scherz wenig erbaut gewesen sein.

Als Huyghens 1655 seine Entdeckung des Titan bekannt machte, konnte er sich beglückwünschen, daß er nunmehr das Sonnensystem komplett gemacht habe. Es gab nun gerade 6 große und 6 kleine Weltkörper im Planetensystem. Aber schon innerhalb der folgenden 30 Jahre zerstörte Cassini diesen ganzen Mystizismus durch die Entdeckung von 4 weiteren Trabanten des Saturn. Dann fand W. Herschel ein

Jahrhundert später 1789 noch 2 Saturnmonde. Endlich wurde 1848 an der Harvard-Sternwarte von Bond der achte gefunden. Um 1897 zeigten Himmelsphotographieen, die auf der südamerikanischen Zweigsternwarte des Harvard-Observatoriums ausgeführt waren, in der Nähe des Saturn einen Stern, der von dem Planeten weiter entfernt stand, als der äußerste bekannte Trabant und jeden Abend in anderer Stellung erschien. Daß dieser Stern ein neunter Saturnmond war, steht heute fest. Bei den photographischen Aufnahmen, die zwecks weiterer Verfolgung dieses Mondes — er hat den Namen Phoebe erhalten — ausgeführt wurden, fand W. H. Pickering noch einen 10. Mond des Saturn, der sich fast genau in der Bahn des Hyperion bewegt. Auch diese Entdeckung ist wohl gesichert, obwohl noch weitere Beobachtungen zur Feststellung der Bahn erforderlich sind.

Im folgenden ist eine Liste der neun in ihrer Bahn sicher bestimmten Trabanten mit ihren Entfernungen vom Saturn, ausgedrückt in Halbmessern des letzteren, und ihren Umlaufszeiten gegeben, nebst den Entdeckern und dem Entdeckungsjahr:

No.	Name	Entdecker	Jahr der Entdeckung	Entfernung vom Planeten	Umlaufszeit	
1	Mimas	W. Herschel	1789	3	0 Tg.	23 Std.
2	Enceladus	W. Herschel	1789	4	1	9
3	Tethys	Cassini	1684	5	1	21
4	Dione	Cassini	1684	6	2	18
5	Rhea	Cassini	1672	9	4	12
6	Titan	Huyghens	1655	20	15	23
7	Hyperion	Bond	1848	24	21	7
8	Japetus	Cassini	1671	59	79	8
9	Phoebe	W. H. Pickering	1897	215	546	12

Das Auffallende an dieser Liste bilden die großen Lücken zwischen dem 5. und 6., ferner zwischen dem 7., 8., und 9. Trabanten. Die fünf inneren scheinen eine Gruppe für sich zu bilden. Dann kommt eine Lücke, die an Breite die Entfernung des 5. Satelliten vom Saturn überschreitet; dann wieder eine Gruppe, zu der Titan und Hyperion, eventuell auch noch der 10. Satellit gehören. Die nächste Lücke ist breiter als die Entfernung des Hyperion; zwischen Japetus und Phoebe liegen sogar nahezu 3 Entfernungen des ersteren.

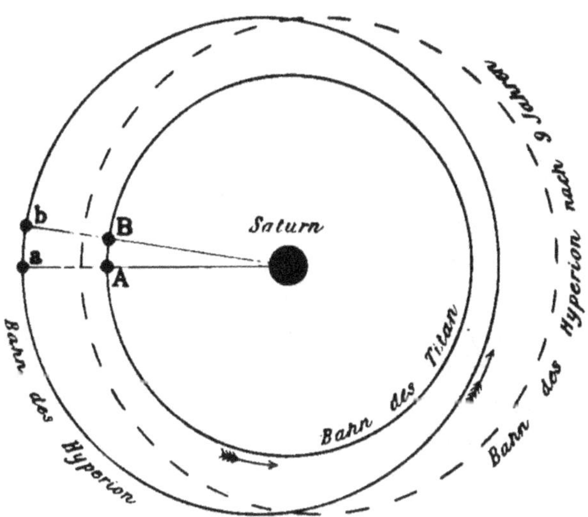

Fig. 46. Beziehungen zwischen den Bahnen des Titan und Hyperion.

Auch das Verhältnis der Umlaufszeiten der 4 inneren Monde ist merkwürdig. Die Umlaufszeit des dritten Trabanten ist fast genau zweimal so groß, wie die des ersten und die Umlaufszeit des vierten fast genau zweimal so groß wie die des zweiten. Auch sind 4 Perioden des Titan fast genau 3 Umläufen des Hyperion gleich.

Dieses letzte Verhältnis macht sich durch eine sehr eigentümliche Einwirkung der Gravitation auf die Bahnen dieser beiden Himmelskörper bemerkbar. Die Bahn des Hyperion, die äußere der beiden, ist sehr exzentrisch, wie Figur 46 zeigt. Nun denke man sich die Trabanten in einem bestimmten Zeitpunkt in Konjunktion: Titan, den inneren und größeren bei *A*, Hyperion außen bei *a* im gleichen Punkt der Bahn. Nach Ablauf von 65 Tagen wird Titan 4 Umdrehungen und Hyperion 3 vollendet haben, wodurch sie wieder in Konjunktion kommen und zwar fast an derselben Stelle ihrer Bahn bei *B* bezw. *b*. Bei einer dritten Konjunktion werden sie einander etwas oberhalb *B b* begegnen usw. Die aufeinanderfolgenden Konjunktionen liegen in Wirklichkeit noch näher beieinander, als es die Figur zeigt. Im Laufe von 19 Jahren bewegen sich diese Konjunktionspunkte einmal um den Kreis herum, so daß nach Ablauf dieser Zeit die Konjunktionen wieder in *A a*, *B b* usw. stattfinden.

Diese langsame Bewegung des Konjunktionspunktes bewirkt, daß die Bahn des Hyperion oder, genauer ausgedrückt, ihre große Achse mit dem Konjunktionspunkt mit herumgeführt wird, so daß die Konjunktionen immer da eintreten, wo die Entfernung der beiden Bahnen am größten ist. Die punktierte Linie zeigt, welche Änderung auf diese Weise die Bahn des Hyperion in rund 9 Jahren erfährt. Ähnlich liegen die Verhältnisse beim ersten und dritten, sowie beim zweiten und vierten Saturntrabanten.

Die gegenseitige Anziehung zwischen den Monden und der Ringmaterie bewirkt, daß mit alleiniger Ausnahme des äußersten Trabanten diese Weltkörper sich fast genau in einer und derselben Ebene bewegen. Die

Sonnenanziehung allein würde in einigen tausend Jahren die Bahnen dieser Körper in verschiedene Ebenen auseinanderziehen, die alle die gleiche Neigung gegen die Saturnbahn beibehielten; durch die gegenseitige Anziehung der Monde und des Ringes bleibt jedoch die gemeinsame Bahnebene erhalten, als ob sie durch ein starres System mit dem Planeten verbunden wäre.

Physische Beschaffenheit des Saturn.

Zwischen der physischen Beschaffenheit des Saturn und derjenigen seines Nachbarplaneten Jupiter besteht eine merkwürdige Ähnlichkeit. Beide haben eine sehr geringe Dichtigkeit, die Dichtigkeit des Saturn ist sogar noch geringer als diejenige des Wassers. Eine weitere Ähnlichkeit liegt in der raschen Umdrehung, da Saturn um seine Achse in 10 Stunden 14 Minuten rotiert, also in einer nur wenig längeren Periode als Jupiter. Seine Oberfläche scheint von wolkenartigen Bildungen bedeckt zu sein, die den Wolkenstreifen des Jupiter ähnlich sehen, aber viel schwächer sind, so daß sie nicht so leicht erkennbar sind wie dort.

Was von der wahrscheinlichen Ursache der geringen Dichtigkeit des Jupiter gesagt worden ist, paßt ebensogut auch auf Saturn. Es ist wahrscheinlich, daß der Planet einen verhältnismäßig kleinen, aber festen Kern hat, der von einer sehr dichten Atmosphäre umgeben ist, und daß wir nur die äußere Oberfläche dieser Atmosphäre sehen.

Diese Ansicht wird durch die Tatsache unterstützt, daß der größte Trabant, Titan, viel dichter ist als der Planet selbst. Sein kubischer Inhalt ist nämlich nur ungefähr $^1/_{10000}$ des Saturnvolumens, während seine Masse aus der Bewegung des Hyperion zu $^1/_{4800}$ der Saturnmasse berechnet worden ist.

10. Uranus.

Uranus ist der siebente unter den großen Planeten, wenn wir nach ihrer Entfernung von der Sonne gehen. Er wird meistens als teleskopischer Planet bezeichnet, obwohl ihn ein gutes Auge auch ohne optische Hilfsmittel finden kann, wenn der Beobachter nur genau weiß, wo er ihn zu suchen hat. Wenn die alten Astronomen eine so gründliche Durchmusterung des Himmels Abend für Abend vorgenommen hätten, wie es später Gould am südlichen Himmel nach der Errichtung der Sternwarte in Cordoba getan hat, so hätten sie sicher noch vor Erfindung des Fernrohrs den Planeten gefunden, und das Dogma von der Siebenzahl der Planeten wäre aufgegeben worden.

So wurde Uranus erst im Jahre 1781 von W. Herschel entdeckt, der zuerst vermutete, den Kern eines Kometen vor sich zu haben. Die Art der Bewegung zeigte indessen bald, daß das neuentdeckte Objekt kein Komet sein könne, und so wurde er bald als ein zu unserem Sonnensystem gehöriger Planet erkannt. Aus Dankbarkeit gegen seinen königlichen Gönner Georg III. schlug Herschel vor, den Planeten Georgium Sidus zu nennen, eine Bezeichnung, die einige 70 Jahre in England in Gebrauch blieb. Seit 1850 hat man sich auf die Bezeichnung Uranus geeinigt, die Bode vorgeschlagen hatte, und die in Deutschland schon dauernd gebraucht wurde.

Nachdem die Bahn des Uranus genauer bestimmt war, so daß sein scheinbarer Ort für eine Reihe von

Jahren zurückberechnet werden konnte, wurde die merkwürdige Tatsache konstatiert, daß der neue Planet schon früher, ja bereits nahezu ein Jahrhundert vor der eigentlichen Entdeckung gesehen und beobachtet worden war. Der englische Astronom Flamsteed hatte ihn bei Gelegenheit der Anfertigung eines Sternkataloges zwischen 1690 und 1715 fünfmal beobachtet und als Fixstern notiert. Was aber noch sonderbarer ist, der Astronom Lemonnier hatte ihn an der Pariser Sternwarte im Laufe von zwei Monaten im Dezember 1768 und Januar 1769 sogar achtmal beobachtet. Aber er hatte seine Beobachtungen nicht berechnet und nicht mit einander verglichen, und erst, als Herschel seine Entdeckung veröffentlichte, erkannte Lemonnier, welch ein Schatz mehr als 10 Jahre hindurch in seinem Beobachtungsmaterial verborgen gelegen hatte.

Die Umlaufszeit des Uranus beträgt 84 Jahre, so daß seine Stellung am Himmel sich von Jahr zu Jahr nur langsam verändert. Bis auf weiteres steht er jetzt in den Sommer- und Herbstmonaten in der Nähe der Milchstraße tief im Süden und ist daher mit freiem Auge nur sehr schwer zu sehen.

Die Entfernung des Uranus von der Sonne ist doppelt so groß, wie diejenige des Saturn. In astronomischen Einheiten beträgt sie 19,2 oder, um ein uns geläufigeres Maß anzuwenden, 2870 Millionen Kilometer.

Wegen dieser großen Entfernung ist es schwer, mit Sicherheit irgend welche Gebilde auf seiner Oberfläche zu erkennen. In einem guten Fernrohr erscheint Uranus als eine blasse Scheibe von gleichförmig grünlichem Schimmer. Einige Beobachter haben zwar schwache Andeutungen von Flecken auf seiner Oberfläche zu sehen geglaubt, indessen handelt es sich da wahrscheinlich um eine Täuschung. Als sicher kann man wohl annehmen, daß Uranus sich um eine Achse dreht, obwohl ein Beweis hierfür noch nicht erbracht ist; die Rotationszeit des Planeten ist natürlich noch unbekannt. Die Messungen Barnards haben aber eine leichte Abplattung der Scheibe ergeben, die für den Fall, daß sie reell ist, für eine schnelle Umdrehung sprechen würde.

Das Spektroskop zeigt, daß die Zusammensetzung des Uranus wesentlich verschieden ist von derjenigen der anderen 6 Planeten, die zwischen ihm und der Sonne ihre Bahnen beschreiben. Alle diese Planeten zeigen ein Spektrum, das von dem gewöhnlichen Sonnenspektrum nur ganz unwesentlich abweicht. Wenn man dagegen das Licht des Uranus zu einem Spektrum ausbreitet, so erscheint in ihm eine Anzahl von mehr oder weniger dunklen Bändern, die den Linien eines gewöhnlichen Sonnenspektrums gänzlich unähnlich sind. Ob diese Bänder tatsächlich breite Absorptionsstreifen darstellen oder aus einer Menge von einzelnen feinen Linien bestehen, die nur wegen der geringen Lichtstärke des Spektrums nicht mehr getrennt sichtbar sind, steht noch nicht fest. Jedenfalls deutet das Spektrum darauf hin, daß das vom Planeten reflektierte Licht durch eine Gasschicht hindurchgegangen ist, die bezüglich ihrer Zusammensetzung von unserer Atmosphäre gänzlich verschieden ist.

Die Trabanten des Uranus.

Um den Uranus bewegen sich vier Trabanten bei seinem Umlauf um die Sonnet. Die beiden äußeren lassen sich schon mit einem Fernrohr von 12 Zoll Öffnung erkennen, die beiden inneren jedoch nur mit den stärksten Fernrohren der Welt. Die Schwierigkeit, diese beiden Himmelskörper zu sehen, rührt auch hier nicht von ihrer Kleinheit her, denn sie sind wahrscheinlich nahezu so groß wie die äußeren Monde, sondern allein von ihrer Überstrahlung durch den Hauptplaneten.

Die Geschichte ihrer Entdeckung ist ganz merkwürdig. Im Jahre 1787 fand W. Herschel die beiden äußeren helleren Monde, Titania und Oberon; außerdem glaubte er aber noch von Zeit zu Zeit den schwachen Lichtschimmer von vier weiteren Trabanten zu sehen, und so kam es, daß mehr als ein halbes Jahrhundert hindurch dem Uranus sechs Trabanten zugeschrieben wurden. Die lange Dauer dieses Irrtums erklärt sich dadurch, daß während dieser ganzen Zeit kein Fernrohr gebaut wurde, das gegenüber dem Herschelschen Teleskop Anspruch auf Überlegenheit hätte erheben können. Man nahm die Entdeckung von Herschel hin, ohne sie bestätigen zu können.

Dann unternahm erst wieder um 1845 Lassell in England den Bau von größeren Reflektoren und stellte seine beiden Instrumente, das eine von 2, das andere von 4 Fuß Öffnung her. Das letztere nahm er später mit nach Malta, um unter dem schönen Himmel des Mittelländischen Meeres Beobachtungen anzustellen. Hier begann er mit seinem Assistenten unter anderem auch eine sorgfältige Untersuchung des Uranus und kam dabei zu dem Schluß, daß von Herschels 4 schwächeren Uranusmonden keiner existiere. Dagegen wurden von ihm 1851 zwei neue Satelliten gefunden, die so nahe bei Uranus standen, daß alle früheren Beobachter, Herschel nicht ausgenommen, sie unmöglich gesehen haben konnten. Während der nächsten 20 Jahre wurden diese beiden neuentdeckten Monde, die Ariel und Umbriel benannt wurden, auch anderweitig mit den besten Fernrohren, die damals in Europa in Gebrauch waren, gesucht, jedoch vergeblich, und einige Astronomen begannen bereits an ihrer Existenz zu zweifeln. Endlich im Winter 1873 wurden sie im 26zölligen Refraktor der Marinesternwarte in Washington, der eben vollendet und aufgestellt war, wiedergefunden, und ihre Bewegung erwies sich als übereinstimmend mit Lassells Beobachtungen.

Die merkwürdigste Eigenschaft der Bahnen der Uranustrabanten liegt darin, daß sie zur Bahnebene des Hauptplaneten fast senkrecht stehen. Es gibt somit zwei einander entgegengesetzte Punkte der Uranusbahn, wo wir die Trabantenbahnen von der Kante sehen. Wenn Uranus nahe bei einem dieser beiden Punkte steht, so sieht man von der Erde aus die Trabanten sich so bewegen, als ob sie in nordsüdlicher Richtung von der einen Seite des Planeten zur anderen wie das Pendel einer Uhr hin und her schwingen würden. Wenn der Planet sich dann weiter bewegt, öffnen sich die scheinbaren Bahnen langsam, und nach 20 Jahren sehen wir senkrecht auf ihre Ebenen; sie erscheinen uns dann nahezu kreisförmig. Wenn dann der Planet sich in seiner Bahn weiterbewegt, schließen sie sich wieder. Die Bahnen wurden zuletzt im Jahre 1882 von der Kante gesehen, und die gleiche Erscheinung wird wieder um 1924 eintreten. Gegenwärtig sehen wir sie von einem fast senkrecht über ihnen befindlichen Standpunkt aus, und diese Zeit ist gerade die günstigste für die Beobachtung der Trabanten und ihrer Bewegung.

Es ist leicht möglich, daß fortgesetzte Beobachtungen dieser Trabanten die Astronomen noch in den Stand setzen werden, das bisher noch ungelöste Problem der Uranusrotation zu lösen. Bei Mars, Jupiter und Saturn vollziehen die Trabanten ihren Umlauf fast genau in der Äquatorialebene der betreffenden Planeten. Wenn dies bei Uranus ebenfalls zutrifft, so würde daraus folgen, daß der Äquator des Planeten fast senkrecht zu seiner Bahn steht, und daß dann seine Pole in zwei entgegengesetzten Punkten seiner Bahn fast genau auf die Sonne gerichtet sind. Ist dies aber der Fall, so müssen auf Uranus die Jahreszeiten viel schärfer abgegrenzt sein, als bei uns auf der Erde. Nur auf dem Uranusäquator oder in unmittelbarer Nähe desselben würde ein Bewohner des Planeten die Sonne täglich sehen. Schon in mittleren Breiten würde er während eines Umlaufes des Planeten eine Periode von 5—10 irdischen Jahren antreffen, während der die Sonne niemals seinen Horizont erreicht. An dem entgegengesetzten Punkte der Bahn würde während der gleichen Periode die Sonne für ihn nie untergehen, während in den Zwischenzeiten ihre Bewegung wie bei uns einen Wechsel von Tag und Nacht hervorrufen würde.

Die Tatsache, daß die Trabanten sich in fast einer und derselben Ebene bewegen, verleiht der Ansicht, daß die Rotationsachse des Uranus in seiner Bahnebene liegt, einigen Rückhalt; sie enthält jedoch noch keinen strengen Beweis hierfür, da es wohl denkbar ist, daß die Satellitenbahnen auch dann durch ihre gegenseitige Anziehung unverändert bestehen können, wenn sie mit dem Äquator des Planeten nicht zusammenfallen. Es läßt sich aber zeigen, daß dann die Lage der Rotationsachse des Planeten gewissen Veränderungen unterworfen ist. Auf diese Weise werden vielleicht unsere Nachkommen einst imstande sein, durch theoretische Untersuchungen etwas über die Lage der Pole und des Äquators des Uranus anzugeben, selbst wenn ihre Fernrohre nicht stark genug sein sollten, augenscheinliche Beweise dafür zu erbringen.

11. Neptun.

Soweit bis jetzt bekannt ist, stellt Neptun den äußersten Planeten unseres Sonnensystems dar. An Größe und Rauminhalt ist er nicht sehr von Uranus verschieden, aber seine wesentlich größere Entfernung — 30 astronomische Einheiten gegen 19,2 — bewirkt, daß er uns schwächer erscheint und daher auch schwieriger wahrzunehmen ist. Er steht weit unter der für das bloße Auge geltenden Sichtbarkeitsgrenze; ein kleines Fernrohr würde ihn jedoch bereits erkennen lassen, wenn man ihn nur von den zahlreichen Sternen gleicher Helligkeit, die den Himmel erfüllen, sofort unterscheiden könnte. Hierzu bedarf man aber erst wieder verschiedener Hilfsmittel, insbesondere genauer Himmelskarten.

Die Scheibe des Neptun kann nur ein Fernrohr von beträchtlichen Dimensionen zeigen. Sie erscheint dann in bläulichem oder bleifarbigem Schimmer, deutlich verschieden von der grünen Färbung des Uranus. Natürlich weiß man aus direkten Beobachtungen über seine Rotation ebenso wenig etwas, wie bei Uranus. Da jedoch sein Spektrum Bänder zeigt, wie das Spektrum des Uranus, so ist es wohl wahrscheinlich, daß beide Körper annähernd gleiche Zusammensetzung haben.

Geschichte der Entdeckung des Neptun.

Die Entdeckung des Neptun im Jahre 1846 wird als einer der größten Triumphe der theoretischen Astronomie gefeiert. Die Existenz des Neptun machte sich nämlich zunächst durch seine Anziehung auf Uranus bemerkbar, und die Umstände, die von dieser Erkenntnis bis zu der Entdeckung des unbekannten Planeten führten, sind so interessant, daß wir sie hier kurz mitteilen wollen.

In den ersten 20 Jahren des 19. Jahrhunderts bearbeitete Bouvard in Paris neue Tafeln für die Bewegung des Jupiter, Saturn und Uranus, die damals als die drei äußersten Planeten unseres Sonnensystems galten. Bei diesen Rechnungen entnahm er die durch gegenseitige Anziehung der Planeten verursachten Störungen den Tafeln von Laplace. Er erreichte dabei eine leidliche Übereinstimmung zwischen seinen Werten und der beobachteten Bewegung von Jupiter und Saturn, dagegen waren alle seine Bemühungen, die beobachtete Bewegung des Uranus darzustellen, vergeblich. Soweit er nur die Beobachtungen in Betracht zog, die seit der Entdeckung des Planeten durch Herschel vorlagen, ging die Sache noch; für die ältesten Beobachtungen Flamsteeds und Lemonniers war jedoch keine Übereinstimmung zwischen Beobachtung und Rechnung zu erlangen. Es blieb somit Bouvard nichts anderes übrig, als diese älteren Beobachtungen auszuschließen, seine Tafeln den neueren Bestimmungen anzupassen und sie so zu veröffentlichen. Man fand jedoch bald, daß der Planet sich nach und nach von seiner berechneten Stellung wesentlich entfernte, und die Astronomen begannen der Sache größere Aufmerksamkeit zu widmen. Die Abweichung des Planeten von dem vorausberechneten Ort war zwar gering, und wenn man sich zwei Körper vorstellte, von denen der eine in der wahren, der andere in der vorausberechneten Bahn sich bewegte, so hätte das bloße Auge sie doch nur als einen einzigen Stern gesehen; ein Fernrohr hätte sie jedoch klar und deutlich getrennt gezeigt.

So lagen die Verhältnisse bis 1845. Zu dieser Zeit lebte in Paris ein junger Theoretiker, Leverrier, dessen Namen in der Fachwelt bereits dadurch rühmlich bekannt war, daß er einige wertvolle Arbeiten der französischen Akademie der Wissenschaften vorgelegt hatte. Arago, der eine sehr hohe Meinung von Leverriers Fähigkeiten hatte, lenkte nun seine Aufmerksamkeit auf die Uranusbewegung und schlug ihm vor, den Fall doch näher zu untersuchen. Leverrier kam auf den Gedanken, daß die Abweichungen vielleicht durch die Anziehung eines unbekannten, außerhalb des Uranus stehenden Planeten verursacht sein könnten. Er machte sich gleich an die Arbeit und berechnete, in welcher Bahn ein Planet sich bewegen müßte, um die Abweichungen der Uranusbewegung hervorzubringen. Sein Resultat legte er der Akademie der Wissenschaften im Sommer 1846 vor.

Zufällig traf es sich, daß noch bevor Leverrier seine Arbeit begann, ein Student der englischen Universität Cambridge, Adams, denselben Gedanken verfolgte. Er erreichte sogar noch früher als Leverrier ein Resultat und teilte dasselbe Airy, dem Astronomen der Sternwarte in Greenwich, mit. Beide berechneten nun die augenblickliche Stellung des unbekannten Planeten, um ihn womöglich sofort unter den benachbarten Fixsternen herauszufinden. Indessen verlor Airy bald das Vertrauen hierzu, und die Aussicht, den Planeten wirklich zu finden, erschien ihm zu unwahrscheinlich, als daß die mühsame Arbeit der Aufsuchung sich lohne. Diese wurde nun von anderer Seite in Angriff genommen. Challis in Cambridge stellte nach Adams' Berechnungen eingehende Nachforschungen nach dem neuen Planeten an, jedoch ohne Erfolg. Es muß darauf hingewiesen werden, daß es mit den unvollkommenen Instrumenten jener Zeit und in Ermangelung genauer Sternkarten nicht gerade leicht war, einen so schwachen Planeten von der großen Zahl der benachbarten Fixsterne zu unterscheiden, und daß man notgedrungen mehrmals die genaue Stellung von möglichst vielen Objekten bestimmen mußte, um nachher bei einer Vergleichung der Beobachtungen zu erkennen, ob einer von den Sternen sich wirklich bewegt hatte.

Während Challis noch mit dieser Arbeit beschäftigt war, fiel es Leverrier ein, daß zur Zeit in Berlin eine Himmelskarte angefertigt wurde. Er schrieb deshalb an Galle, den damaligen Observator der Berliner Sternwarte, und forderte ihn auf, nach dem hypothetischen Planeten zu suchen. Nun traf es sich, daß die Berliner Astronomen gerade von dem Teil des Himmels, in dessen Bereich der Planet stehen sollte, eine Karte fertiggestellt hatten. Noch an demselben Abend nach der Ankunft des Leverrierschen Briefes nahm Galle die Karte mit nach dem Refraktor und begann nach einem auf der Karte eventuell nicht verzeichneten Stern zu suchen. Ein solches Objekt wurde auch tatsächlich sehr bald gefunden, und als man seine Stellung mit den Sternen seiner Umgebung verglich, schien es auch eine geringe Bewegung zu verraten. Galle war jedoch vorsichtig und wartete noch den nächsten Abend ab, um die Entdeckung bestätigen zu können. Da stellte es sich heraus, daß das fragliche Objekt sich um so viel bewegt hatte, daß jeder Zweifel ausgeschlossen war. Leverrier konnte nunmehr mitgeteilt werden, daß sein vermuteter Planet in der Tat existiere.

Als diese Nachricht in England eintraf, durchsuchte Challis seine eigenen Beobachtungen und fand dabei, daß er den Planeten tatsächlich bereits bei zwei Gelegenheiten beobachtet hatte. Er hatte es aber, wie einst Lemonnier bei Uranus, unterlassen, seine Beobachtungen zu reduzieren und zu vergleichen, und erkannte so den Planeten erst nach der Berliner Entdeckung.

Die Frage, inwiefern neben Leverrier auch Adams Anteil an der Ehre der theoretischen Entdeckung des Neptun gebühre, führte zu vielen Erörterungen. Arago war der Ansicht, die ganze Ehre müßte Leverrier allein zugesprochen werden, insofern als nicht derjenige, der eine wissenschaftliche Tatsache zuerst findet, sondern derjenige, der sie zuerst veröffentlicht, Anspruch auf die Entdeckerehre hätte. Die Engländer machten dagegen geltend, daß, obwohl Adams seine Arbeit nicht habe drucken lassen, er sie doch den astronomischen Autoritäten mitgeteilt und Challis die Gelegenheit geboten habe, den Planeten zu entdecken. Wenn dieser ihn auch nicht richtig erkannt habe, so gebühre trotzdem Adams ein Teil der Entdeckerehre. Die ganze Angelegenheit lief schließlich nur auf nationalen Ehrgeiz hinaus, und spätere Astronomen haben in richtiger Würdigung der Verdienste beider Forscher sowohl

Leverrier wie Adams für ihre vortreffliche Leistung gleich hoch gefeiert.

Der Trabant des Neptun.

Selbstverständlich wurde der neuentdeckte Planet gleich nach seiner Entdeckung von den Astronomen der ganzen Welt eifrig beobachtet. Hierbei fand bald Lassell, daß Neptun von einem Trabanten begleitet sei. Dieser wurde an den wenigen Sternwarten, die damals über genügend starke Fernrohre verfügten, beobachtet, und die Zeit seines Umlaufs zu annähernd 6 Tagen ermittelt. Er hat die merkwürdige Eigenschaft, daß er sich von Osten nach Westen bewegt, entgegen der Regel, der sonst alle Körper im Sonnensystem, abgesehen von den Uranusmonden, folgen. Bei den Uranusmonden können wir eigentlich die Bewegung weder als eine ost-westliche, noch als eine west-östliche bezeichnen, da diese Körper in Wirklichkeit, wie wir gesehen haben, in nord-südlicher Richtung den Planeten umkreisen.

Es würde sehr interessant sein, wenn man feststellen könnte, ob auch der Planet Neptun sich um seine Achse in derselben Richtung bewegt, wie sein Trabant. Eine direkte Ermittelung der Rotationswerte ist aber bei Neptun so gut wie ausgeschlossen, da er zu weit entfernt ist und seine Scheibe so schwach und undeutlich erscheint, daß auch nicht die leiseste Spur einer Schattierung auf ihm entdeckt werden kann. Wenn wir bedenken, daß selbst bei einem uns so viel näher stehenden Planeten wie die Venus die Umdrehungszeit noch nicht sicher bestimmt worden ist, so erscheint die Aussicht, daß es einmal gelingt, die Rotation des entfernten Neptun auf direktem Wege zu erkennen, fast hoffnungslos. Dagegen gibt es einen indirekten Beweis dafür, daß der Planet wirklich eine schnelle Umdrehung hat. Es hat sich nämlich herausgestellt, daß die Bahn des Neptuntrabanten von Jahr zu Jahr ihre Lage im Raum ein wenig ändert. Während des halben Jahrhunderts, das seit Beginn dieser Beobachtungen verflossen ist, hat sich die Bahnlage um mehrere Grade geändert. Die einzige Ursache, auf die sich diese Erscheinung zurückführen läßt, liegt voraussichtlich darin, daß Neptun ebenso wie die Erde und die anderen rasch rotierenden Planeten ein an den Polen abgeplattetes Ellipsoid ist, und daß die Äquatorialebene des Planeten nicht mit der Bahnebene des Trabanten zusammenfällt. In späteren Zeiten werden die Astronomen also aus dieser Bewegung vielleicht die Lage der Pole und des Äquators des Neptun ableiten können. Hierzu sind allerdings noch Beobachtungen notwendig, die sich über ein volles Jahrhundert, ja vielleicht sogar über mehrere Jahrhunderte erstrecken.

12. Messung von Entfernungen im Weltraum.

Entfernungen im Weltraum können nach einer ähnlichen Methode ermittelt werden, wie sie der Geometer anwendet, um den Abstand eines unerreichbaren Gegenstandes, sagen wir eines Berggipfels C, zu bestimmen. Die Entfernung zweier Punkte A und B wird dabei als Grundlinie angenommen. Der Geometer stellt sein Instrument im Punkte A auf und mißt den Winkel zwischen den Richtungen AB und AC. Hierauf bringt er sein Instrument nach dem Punkte B und mißt hier ebenso den Winkel ABC. Aus der Grundlinie und den beiden anliegenden Winkeln lassen sich aber alle anderen Stücke des Dreiecks, somit auch die Seiten *AC* bzw. *BC* bestimmen. Da die Summe der drei Winkel eines Dreiecks immer 180 Grad beträgt, ergeben diese Messungen auch noch ein anderes Maß für die Entfernung, nämlich den Winkel bei *C*, wofür man nur die Summe der beiden gemessenen Winkel von 180 Grad abzuziehen hat. Man sieht leicht ein,

Fig. 47. **Bestimmung der Entfernung eines unzugänglichen Punktes durch Triangulation.**

daß der auf diese Weise ermittelte Winkel bei *C* den Winkel darstellt, unter dem einem Beobachter in *C* die Grundlinie *AB* erscheinen würde, daß dieser Winkel bei bekannter Basis somit bereits ein Maß für die Entfernung des Punktes *C* enthält. Ein solcher Winkel wird im allgemeinen eine P a r a l l a x e genannt. Die Parallaxe des Punktes *C* in bezug auf die Basis *AB* ist somit gleich dem Richtungsunterschiede des Punktes *C*, gesehen von *A* und *B*.

Man sieht leicht ein, daß je größer die Entfernung des Objekts ist, die Parallaxe bei unveränderter Grundlinie um so kleiner wird. Bei sehr großer Entfernung wird die Parallaxe schließlich so klein, daß der Beobachter sie nicht mehr zu messen vermag; die Richtungen *BC* und *AC* fallen dann scheinbar zusammen und verlaufen parallel zu einander. Die Größe dieser Entfernung hängt natürlich auch von der Länge und der Grundlinie ab. Diese Art der Entfernungsmessung wird Triangulation genannt.

Die Methode der Triangulation, wie wir sie eben beschrieben haben, gibt allerdings nur eine Vorstellung von dem allgemeinen Prinzip, das bei Entfernungsmessungen im Weltraum zur Anwendung kommt. Man wird leicht einsehen, daß davon keine Rede sein kann, daß zwei Beobachter an weit voneinander entfernten Punkten der Erde genau in demselben Augenblick die Richtung eines Planeten bestimmen. Die Ermittelung der Parallaxen erfordert eine Kombination von längeren Beobachtungen, die zu verwickelt ist, um in einem populären Buche dargestellt zu werden. Das Grundprinzip bleibt dabei jedoch dasselbe, wie bei Entfernungsmessungen auf der Erde.

Im Weltraum hat der Mond, als der uns am nächsten stehende Himmelskörper, natürlich auch die größte Parallaxe. Seine Entfernung kann daher mit jeder gewünschten Genauigkeit durch Messung bestimmt werden. Bereits Ptolemäus, der im ersten und zweiten Jahrhundert n. Chr. lebte, war imstande, eine annähernd richtige Messung der Entfernung des Mondes auszuführen. Die Parallaxe eines Planeten ist dagegen bereits so klein, daß sie nur mit den allerfeinsten Meßinstrumenten bestimmt werden kann.

Die beiden Endpunkte der Grundlinie, die zu derartigen Bestimmungen benutzt wird, können zwei beliebige Punkte der Erdoberfläche sein, beispielsweise die nahezu auf demselben Meridian gelegenen Sternwarten in Königsberg und Kapstadt; es ist jedoch üblich, alle Bestimmungen auf den Halbmesser des Erdäquators als Grundlinie zu reduzieren, so daß die Parallaxe eines Planeten schlechtweg den Winkel bezeichnet, unter dem der Halbmesser des Erdäquators von dem Planeten gesehen wird.

Um die Dimensionen des ganzen Sonnensystems in irdischem Maße zu erhalten, ist es nur nötig, die Entfernung der Sonne oder irgend eines Planeten von der Erde zu bestimmen. Die relativen Entfernungen aller Planeten lassen sich aus der Untersuchung ihrer Bahnen und Bewegungen sehr genau ableiten; kennt man daher eine Entfernung in irdischem Maße, d. h. die Parallaxe eines Planeten, so sind auch alle anderen bestimmt. Da die mittlere Entfernung der Sonne von der Erde die fundamentale astronomische Masseneinheit bildet, so ist ihre genaue Bestimmung, die Ermittelung der Sonnenparallaxe, von größter Wichtigkeit. Zu ihrer Bestimmung benutzt der Astronom verschiedene Methoden, von denen die bekannteste die Beobachtung der schon besprochenen Venusdurchgänge bildet. Bei diesen wird von einer Menge von Stationen auf der Erdoberfläche aus die Richtung nach der Venus vom Anfang bis zum Ende des Durchgangs bestimmt und hieraus die Venusparallaxe und damit die Sonnenparallaxe abgeleitet. Auch die Beobachtung der Oppositionen des Mars sowie verschiedener Asteroiden, die der Erde besonders nahe kommen, so besonders des Planeten Eros, ermöglicht eine sehr genaue Bestimmung der Sonnenparallaxe. Außer diesen direkten Messungen der Sonnenparallaxe sind innerhalb der letzten 50 Jahre noch andere Methoden entwickelt worden, von denen einige den besten direkten Parallaxenmessungen ebenbürtig sind, ja diese vielleicht noch übertreffen.

Bestimmung der Sonnenentfernung aus der Geschwindigkeit des Lichtes.

Eine der einfachsten und sichersten Methoden zur Bestimmung der Sonnenentfernung beruht in der Nutzbarmachung der Lichtgeschwindigkeit. Durch Beobachtung der Momente der Verfinsterungen der Jupitertrabanten von verschiedenen Punkten der Erdbahn aus hat man gefunden, daß das Licht eine Strecke, die der Entfernung der Erde von der Sonne gleichkommt, in ungefähr 8 Minuten 18 Sekunden zurücklegt. Die betreffende Zahl, die man als die Lichtzeit bezeichnet, ist noch in anderer Weise aus der sogenannten Aberration der Fixsterne ermittelt worden. Man versteht darunter eine geringe Veränderung der Lage der Sterne am Himmel, die durch das Zusammenwirken der Erdbewegung und der Geschwindigkeit des von dem Stern kommenden Lichtes entsteht. Durch genaue Beobachtung der Größe dieser Aberration hat man gefunden, daß das Licht von der Erde zur Sonne 498.5 Sekunden gebraucht. Da durch Versuche festgestellt ist, daß das Licht in einer Sekunde eine Strecke von 300000 Kilometern zurücklegt, so brauchen wir diese Entfernung nur mit 498,5 zu multiplizieren, um die mittlere Entfernung der Sonne von der Erde zu erhalten.

Bestimmung der Sonnenentfernung aus der Sonnenattraktion.

Eine dritte Methode, die zur Bestimmung der Sonnenentfernung führt, beruht auf der Wirkung der Anziehung der Sonne auf den Mond. Diese Anziehung hat zur Folge, daß der Mond bei seinem monatlichen Umlauf um die Erde zur Zeit seines ersten Viertels mehr als 2 Minuten hinter seiner mittleren Stellung zurückbleibt, bei Vollmond diese Verzögerung nachholt und beim letzten Viertel 2 Minuten über seine mittlere Stellung hinaus ist. Zur Zeit des Neumondes steht er wieder in der mittleren Stellung. Diese kleinen Abweichungen wiederholen sich periodisch während eines jeden Mondumlaufes. Ihre Größe steht im umgekehrten Verhältnis zu der Entfernung der Sonne, und man kann somit durch genaue Messung dieser Abweichungen die Entfernung der Sonne bestimmen. Wie bei allen astronomischen Messungen ist auch hier die Schwierigkeit einer solchen Bestimmung sehr groß. Schon die genaue Ermittelung des Betrages dieses Hin- und Herschwingens des Mondes läßt sich genau und fehlerfrei nicht durchführen, und die Bestimmung der Größe dieser Schwingungen bei Annahme einer bestimmten Sonnenentfernung gehört zu den schwierigsten Problemen der Himmelsmechanik. Ein einwandfreies Resultat hat diese Methode auch noch nicht ergeben.

Es gibt noch eine vierte Methode zur Bestimmung der Sonnenentfernung, die ebenfalls auf der Anziehungskraft der Sonne beruht. Würde uns das genaue Verhältnis der Erdmasse zu der Masse der Sonne bekannt sein, d. h. könnten wir genau bestimmen, wie viel schwerer die Sonne als die Erde ist, so ließe sich auch berechnen, in welcher Entfernung die Erde von der Sonne stehen muß, um einen Umlauf um dieselbe in einem Jahre zu vollenden. Die einzige Schwierigkeit der Aufgabe liegt hier nur in der Ermittelung der Erdmasse gegenüber dem Gewichte der Sonne. Dieser Wert läßt sich aber abgesehen von den anderen noch zu besprechenden Methoden aus den Veränderungen in der Lage der Venusbahn, die durch die Anziehung der Erde hervorgebracht werden, genau ermitteln. Vergleicht man nämlich die jeweilige Lage der Venusbahn bei den Durchgängen des Planeten in den Jahren 1761, 1769, 1874, 1882, so findet man, daß die Bewegung der Venus eine Beschleunigung zeigt, aus der sich ableiten läßt, daß die Sonnenmasse 332600 mal so groß ist wie die Maße von Erde und Mond zusammengenommen. Damit ist aber, wie hier nicht weiter auseinandergesetzt werden soll, ein neuer Weg zur Ermittelung der Sonnenentfernung geebnet.

Ergebnisse der einzelnen Bestimmungen der Sonnenentfernung.

Wir haben auf vier Methoden hingewiesen, die es ermöglichen, die Einheit aller astronomischen Distanzmessungen zu bestimmen und wollen jetzt die Resultate dieser Bestimmungen hier getrennt anführen, damit der Leser sieht, bis zu welchem Grade der Sicherheit und Genauigkeit astronomische Theorie und Messung bereits gediehen ist.

In der ersten Kolumne finden wir die vier Methoden aufgezählt, mit deren Hilfe die Sonnenentfernung ermittelt worden ist. Die zweite Kolumne gibt die zugehörigen Werte der Sonnenparallaxe, oder den Winkel, unter dem der äquatoriale Halbmesser der Erde einem Beobachter in der Entfernung der Sonne erscheinen würde. Dieser Winkel wird fast durchweg bei astronomischen Berechnungen an Stelle der Entfernung benutzt. In der dritten Reihe ist die Entfernung angegeben.

Methode	Sonnenparallaxe	Mittlere Entfernung der Sonne von der Erde	
		in Erdhalbmessern	in Kilometern
Direkte Messungen der Parallaxe	8,800″	23 439	149 501 000
Geschwindigkeit des Lichtes	8,803	23 431	149 450 000
Bewegung des Mondes	8,794	23 455	149 603 000
Masse der Erde	8,759	23 549	150 201 000

Der Unterschied zwischen den einzelnen Endwerten übersteigt nicht die bei derartig schwierigen und verwickelten Berechnungen und bei so feinen und subtilen Messungen zulässige Fehlergrenze. Im Gegenteil, in dieser überraschenden Übereinstimmung von Resultaten, die durch Anwendung so grundsätzlich verschiedener Methoden erreicht sind, haben wir den besten Beweis für die Richtigkeit der bei Ableitung dieser Werte benutzten kosmischen Grundsätze der Astronomie. Indessen bleibt auch so der Wert der Sonnenentfernung — man benutzt heute allgemein den ersten — noch bis auf einige 100000 Kilometer unsicher, eine Fehlergröße, die in der astronomischen Praxis nicht länger, als absolut notwendig zulässig ist.

13. Die Gravitation.

Keine Tätigkeit des menschlichen Geistes überschreitet scheinbar so weit die Grenzen der Vorstellungskraft, wie die mathematische Begründung und Vorausberechnung der Bewegung der Himmelskörper auf Grund ihrer gegenseitigen Anziehung. Wir haben bereits einige Sätze über die Bahnen der Planeten um die Sonne kennen gelernt, aber das grundlegende kosmische Gesetz, das die Bewegung der Planeten regelt, das Gesetz der allgemeinen Anziehung oder Gravitation, ist dem Leser noch nicht bekannt. Dieses von Newton aufgestellte Gravitations-Gesetz ist so verständlich, daß man seiner ursprünglichen Fassung nichts hinzuzufügen braucht. Dieses Gesetz besagt, daß jedes Massenteilchen im Universum jedes andere Teilchen mit einer Kraft anzieht, die im umgekehrten Verhältnis zu dem Quadrat der Entfernung steht. Es ist dies das einzige Naturgesetz, das, soviel wir wissen, eine absolute Allgemeingültigkeit hat und in seiner Wirkung stets unveränderlich bleibt. Alle anderen Vorgänge in der Natur werden in irgend einer Weise eingeschränkt oder gemildert, durch Hitze oder Kälte, durch die Zeit oder den Ort ihres Auftretens, durch die Gegenwart oder Abwesenheit anderer Körper. Was jedoch der Mensch bisher mit der Materie anstellen mochte, die Massenanziehung veränderte sich dabei nicht im geringsten. Zwei Körper ziehen sich also nach dem Gravitationsgesetz stets gleich stark an, trotz allem, was mit ihnen vorgenommen wird, ungeachtet dessen, ob man der Anziehung Hindernisse in den Weg stellt, einerlei, ob sie sich schneller oder langsamer bewegen. Allen anderen natürlichen Kräften kann man auf den Grund gehen und sie erklären, nur bei der Gravitation gelingt dies nicht. Die Philosophen haben zwar bereits wiederholt solche Erklärungsversuche unternommen oder einen Grund für diese Kraft zu finden versucht, aber keine dieser Erklärungen hat unser positives Wissen bereichert.

Die Bewegungen der Planeten richten sich somit allein nach ihrer Anziehung. Wäre in unserem Sonnensystem nur ein einziger Planet vorhanden, so würde keine andere Kraft als nur die Anziehung der Sonne auf ihn wirken. Durch eine rein mathematische Entwicklung läßt sich nachweisen, daß ein solcher Planet genau eine Ellipse mit der Sonne in einem Brennpunkt beschreiben würde. Er würde in dieser Ellipse für alle Zeiten seinen Umlauf vollziehen. In Übereinstimmung mit dem Wortlaut des Gesetzes müssen jedoch die Planeten sich auch gegenseitig anziehen. Diese gegenseitige Anziehung ist natürlich viel geringer als die Anziehung der Sonne, weil in unserem Sonnensystem die Planeten eine viel geringere Masse haben, als der Zentralkörper. Infolge dieser gegenseitigen Anziehung weichen aber die Planetenbahnen von der Ellipse ein wenig ab. Ihre Bahnen sind wohl sehr annähernd, aber doch nicht streng genaue Ellipsen. Das Problem ihrer genauen Bewegung unter dem Einfluß der gegenseitigen Anziehung stellt eine rein mathematische Aufgabe dar, die die hervorragendsten Mathematiker der Welt seit Newtons Zeiten beschäftigt hat. Jede Generation hat an diesem großen Werke weiter gearbeitet und unserm Wissen neue Tatsachen hinzugefügt. Hundert Jahre nach Newton zeigten Laplace und Lagrange, daß die angenähert elliptischen Bahnen, in denen sich die Planeten bewegen, allmählich ihre Gestalt und Lage verändern. Diese Veränderungen können jetzt auf Tausende, Zehntausende, ja selbst auf Hunderttausende von Jahren im voraus berechnet werden. Wir wissen z. B. heutzutage, daß die Exzentrizität der Erdbahn jetzt in geringem Maße abnimmt, und daß diese Abnahme noch weitere 40000 Jahre fortdauern wird. Hierauf wird sie wieder zunehmen, so daß sie nach Verlauf von vielen weiteren Jahrtausenden größer als jetzt sein wird. Dasselbe trifft auch bei allen anderen Planeten zu. Ihre Bahnen verändern periodisch ihre Form und Lage in tausend und abertausend von Jahren, wie große Uhren der Ewigkeit, an denen die Zeitalter ebenso vorbeieilen, wie an unseren Uhren die Sekunden. Der Laie könnte allenfalls an der Richtigkeit dieser Vorausbestimmung auf Jahrtausende hinaus zweifeln, hätte sich nicht bereits in so vielen Fällen die Genauigkeit astronomischer Voraussagen bezüglich der Planetenbewegungen in so überraschender Weise bestätigt. Diese Präzision ist durch die Lösung der sehr schwierigen Aufgabe erreicht worden, die darin besteht, die Wirkung der Anziehung jedes Planeten auf alle anderen zu bestimmen. Die Voraussage der Planetenbewegungen für größere Zeiträume würde sich recht einfach gestalten, wenn wir annehmen könnten, daß sich jeder Planet in einer bestimmten, unveränderlichen Ellipse um die Sonne bewegte, was wie bereits gesagt der Fall sein würde, wenn er nur von der Sonne und sonst von keinem anderen Körper angezogen würde. So wie die Verhältnisse aber liegen, müßten die Fehler von derartigen vereinfachten Vorausbestimmungen allerdings nach und nach bis zu beträchtlichen Bruchteilen eines Grades anwachsen, nach Ablauf einer längeren Zeit sogar zu einem noch größeren Betrage. Damit der Leser eine Vorstellung von der Größe eines solchen Fehlers erhält, wollen wir darauf hinweisen, daß wir z. B. ein gewöhnliches Fensterkreuz von 10 Zentimetern Breite in der Entfernung von rund 6 Metern unter einem Winkel von 1 Grad erblicken. Es würde dann also bei dieser genäherten Vorausberechnung vorkommen, daß wenn wir nach dieser Berechnung den Planeten an der einen Fensterkreuzkante erwarten, er in Wirklichkeit von dem Fensterkreuz verdeckt ist oder gar bereits in der Richtung der anderen Kante erscheint.

Wenn man jedoch die Anziehung aller anderen Planeten in Betracht zieht, so ist die Vorausberechnung so genau, daß die besten astronomischen Beobachtungen kaum eine nennenswerte Abweichung von der Vorausberechnung zeigen. Wenn wir an der Mauer eines entfernten Hauses eine Scheibe mit hundert Punkten anbringen würden, jeder scheinbar so weit von dem anderen entfernt wie der durchschnittliche Fehler dieser Vorausberechnung, so würde die ganze Punktfläche dem bloßen Auge doch nur wie ein einziger Punkt erscheinen. Die Geschichte der Neptuns-Entdeckung, über die in einem früheren Kapitel berichtet wurde, enthält den augenfälligsten Beweis für die Sicherheit dieser Vorausberechnungen.

Die Massenbestimmung der Planeten.

Im folgenden soll der Versuch gemacht werden, dem Leser eine ungefähre Vorstellung von dem Wege zu geben, auf dem der Theoretiker zu seinen so wunderbar mit der Beobachtung übereinstimmenden Resultaten gelangt.

In erster Linie muß man natürlich die Gewalt des Zuges kennen, den jeder Planet auf den anderen ausübt. Diese Anziehung richtet sich aber nicht nur nach dem Quadrat der Entfernung, sondern sie ist auch direkt abhängig von einer Größe, die der Physiker und Astronom als die Masse des anziehenden Planeten bezeichnet. Sie bedeutet so viel wie Quantität der Materie, und auf der Oberfläche der Erde hat sie fast dieselbe Bedeutung, wie das Wort Gewicht. Wenn also ein Astronom die Masse eines Planeten bestimmt, so können wir auch sagen, daß er sein Gewicht ermittelt. Er tut dies nach denselben Grundsätzen, nach denen man auf der Erde ein Stück Blei auf der Wage wiegt. Wenn man das Stück Blei emporhebt, so fühlt man einen Zug des Bleies nach der Erde zu. Sobald man es auf die Wagschale legt, geht der Zug von der Hand auf die Wagschale über, die nun je nach der Stärke dieses Zuges sich mehr oder weniger senkt. Was man nun durch das Auflegen von Gewichten auf die andere Wagschale bezweckt, ist nichts anderes als eine Bestimmung der Stärke der Anziehung der Erde auf das Stück Blei. Nach einem allgemeinen Naturgesetz von der Wirkung und Gegenwirkung zieht aber das Stück Blei die Erde in demselben Maße an wie die Erde es anzieht. Wir können also auch sagen, daß wir durch das Wiegen feststellen, wie stark das Stück Blei die Erde anzieht. Die Größe dieser Anziehung berechnen wir nach Kilogrammen und bezeichnen sie als Gewicht des Stückes Blei.

Nach demselben Prinzip bestimmt auch der Astronom das Gewicht eines Weltkörpers dadurch, daß er zn ermitteln sucht, wie stark seine Anziehung auf einen anderen Körper ist.

Bei der Anwendung dieses Prinzipes auf die Himmelskörper stößt man allerdings gleich zu Anfang auf eine Schwierigkeit. Man kann ja zu den Himmelskörpern nicht emporsteigen, um sie zu wiegen; wie kann man dann also ihre Anziehung messen? Wir müssen die Antwort auf diese Frage noch aufschieben, bis wir den Unterschied zwischen dem Gewicht und der Masse eines Körpers genau kennen gelernt haben. Wir sagten bereits, daß auf der Erde Gewicht und Masse nahezu gleichbedeutende Begriffe seien. Dies stimmt aber nur annähernd, denn während die Masse eines Körpers, also die Quantität seiner Materie, dieselbe bleibt, in welche Gegend der Erde wir auch hinkommen mögen, ist sein Gewicht nicht an allen Punkten der Erdoberfläche das gleiche. Ein Gegenstand, der in Italien 10 Kilogramm wiegt, würde in Grönland 20 Gramm mehr wiegen und am Äquator 20 Gramm weniger. Dieser Unterschied rührt daher, daß die Erde nicht völlig kugelförmig, sondern an den Polen etwas abgeplattet ist und hier die Gegenstände an ihrer Oberfläche stärker anzieht, als in den Äquatorgegenden. Wenn man, um bei dem obigen Beispiel zu bleiben, ein Stück Blei von 15 Kilogramm Gewicht nach dem Monde schaffen und dort wiegen könnte, so würde die Anziehung hier nur $2\frac{1}{2}$ Kilogramm betragen, weil der Mond entsprechend kleiner und leichter ist als die Erde. Trotzdem hätte man doch auch dort auf dem Monde genau die gleiche Quantität Blei, wie auf der Erde. Auf dem Planeten Mars würde das Bleistück natürlich wieder ein anderes Gewicht haben, und ein anderes auf der Sonne, wo es ungefähr 400 Kilogramm wiegen würde. Wegen dieser Abhängigkeit des Begriffes Gewicht von einem bestimmten Orte gebraucht man ihn in der Astronomie nicht, sondern spricht allein von der Masse eines Himmelskörpers, also von der Quantität seiner Materie, die von dem Orte ihrer Bestimmung gänzlich unabhängig ist.

Die Masse eines Himmelskörpers könnte natürlich auch ohne irgendwelche Ungenauigkeit nach ihrem Gewicht bestimmt werden, wenn man sich nur über den Ort geeinigt hat, auf den sich die Wägung beziehen soll.

Nach diesen Erläuterungen wollen wir zusehen, auf welche Weise die Masse eines Planeten, in erster Linie die Masse der Erde, berechnet werden kann. Das Gesetz, welches dabei zur Anwendung kommt, besagt, daß runde Körper von demselben spezifischen Gewicht einen Gegenstand auf ihrer Oberfläche mit einer Kraft anziehen, die dem Durchmesser des anziehenden Körpers proportional ist; ein Körper von 2 Meter Durchmesser übt also eine doppelt so starke Anziehung aus, wie ein solcher von 1 Meter Durchmesser; ein Körper von 3 Meter Durchmesser wirkt drei mal so stark usw. Unsere Erde hat ungefähr 13 Millionen Meter im Durchmesser; wenn wir nun ein kleines Modell der Erde von 1 Meter Durchmesser herstellen, und zwar aus einem Stoffe vom spezifischen Gewicht der Erde, so wird diese Kugel ein Massenteilchen mit dem 13-millionsten Teil der Attraktionskraft der Erde anziehen. Wir haben in dem Kapitel über die Erde gezeigt, wie man die Anziehungskraft einer solchen Kugel wirklich gemessen hat, und zwar mit dem Endresultat, daß die Totalmasse der Erde $5\frac{1}{2}$ mal so groß ist, wie diejenige einer gleichen Menge Wasser. Folglich wird durch diese Messung die Erdmasse eine für uns bekannte Größe.

Wenden wir uns nun zu den Planeten. Es ist bereits gesagt worden, daß die Masse eines Himmelskörpers aus seiner Anziehung auf einen anderen Himmelskörper abgeleitet wird. Diese Anziehung kann aber auf doppelte Weise ermittelt werden. In erster Linie geschieht dies durch Bestimmung seines Einflusses auf die Bahnen der ihm zunächst stehenden Planeten. Durch Messung der Abweichungen zwischen ihrer wirklichen Bahn und der Ellipse, die der Planet unter ausschließlicher Wirkung der Sonnenanziehung beschreiben würde, läßt sich der Betrag der Anziehung und daraus wieder die Masse des die Bahn beeinflussenden Planeten bestimmen. Der Leser wird leicht begreifen, daß die mathematischen Entwicklungen und Berechnungen, die notwendig sind, um hier zum Ziele zu gelangen, sehr kompliziert sind.

Eine wesentlich einfachere Methode kann bei den Planeten, die Trabanten haben, angewandt werden, weil die Anziehung des Planeten und somit auch seine Masse schon aus der Umlaufszeit und der mittleren Entfernung des Trabanten vom Hauptkörper bestimmt werden kann.

Ein Grundgesetz der Bewegung lehrt, daß ein in Bewegung befindlicher Körper, auf den keine Kraft einwirkt, sich in gerader Linie fortbewegt. Wenn wir daher einen Körper sich in einer gekrümmten Bahn bewegen sehen, so beweist dies, daß eine Kraft auf ihn in der Richtung einwirkt, nach welcher die Bahn gekrümmt ist. Ein wohlbekanntes Beispiel hierfür haben wir in der Wurfbahn eines Steines. Würde der Stein nicht von der Erde angezogen, so würde er ewig in der Wurfrichtung weiter fliegen und sich schließlich ganz von der Erde entfernen. Durch die Anziehung der Erde wird er jedoch während seines Fluges immer mehr heruntergezogen, bis er schließlich den Boden erreicht. Je kräftiger der Stein geworfen wird, desto weiter fliegt er, und desto schwächer ist seine Bahn gekrümmt. Bei einer abgeschossenen Kanonenkugel ist der erste Teil ihrer Flugbahn sogar fast geradlinig. Wäre es möglich, eine Kanonenkugel von dem Gipfel eines hohen Berges in horizontaler Richtung mit der Geschwindigkeit von 8 Kilometern in der Sekunde abzufeuern, und böte die Luft keinen Widerstand, so würde die Krümmung ihrer Bahn genau die gleiche sein, wie die der Erdoberfläche. Die Kanonenkugel würde infolgedessen die Erde nie erreichen, sondern als ein kleiner Trabant in eigener Bahn um sie kreisen. Der Astronom wäre dann imstande, aus der Bahngeschwindigkeit der Kugel die Anziehung der Erde zu berechnen. Der Mond ist ein solcher Trabant, und ein Beobachter auf dem Mars könnte aus der Bewegung unseres Mondes die Anziehung und die Masse der Erde eben so gut bestimmen, wie wir sie durch direkte Beobachtung der Flugbahn eines geschleuderten Steines ermitteln können.

Ebenso gut können natürlich auch die Astronomen auf der Erde bei Planeten wie Mars und Jupiter, die von Trabanten umkreist werden, die Anziehung des betreffenden Planeten auf seine Trabanten durch Messungen genau feststellen und daraus seine Masse ableiten. Soweit man sich mit Näherungswerten der Masse begnügt, kann die Berechnung sogar nach einem sehr einfachen Prinzip erfolgen. Dividiert man nämlich den Kubus der mittleren Entfernung des Trabanten vom Hauptkörper durch das Quadrat der Umlaufszeit, so ergibt der Quotient bereits eine Zahl, die der Masse des betreffenden Planeten proportional ist. Dieses Gesetz ist eben so gut auf die Bewegung des Mondes um die Erde, wie auf die Bewegung der Planeten um die Sonne anwendbar. Wenn wir z. B. von der Entfernung der Erde von der Sonne, also in Kilometern rund 150 Millionen, den Kubus bilden und diese Zahl durch das Quadrat von 365,25, der Anzahl der Tage eines Jahres, dividieren, so erhalten wir einen bestimmten Quotienten. Wir wollen diese Zahl den Massenfaktor der Sonne nennen. Andererseits dividieren wir den Kubus der Entfernung des Mondes von der Erde durch das Quadrat der Zeit seines Umlaufs und erhalten so wieder einen Quotienten, den wir als den Massenfaktor der Erde bezeichnen wollen. Es stellt sich dann heraus, daß der Massenfaktor der Sonne rund 333000 mal so groß ist, wie der Massenfaktor der Erde. Daraus folgt, daß die Sonnenmasse eben so viel mal größer ist, als diejenige der Erde, daß also 333000 Erdkörper dazu nötig wären, um einen Körper von dem Betrage der Sonnenmasse zu bilden.

Diese Berechnungen sind hier angeführt, um das Prinzip zu erklären; der Leser darf jedoch nicht glauben, daß der Astronom zur Massenbestimmung der Planeten nur diese elementare Rechnung auszuführen hat, um ein brauchbares Resultat zu erhalten. Die obigen Berechnungen setzen ja in erster Linie voraus, daß die Bewegung des Planeten nur von der Sonne und diejenige eines Mondes nur von dem betreffenden Planeten beeinflußt wird. Beim Erdmond beispielsweise wissen wir bereits, daß seine Bewegung und seine Entfernung von der Erde infolge der Sonnenanziehung wechselnden Veränderungen unterworfen ist; hier geht der Astronom gegenwärtig so vor, daß er die Anziehungskraft der Erde aus der verschiedenen Länge eines genaue Sekunden angebenden Pendels an verschiedenen Orten der Erde zu ermitteln versucht. Hieraus ist er imstande, durch eine Reihe komplizierter mathematischer

Berechnungen mit großer Genauigkeit festzustellen, wie groß die Dauer des Umlaufs eines Satelliten bei einer gegebenen Entfernung von der Erde sein würde. Aus diesen Zahlen erst ergibt sich der Massenfaktor der Erde.

Bei den Monden der anderen Planeten liegen glücklicherweise die Verhältnisse so, daß die Sonne ihre Bewegung in geringerem Maße beeinflußt, als es beim Erdmond der Fall ist. Der Vollständigkeit halber wollen wir unsere obige Massenberechnung noch auf die oberen Planeten anwenden. Aus der Entfernung und Umlaufszeit des äußeren Marsmondes findet man auf diese Weise die Marsmasse gleich $^1/_{3098500}$ der Sonnenmasse, und auf gleichem Wege ist die Masse des Jupiter zu ungefähr $^1/_{1047}$, diejenige des Saturn zu $^1/_{3500}$ der Sonnenmasse abgeleitet worden. Bei Uranus ist eine Masse von $^1/_{22700}$, bei Neptun eine solche von $^1/_{19800}$ festgestellt.

Wie gesagt, sind in diesem Kapitel die Wege, die zur Massenbestimmung der Planeten führen, nur in ganz allgemeinen Zügen dargestellt. Die Bestimmung der Entfernung eines Trabanten ist keine Arbeit, die sich an einem Abend bewerkstelligen läßt; sie verlangt sorgfältige Messungen, die Monate und Jahre in Anspruch nehmen können, und auch dann ist vielleicht das Resultat noch nicht so genau, wie der Astronom es wünscht und für weitere Rechnungen nötig hat. Schließlich muß er sich aber doch mit einem bestimmten Resultate zufrieden geben, bis es ihm gelingt, durch Verbesserung der Beobachtungs- und Rechenmethoden auch den Endergebnissen seiner Arbeit eine größere Vollkommenheit zu erteilen. So einfach der Wortlaut des Newtonschen Gravitationsgesetzes auch ist, seine weiteren Folgerungen ergeben sich erst aus umständlichen mathematischen Entwicklungen und Berechnungen, deren Ableitung und praktische Anwendung zwei Jahrhunderte angestrengter wissenschaftlicher Arbeit erfordert hat. Dabei haben diese Untersuchungen noch bei weitem nicht den erwünschten Grad der Vollkommenheit erreicht.

Fünfter Teil.

KOMETEN UND METEORE.

1. Die Kometen.

Die Schweifsterne oder Kometen unterscheiden sich von den bisher betrachteten Himmelskörpern durch ihre eigentümliche Erscheinung, ihre exzentrischen Bahnen und die Seltenheit ihres Auftretens. Die Frage nach ihrer Zusammensetzung ist noch in Dunkel gehüllt, wodurch sie aber nichts von dem durch sie dargebotenen Interesse einbüßen.

Wenn wir einen helleren Kometen sorgfältig untersuchen, so finden wir an seiner äußeren Erscheinung drei Teile, die indessen nicht deutlich getrennt sind, sondern ineinander übergehen. Was besonders dem bloßen Auge auffällt, ist eine sternartige Verdichtung von größerem oder geringerem Glanz, der sog. Kern des Kometen. Diesen Kern umgibt eine wolkige oder neblige Masse, die nach dem Rande zu allmählich abnimmt, so daß ihre äußere Grenze nicht genau bestimmbar ist. Es ist dies die Koma oder Nebelhülle des Kometen. Der Kern und die Nebelhülle werden zusammen auch als Kopf des Kometen bezeichnet. Der Kopf eines Kometen sieht also wie ein Stern aus, der durch einen runden Nebelfleck hindurchschimmert. An den Kopf setzt sich in der Regel der Schweif an, der eine fast unbegrenzte Länge haben kann. Bei kleinen Kometen ist er meistens nur kurz, während er sich bei größeren über einen beträchtlichen Teil des Himmelsgewölbes erstreckt. In der Nähe des Kopfes des Kometen ist er schmal und hell, wird aber breiter und schwächer, je mehr er sich von ihm entfernt. Sein Ende verliert sich so allmählich auf dem Himmelshintergrund, daß es für das Auge unmöglich ist, hier seine Grenzen anzugeben.

Die Kometen haben einen sehr verschiedenen Glanz. Während die größeren eine herrliche, weithin auffallende Erscheinung am Himmel darbieten, bleibt die große Mehrzahl für das bloße Auge gänzlich unsichtbar. Solche Schweifsterne werden teleskopische Kometen genannt. Es läßt sich jedoch kein bestimmter Unterschied zwischen den teleskopischen und den helleren Kometen aufstellen, da von den schwächsten bis zu den hellsten alle Stufen des Glanzes angetroffen werden. Zuweilen hat ein teleskopischer Komet keinen sichtbaren Schweif; dies ist meist dann der Fall, wenn der Komet sehr schwach ist. Manchmal fehlt auch der Kern gänzlich, und der Komet erscheint uns dann als eine kleine neblige Masse, die vielleicht nur in der Mitte eine geringe Verdichtung zeigt.

Würde man nur nach den geschichtlichen Aufzeichnungen urteilen, so hätte man ungefähr 20—30 helle, mit bloßem Auge sichtbare Kometen im Laufe eines Jahrhunderts zu erwarten. Seitdem man aber begann, mit dem Fernrohr den Himmel zu durchmustern, stellte sich heraus, daß die Kometen viel zahlreicher sind, als man früher angenommen hatte.

Gegenwärtig werden jedes Jahr von fleißigen Beobachtern durchschnittlich 5—10 Kometen aufgefunden. Zweifellos hängt die in einem Jahre erreichte Zahl der Entdeckungen in erster Linie vom Zufall ab, aber auch die Geschicklichkeit der Beobachter und die für die Suche verwendete Zeit und Mühe sind dabei von Einfluß. Es kommt auch zuweilen vor, daß derselbe Komet von verschiedenen Beobachtern unabhängig gefunden wird. Die Ehre der Entdeckung fällt dann demjenigen zu, der die Stellung des Kometen zuerst genau bestimmt und die Entdeckung einer Sternwarte oder der Astronomischen Zentralstelle in Kiel mitteilt.

Die Bahnen der Kometen.

Bereits kurze Zeit nach der Erfindung des Fernrohres hatte man erkannt, daß die Kometen den Planeten insofern gleichen, als sie sich wie diese um die Sonne bewegen. Newton hat nachgewiesen, daß ihre Bewegungen durch die Anziehung der Sonne in derselben Weise hervorgerufen und geregelt werden, wie die Bewegungen der Planeten. Der wesentliche Unterschied liegt nur darin, daß die Kometenbahnen nicht nahezu kreisförmig sind, wie die Bahnen der Planeten, sondern

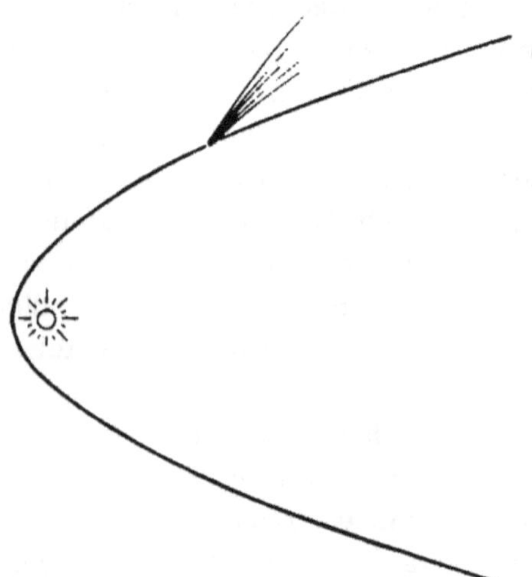
Fig. 48. Parabolische Bahn eines Kometen.

langgezogene Kurven darstellen, so daß in den meisten Fällen nicht bestimmt werden kann, wo ihr Aphel oder das sonnenferne Ende liegt. Da vielleicht manchem Leser genauere Angaben über die Kometenbahnen, sowie über die Gesetze, denen sie gehorchen, erwünscht sind, sollen dem Gegenstande hier noch einige Zeilen gewidmet werden.

Es ist bereits von Newton nachgewiesen worden, daß ein Körper, der sich unter dem Einfluß der Sonne bewegt, stets einen Kegelschnitt beschreiben muß. Dieser Kegelschnitt kann eine Ellipse, eine Parabel oder eine Hyperbel sein. Die Ellipse ist, wie wir alle wissen, eine geschlossene, in sich zurücklaufende Kurve. Anders liegen die Verhältnisse bei der Parabel und der Hyperbel. Beide erstrecken sich in zwei auseinander laufenden Zweigen in die Unendlichkeit hinaus. Bei der Parabel nehmen diese Zweige im weiteren Verlauf der Kurve eine fast parallele Richtung an, während sie bei der Hyperbel immer weiter auseinander gehen.

Wir wollen diese Haupteigenschaften der drei Kegelschnitte im Gedächtnis behalten und uns nunmehr vorstellen, daß die Erde uns an irgend einem Punkte ihrer Bahn im Raume zurückläßt und ihren Lauf weiter verfolgt, um uns erst bei ihrer Rückkehr nach Ablauf eines Jahres wieder mitzunehmen. Weiter wollen wir annehmen, daß wir uns die Zwischenzeit dadurch vertreiben, daß wir Kugeln abschießen und beobachten, was für eine Bahn diese kleinen Planeten um die Sonne beschreiben. Wir würden dabei finden, daß alle Kugeln, die mit geringerer Geschwindigkeit als $29\,^3/_4$ Kilometer in der Sekunde, d. h. mit der Erdgeschwindigkeit, das Rohr verlassen, sich um die Sonne in elliptischen Bahnen bewegen, die enger als die Erdbahn sind, einerlei, nach welcher Richtung wir die Kugeln abschießen. Dabei würde man das einfache Gesetz bestätigt finden, daß die Bahnen bei derselben Anfangsgeschwindigkeit auch dieselbe Umlaufsperiode haben würden. Alle Kugeln, die wir gerade mit der Erdgeschwindigkeit abschießen, vollenden ihren Umlauf in einem Jahre und kommen daher an dem Punkt, von dem sie abgeschossen worden sind, nach dieser Zeit wieder an. Überschreitet die Anfangsgeschwindigkeit $29\,^3/_4$ Kilometer in der Sekunde, so wird die Flugbahn eine Ellipse sein, die weiter als die Erdbahn ist; auch die Periode des Umlaufs wird desto länger sein, je größere Anfangsgeschwindigkeit wir der Kugel verleihen. Bei einer Geschwindigkeit, die 42 Kilometer in der Sekunde überschreitet, würde die Anziehung der Sonne nicht mehr imstande sein, die Kugel in unserem Planetensystem festzuhalten; sie würde in einem Hyperbelzweige auf und davonfliegen, einerlei, nach welcher Richtung wir sie abschießen. Bei genau 42 Kilometer Anfangsgeschwindigkeit würde sich aber die Kugel längs einer Parabel, der Übergangskurve zwischen Ellipse und Hyperbel, aus dem Sonnensystem entfernen.

Es gibt also in einer bestimmten Entfernung von der Sonne auch eine bestimmte Geschwindigkeitsgrenze, bei deren Überschreitung ein dahinfliegender Körper, folglich auch ein Komet, von der Sonne forteilt, um nie wieder zurückzukehren, während er bei einer geringeren Geschwindigkeit sicher früher oder später an dieselbe Stelle des Sonnensystems zurückkommt.

Je näher wir der Sonne stehen, um so größer ist der Betrag dieser Grenzgeschwindigkeit. Sie nimmt ab im umgekehrten Verhältnis der Quadratwurzel aus der Entfernung von der Sonne; bei einem vierfachen Abstande von der Sonne ist sie z. B. nur halb so groß. Die Aufgabe, aus der Entfernung die erwähnte Grenzgeschwindigkeit für das Zustandekommen einer geschlossenen Bahn zu finden, ist somit sehr einfach. Man braucht nur zu berechnen, mit welcher Geschwindigkeit in der betreffenden Entfernung von der Sonne ein Körper in kreisförmiger Bahn sich um dieselbe bewegen würde und diese Geschwindigkeit mit der Quadratwurzel aus 2 oder mit 1,414 zu multiplizieren.

Daraus folgt, daß, wenn der Astronom imstande ist, die Geschwindigkeit abzuleiten, mit der ein Komet einen bestimmten Punkt seiner Bahn passiert, er auch ermitteln kann, ob diese Bahn eine Hyperbel, Parabel oder Ellipse ist, und wie groß die Umlaufszeit ist. Sorgfältige Vergleichungen der Beobachtungen des Kometen während der ganzen Sichtbarkeitsdauer liefern das Mittel hierzu und lassen feststellen, welchem der drei Kegelschnitte sich die Bahn am besten anpaßt.

Es ist merkwürdig, daß bis jetzt noch nie ein Komet erschienen ist, dessen Geschwindigkeit jenen parabolischen Grenzwert wesentlich überschritten hat. Wohl haben die Beobachtungen bereits in vielen Fällen eine geringe Überschreitung der betreffenden Grenzgeschwindigkeit ergeben, die Abweichung war aber stets gering, so daß der hyperbolische Charakter dieser Bahnen noch nicht mit aller Strenge nachgewiesen ist. Gewöhnlich liegt die Geschwindigkeit eines Kometen dem Grenzwerte so nahe, daß eine Parabel die Beobachtungen noch am besten darstellt. Bei solchen Bahnen haben wir es mit Kometen zu tun, die sich nach dem Überschreiten ihrer Sonnennähe entweder wirklich in einer Parabel wieder aus dem Planetensystem weit entfernen, oder sich in sehr langgestreckten

Ellipsen bewegen und nicht vor Tausenden, ja nicht vor Zehntausenden von Jahren wiederkehren. Es gibt jedoch auch Kometen, die eine beträchtlich geringere Geschwindigkeit haben. Diese Kometen vollenden ihren Umlauf um die Sonne in kürzeren Zeiträumen und werden periodische Kometen genannt.

Der Verlauf der Bewegung stellt sich bei den meisten Kometen somit folgendermaßen dar: Sie erwecken zunächst den Eindruck, als ob sie aus irgend einer unbekannten Ferne auf die Sonne zu eilten. Streng genommen müßten sie dann auch direkt in die Sonne hineinfliegen, doch ist dies noch nie beobachtet worden, und ist auch aus Gründen, auf die wir noch zurückkommen werden, niemals zu erwarten. Bei der Annäherung an die Sonne erlangt der Komet dann eine stetig wachsende Geschwindigkeit, er beschreibt um den Zentralkörper einen großen Bogen und fliegt dann, von der Zentrifugalkraft getrieben, fast in derselben Richtung, aus der er gekommen, wieder in die Tiefen des Weltraums fort.

Wegen ihrer geringen Helligkeit sind die Kometen selbst in starken Fernrohren nur in dem Teile ihrer Bahn sichtbar, in dem sie verhältnismäßig nahe bei der Sonne stehen. Die Beobachtungen erstrecken sich meist nur über einen kleinen Teil ihrer Bahn, und daher ist es vielfach sehr schwierig, die genaue Bahn und die Umlaufszeit eines erst einmal erschienenen Kometen zu bestimmen.

Der Halleysche Komet.

Der erste Komet, bei dem man eine regelmäßige Umlaufsperiode erkannte, ist ein Komet, der in der Geschichte der Astronomie mit dem Namen Halleys eng verknüpft ist. Er erschien im August 1682, wurde nicht ganz einen Monat beobachtet und verschwand dann wieder. Aus den von diesem Kometen erhaltenen Beobachtungen berechnete Halley seine Bahn und fand weiterhin, daß sie bezüglich ihrer Form und Lage einem hellen Kometen entsprach, den Kepler um 1607 beobachtet hatte.

Es war nun zunächst kaum anzunehmen, daß zwei Kometen in genau derselben Bahn sich bewegten. Halley vermutete daher, daß die wirkliche Bahn des Kometen eine Ellipse mit etwa 75-jähriger Umlaufszeit sei. War dies wirklich der Fall, so mußte man ihn auch schon früher in Zwischenzeiten von je 75 Jahren beobachtet haben. Er rechnete diese Periode zurück und suchte nach den entsprechenden Angaben in den Geschichtsquellen. Wenn man 75 von 1607 abzieht, so erhält man 1532. Halley fand nun, daß um 1531 wirklich ein Komet erschienen war, der sich in derselben Bahn bewegte. Weitere 75 Jahre zurück, 1456, ließ sich gleichfalls die Erscheinung des Kometen feststellen der damals sogar in der Christenheit ein solches Entsetzen verbreitete, daß Papst Calixtus III Gebete anordnete, um den Schutz des Himmels gegen den Kometen und gegen die Türken, die damals Europa bedrohten, zu erflehen. Noch frühere wahrscheinliche Erscheinungen des Kometen waren in der Geschichte wohl angedeutet, doch war Halley nicht mehr imstande, die Identität jener Kometen mit dem seinigen sicher festzustellen, da über diese älteren Erscheinungen keine genaueren Beobachtungen oder Mitteilungen vorlagen. Die vier gut beobachteten Periheldurchgänge der Jahre 1456, 1531, 1607, 1682 lieferten jedoch bereits reichlichen Anhalt für die Voraussage, daß der

Komet im Jahre 1758 wieder in die Sonnennähe zurückkehren würde. Clairaut, einer der bedeutendsten französischen Mathematiker jener Zeit, war sogar bereits imstande, den Einfluß der Bewegung des Jupiter und des Saturn auf die Umlaufszeit des Kometen im Voraus zu berechnen. Er fand, daß die Bewegung dieser beiden Planeten die Rückkehr des Kometen so aufhalten würde, daß er sein Perihel nicht vor dem Frühjahr 1759 erreichen könne. Der Komet erschien wirklich erst Ende 1758 wieder und passierte sein Perihel am 12. März 1759.

Die nächste vorausbestimmte Rückkehr des Halleyschen Kometen fand 1835 statt. Diesmal hatten mehrere Mathematiker bezüglich der Einwirkung der Planeten auf seine Umlaufszeit Berechnungen angestellt, die so genau waren, daß zwei Resultate die Zeit des Periheldurchganges des Kometen bis auf wenige Tage darstellten. So gab Rosenberger hierfür den 12., Pontécoulant den 13. November an, während in Wirklichkeit der Komet am 16. November 1835 die Sonnennähe passierte. Nachdem er mehrere Monate beobachtet worden war, verschwand er und ist noch nicht wieder erschienen. Aber man kennt seine Bahnverhältnisse bereits so gut, daß man trotz seiner gegenwärtigen Unsichtbarkeit seine jeweilige Stellung berechnen und den Ort am Himmel, angeben kann, wo er stehen muß. Seine nächste Wiederkehr rückt immer näher heran, das genaue Datum seiner Sonnennähe ist jedoch noch nicht berechnet. Sie wird wahrscheinlich im Frühjahr 1910 eintreten.

Verschwundene Kometen.

Eine interessante Kometenentdeckung gelang dem französischen Astronomen Messier im Juni 1770. Das neu aufgefundene Objekt war anfangs teleskopisch, wurde aber bald für das bloße Auge sichtbar. Als seine Bahn von Lexell, nach dem er heute allgemein bezeichnet wird, berechnet wurde, stellte sie sich zur Überraschung der Astronomen als eine Ellipse mit der kurzen Periode von 6 Jahren heraus. Seine nächste Rückkehr wurde daher mit Bestimmtheit vorausgesagt, doch der Komet erschien nicht wieder. Der Grund seines Ausbleibens wurde allerdings bald gefunden. Als er 6 Jahre nach seiner Entdeckung wieder in die Nähe der Sonne kam, stand er gerade auf der entgegengesetzten Seite der Erdbahn und konnte daher nicht beobachtet werden. Aber auch die nächste Wiederkehr blieb aus. Bei seiner weiteren Bewegung geriet er nämlich, wie man durch Rechnung nachweisen konnte, in die unmittelbare Nähe des Jupiter, und dieser Planet änderte durch seine mächtige Anziehung die Bahn des Kometen derartig, daß an eine Wiederkehr des Kometen in den Bereich der Sichtbarkeit überhaupt nicht mehr zu denken war. Man fand auch eine Erklärung dafür, warum der Komet nicht schon früher gesehen worden war. Es ließ sich feststellen, daß er drei Jahre vor seiner Entdeckung schon einmal in die Nähe des Jupiter gekommen war, und daß man sein erstmaliges Erscheinen im Jahre 1770 bereits einer ähnlichen Bahnänderung zu verdanken hatte. Der Riesenplanet unseres Systems hatte also um 1767 den Kometen gewissermaßen in die unmittelbare Nähe der Sonne geschleudert und ihn nach zwei Umläufen um 1779 wieder gezwungen, irgend einen anderen Weg, den Niemand angeben kann, einzuschlagen. Seitdem sind über 40 periodische Kometen aufgefunden worden, von denen etwa die Hälfte bei zwei oder mehr Periheldurchgängen beobachtet worden ist.

Aus der Verfolgung dieser periodischen Kometen hat sich die merkwürdige Tatsache ergeben, daß die Kometen nicht wie die Planeten beständige, unveränderliche Körper sind, sondern im allgemeinen der Auflösung und dem Untergange unterliegen, wie lebende Wesen. Den merkwürdigsten Fall einer solchen völligen Auflösung stellt der Bielasche Komet dar. Er wurde zuerst im Jahre 1772 beobachtet, sein periodischer Charakter wurde aber damals noch nicht erkannt. Ende 1805 erschien er wieder, aber auch jetzt erkannten die Astronomen nicht die Identität der Bahn mit derjenigen von 1772. Im Jahre 1826 erschien er zum dritten Male, und erst jetzt fand der Entdecker Biela, daß die Bahn mit den anderen von 1805 und 1772 fast identisch war. Die Zeit seines Umlaufes wurde zu 6 Jahren ermittelt; 1832 und 1839 sollte er demnach wiederkehren. Aber um die betreffende Zeit befand sich die Erde nicht in einer Stellung, die seine Auffindung gestattet hätte. Erst gegen Ende des Jahres 1845 wurde er wieder aufgefunden und im November und Dezember dieses Jahres beobachtet. Als er sich Ende Dezember der Erde und Sonne näherte, fand man, daß er sich in zwei deutlich getrennte Kometen geteilt hatte. Zuerst war der kleinere der beiden Teile recht schwach, nahm jedoch an Helligkeit zu und wurde schließlich ebenso hell, wie der Hauptkomet. Die nächste Wiederkehr des Bielaschen

Kometen fand im Jahre 1852 statt. Die beiden Teilkometen standen da bereits weit auseinander, viel weiter als 6 Jahre zuvor. Während 1846 ihre Entfernung ungefähr 300 000 km betrug, erreichte sie im Jahre 1852 bereits mehr als $2^1/_2$ Millionen Kilometer. Die letzten Beobachtungen dieses interessanten Objekts wurden im September 1852 angestellt. Obgleich seit dieser Zeit der Komet 8 Umläufe hätte vollenden müssen, wurde er nicht wieder gesehen. Nach seinen früheren Erscheinungen konnte dabei stets seine Stellung mit ziemlicher Genauigkeit im voraus angegeben werden, und so ist der Schluß berechtigt, daß er sich wahrscheinlich völlig aufgelöst hat. In einem der nächsten Kapitel werden wir etwas näheres über die Materie, aus der er zusammengesetzt war, erfahren.

Zwei oder drei andere Kometen sind in ähnlicher Weise wie der Bielasche Komet verschwunden. Sie waren bei ihrer jedesmaligen Wiederkehr immer schwächer und immer schwieriger zu beobachten, bis sie schließlich ganz verschwanden.

Der Enckesche Komet.

Von den periodischen Kometen ist derjenige, der am häufigsten und regelmäßigsten beobachtet worden ist, mit dem Namen von Encke, der zuerst seine Bewegung genau bestimmte, bezeichnet. Seine erste nachweisbare Erscheinung fand 1786 statt, aber wie es damals oft der Fall war, konnte seine Bahn wegen einer zu geringen Anzahl von Beobachtungen zuerst nicht bestimmt werden. Er wurde dann im Jahre 1795 von Karoline Herschel wieder entdeckt und erschien auch 1805 und 1818 wieder. Seine genaue Bahn wurde erst nach dieser letzten Erscheinung bestimmt, wobei sich sein periodischer Charakter und seine Identität mit den Kometen von 1786, 1796, 1805 und 1819 ergab.

Encke ermittelte jetzt die Periode zu 3 Jahren und 110 Tagen, doch wechselt die Umlaufszeit ein wenig, je nach der Wirkung der Planeten-, besonders der Jupiterattraktion. Fast bei jeder Rückkehr, zuletzt im Jahre 1905, ist der Komet beobachtet worden.

Eine gewisse Berühmtheit erlangte dieser Komet noch durch eine Hypothese Enckes, der erkannte, daß seine Bahn fortgesetzt kleiner wurde, und dies dadurch erklärte, daß der Komet wahrscheinlich durch irgend ein die Sonne umgebendes, widerstehendes Mittel aufgehalten werde. Eine ganze Anzahl hervorragender Mathematiker hat sich mit dieser Frage bei der mehrfachen Wiederkehr dieses und anderer Kometen beschäftigt. Manchmal schien sich Enckes Ansicht zu bestätigen, dann wieder nicht. Die Angelegenheit muß somit noch als unentschieden gelten. Die hierbei in Frage kommenden Berechnungen sind auch so verwickelt und so schwierig, und das ganze Problem der Bewegung des Kometen unter dem Einfluß der Planetenanziehung ist so kompliziert, daß es fast unmöglich ist, hier eine absolut richtige und einwandfreie Entscheidung zu treffen.

Die Kometenfamilie des Jupiter.

Ein merkwürdiger Fall, bei dem ein neuer Komet dauerndes Mitglied unseres Sonnensystems wurde, ereignete sich zwischen 1886 und 1889. In dem letzteren Jahre wurde von Brooks in Geneva (Nordamerika) ein Komet entdeckt, bei dem eine Umlaufsperiode von nur 7 Jahren festgestellt wurde. Da er ziemlich hell war, so tauchte die Frage auf, warum man ihn nicht schon früher beobachtet hatte. Da ergab die Untersuchung, daß der Komet im Jahre 1886 ganz nahe bei Jupiter vorübergegangen war, und daß die Anziehung dieses Planeten, wie seinerzeit bei dem Lexellschen Kometen von 1770, seinen Lauf dermaßen verändert hatte, daß er nun eine vollkommen andere Bahn beschrieb, wie zuvor. Weiterhin zeigte es sich, daß noch verschiedene andere Kometen der Jupiterbahn so nahe kommen, daß kaum ein Zweifel darüber besteht, daß auch sie durch diesen gewaltigen Planeten im Bereiche des Sonnensystems festgehalten worden sind.

Man könnte nun fragen, ob dies nicht vielleicht überhaupt bei allen periodischen Kometen zutrifft. Diese Frage muß jedoch verneint werden, da z. B. der Halleysche Komet nie einem Planeten nahe kommt, und auch der Enckesche Komet an keinem Punkte seiner Bahn sich Jupiter soweit nähern kann, daß dieser Planet die jetzige Bahn des Kometen hätte hervorrufen können. So viel wir wissen, haben diese Kometen schon von jeher zu unserem Sonnensystem gehört und sind nicht durch den Einfluß des Jupiter in demselben festgehalten worden.

Woher kommen die Kometen?

Bis vor kurzem nahm man noch an, daß die Kometen aus dem weiten Universum kommende, in das Sonnensystem hineingeratene Körper seien. Diese Ansicht wird aber wohl schon durch die Tatsache widerlegt, daß bis jetzt noch kein Komet mit einer Geschwindigkeit gefunden worden ist, die bestimmt die Grenzgeschwindigkeit für das Zustandekommen einer geschlossenen Bahn übertroffen hätte. Die Kometen kommen also wohl aus weiter Ferne, aus Regionen, die weit außerhalb des Sonnensystems liegen, die aber doch bei weitem nicht so weit von uns entfernt sind, als die Fixsterne. Wir werden später sehen, daß auch die Sonne mit allen Planeten sich im Raume vorwärts bewegt. Selbst wenn wir also zugeben, daß die Kometen aus dem Universum weit außerhalb des Sonnensystems kommen, so beweist doch die Tatsache, daß diese Weltkörper an der Bewegung der Sonne und des Sonnensystems schon teilnehmen, während sie noch weit außerhalb desselben stehen, ihre Zugehörigkeit zu diesem System.

Es herrscht heutzutage die Ansicht vor, daß die Kometen regelmäßige elliptische Bahnen um die Sonne beschreiben, die sich von den Planetenbahnen nur durch ihre große Exzentrizität unterscheiden. Ihre Umlaufszeiten betragen infolgedessen im allgemeinen Tausende, Zehntausende, ja selbst Hunderttausende von Jahren. Während dieser langen Zwischenzeit entfernen sie sich weit über die Grenzen des Sonnensystems hinaus. Wenn sie bei ihrer Rückkehr zur Sonne sehr nahe an einem Planeten vorbeikommen, so kann dieser die Bewegung des Kometen in zweierlei Weise beeinflussen: Entweder er erteilt der Bewegung des Kometen eine Beschleunigung und schleudert ihn in eine noch größere Entfernung von der Sonne als zuvor, möglicherweise sogar in eine Entfernung, aus der er nie wiederkehren kann, oder die Geschwindigkeit des Kometen erleidet eine Verzögerung, wodurch er gezwungen wird, fortan eine engere Bahn um die Sonne zu beschreiben. Daher kommt es wohl auch, daß wir Kometen mit so gänzlich verschiedenen Bahnen haben.

Wenn die Kometen wirklich aus dem Raum zwischen den Fixsternen kämen, so ließe sich eigentlich kein Grund dafür angeben, warum nicht ihr Lauf direkt gegen die Sonne gerichtet ist und sie hier nicht ihr Ende finden. Bei einem Weltkörper, der zu unserm System gehört, ist jedoch ein solches Hineinfallen in die Sonne kaum möglich. Ein solcher Vorgang mag sich früher, vor langen Zeiten, bei Kometen, deren Bahnen direkt auf die Sonne zu gerichtet waren, einmal abgespielt haben, aber diesen von der Sonne aufgenommenen Kometen ist natürlich die Möglichkeit einer nochmaligen Wiederkehr genommen.

Helle Kometen der letzten Jahrzehnte.

Die sehr hellen Kometen, die von Zeit zu Zeit erscheinen, erwecken auch bei Laien das größte Interesse. Das Erscheinen eines hellen Schweifsternes ist jedoch, soweit unsere heutigen Kenntnisse reichen, eine reine Zufallssache.

Von den sogenannten großen Kometen sind im 19. Jahrhundert fünf oder sechs erschienen. Der interessanteste und glänzendste von allen war der Komet von 1858, der den Namen seines Entdeckers, des Florentiner Astronomen Donati, trägt. Die Geschichte seiner Erscheinung mag uns die Veränderungen veranschaulichen, die ein solcher Komet in der Regel mit der Zeit erfährt. Er wurde zum ersten Male am 2. Juni 1858 gesehen, war aber damals nur im Fernrohr als eine schwache Nebelmasse, einer winzigen weißen Wolke gleich, am Himmel zu sehen. Kein Schweif war an ihm zu erkennen, noch bot seine Erscheinung sonst irgend etwas, das darauf hingedeut hätte, wie sich dieser kleine Nebel bis Mitte Augu entwickeln würde. Alsdann begann sich ein schwacher Schweif zu bilden, und Anfang September wurde das Objekt bereits für das bloße Auge sichtbar. Von dieser

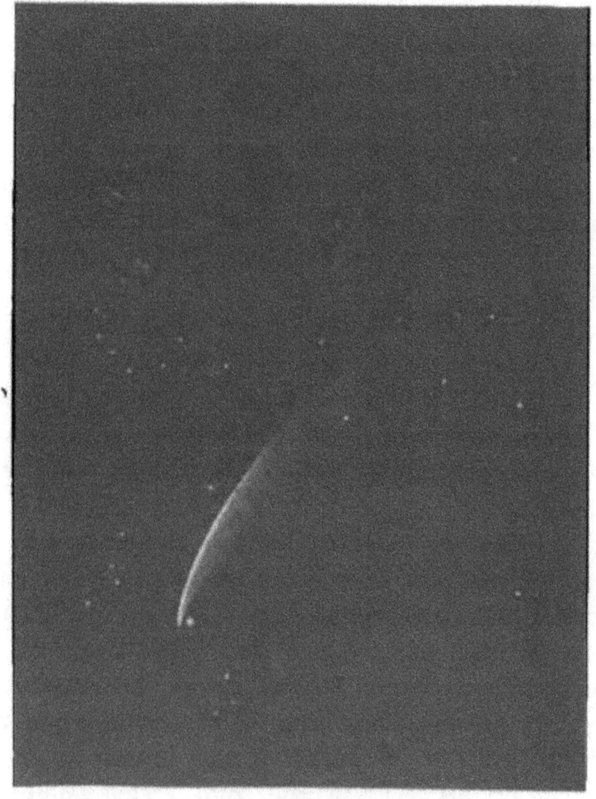

Fig. 49. Komet Donati vom Jahre 1858.

Zeit an wuchs der Komet mit außerordentlicher Geschwindigkeit und erschien Abend für Abend größer und heller. Während eines ganzen Monats schien er sich dabei nur wenig zu bewegen, und täglich konnte man ihn so am westlichen Himmel schweben sehen. Um den 10. Oktober 1859 war er am glänzendsten Sorgfältige Zeichnungen des Kometen hat damals besonders Bond an der Harvard-Sternwarte angefertigt; in Fig. 49 ist eine dieser Zeichnungen reproduziert. Nach

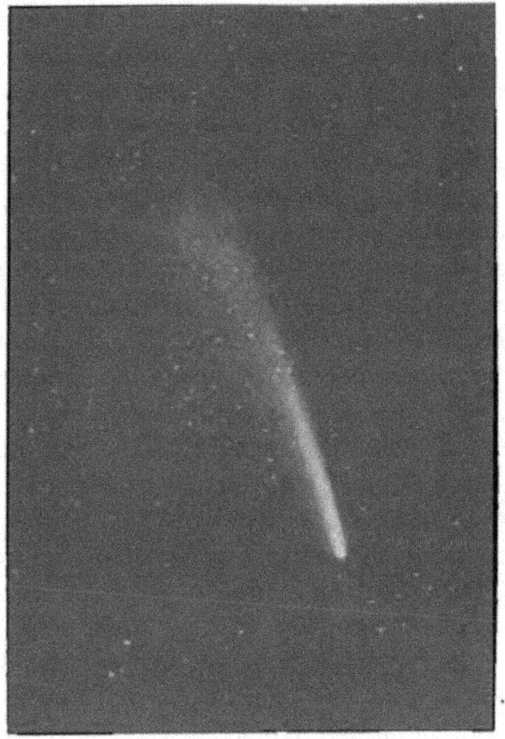

Fig. 50. Großer Komet vom Jahre 1882.

dem 10. Oktober nahm seine Helligkeit rasch ab. Dabei bewegte er sich nach Süden und verschwand schließlich ganz für die Bewohner der nördlichen Halbkugel; in südlicheren Gegenden konnte er noch bis zum März 1859 verfolgt werden.

Noch ehe der Komet gänzlich verschwand, b gannen verschiedene Astronomen seine Bahn genau zu berechnen. Sie erwies sich nicht als genaue Parab sondern als eine sehr langgestreckte Ellipse. D Periode mochte etwa 1900 Jahre betragen, vielleic auch 100 Jahre mehr oder weniger. Bei seiner let vorhergehenden Sonnennähe muß er also irgendwa im ersten Jahrhundert vor Chr. sichtbar gewesen se es gibt jedoch keine Anhaltspunkte, die es gestattete irgend eine Kometenerscheinung jener Zeit mit de Donatischen Kometen zu identifizieren. Um 3800 od 3900 n. Chr. kann er vielleicht wieder erwartet werde

In der Geschichte der Kometenentdeckungen finc sich der merkwürdige Fall, daß mehrere Kometen si in einer und derselben Bahn bewegen. Es sind di z. B. die Kometen von 1843, 1880 und 1882. D erste ist einer der denkwürdigsten Kometen all Zeiten, da er sich so nahe an der Sonne vorbeibeweg daß er fast ihre Oberfläche streifte. Er muß sog durch die äußeren Teile der Sonnenkorona hindurc gegangen sein. Ende Februar 1843 wurde er ga plötzlich in unmittelbarer Nachbarschaft der Sonne a hellen Tage sichtbar. Infolge eines sonderbaren Z sammentreffens erschien er kurz nach dem Bekann werden einer Prophezeiung, die für 1843 das Welten vorhersagte, und es fehlte nicht an abergläubisch Menschen, die in dem Kometen schon das erste Zeich der Katastrophe erblickten.

Im April 1843 verschwand der Komet bere wieder, so daß die Beobachtungsperiode nur recht ku war. Die Bahn wich nicht wesentlich von einer Parab ab, und man konnte bezüglich der Umlaufszeit d Kometen nur soviel aussagen, daß er jedenfalls nic vor Ablauf einiger Jahrhunderte wiederkommen könne. Die Überraschung war daher groß, als 37 Jahre später auf der Südhalbkugel der Erde ein Komet entdeckt wurde, der fast in derselben Bahn sich bewegte, wie der große Komet von 1843. Das erste Anzeichen dieser Kometenerscheinung bot ein langer Schweif, der sich nach Sonnenuntergang über den Horizont erhob. Dieser Schweif wurde in Argentinien, am Kap der guten Hoffnung und in Australien schon Ende Januar 1880 gesehen, während der Kopf erst am 4. Februar aus den Sonnenstrahlen heraustrat. Der Komet bewegte sich dann noch weiter südwärts und verschwand, ohne daß ihn die Beobachter der nördlichen Erdhalbkugel auch nur einmal erblickt hätten.

Es entstand nun die Frage, ob es sich bei der Ähnlichkeit der Bahn dieses Kometen mit derjenigen des Kometen von 1843 hier um zwei besondere oder nur um einen einzigen Kometen handelt. Früher wurde angenommen, daß wenn zwei in größeren Zwischenzeiten erschienene Kometen sich in einer und derselben Bahn bewegen, sie auch identisch sein müßten. Hier war jedoch eine solche Vermutung mit den Beobachtungen unvereinbar.

Die Frage fand bald ihre Lösung in der Erscheinung eines dritten in der gleichen Bahn sich bewegenden Kometen im Jahre 1882. Dieser Komet konnte nun bestimmt nicht mit dem vor wenig mehr als zwei Jahren erschienenen identisch sein. Man hatte es hier also mit drei hellen Kometen zu tun, die sich alle in verschiedenen Abständen voneinander fast genau in derselben Bahn bewegten. Möglicherweise gehören zu dieser Gruppe noch mehr als drei Kometen. Bereits um 1680 war nämlich schon einmal ein ähnlicher Komet sehr nahe bei der Sonne vorübergegangen, doch weicht seine Bahn von derjenigen der drei erwähnten Kometen etwas ab. Es ist nun wahrscheinlich, daß diese Kometen einst eine einzige Nebelmasse darstellten, die sich später geteilt hat, so daß

Fig. 51. Komet Swift im Januar 1892.

fortan die Einzelteile ihren Lauf getrennt, aber immer noch in der ursprünglichen Bahn vollführen. Diese Vermutung liegt um so näher, als an dem Bielaschen und einigen andern Kometen eine solche Teilung bereits beobachtet worden ist.

Weitere glänzende Kometen erschienen 1860, 1874 und 1882. Wie lange wir auf den nächsten warten müssen, kann niemand voraussagen. Es ist wahrscheinlich, daß der Halleysche Komet bei seiner bevorstehenden Sonnennähe um 1910 wenigstens für das bloße Auge sichtbar werden wird, doch läßt sich der Grad seiner Helligkeit nicht einmal schätzungsweise im voraus angeben. Im Jahre 1835 erschien er als ein so unbedeutendes Objekt, daß man sich nur schwer vorstellen konnte, daß derselbe Komet im Jahre 1456 und auch später noch einen so überwältigenden Eindruck auf die Menschheit ausgeübt hatte.

Physische Beschaffenheit der Kometen.

Die Frage nach der Natur der Kometen ist noch ungelöst. Bei den großen und glänzenden Kometen mag der Kern ein fester Körper sein, obwohl er in Wirklichkeit wahrscheinlich viel kleiner ist als er aussieht. Diese letztere Eigenschaft ist durch eine Beobachtung konstatiert worden, die in der Geschichte der Astronomie einzig dasteht. Sie ist am Kap der guten Hoffnung gelungen, als der große Komet von 1882 vor der Sonnenscheibe vorüberging, ähnlich wie es bekanntlich Merkur und Venus manchmal auch tun. Leider waren die Astronomen der nördlichen Sternwarten nicht auf ein solches Phänomen vorbereitet, da der Komet vorher nur auf der südlichen Halbkugel sichtbar gewesen war. Daher kam es, daß allein an der Kapsternwarte diese Beobachtung von größtem astronomischen Interesse ausgeführt werden konnte; dazu waren gerade hier die äußeren Umstände außerordentlich ungünstig. Die Sonne stand nämlich dicht über dem Tafelberg und war schon dem Untergang nahe, als der Komet sich ihr näherte. Trotzdem gelang e den beiden Astronomen Finlay und Elkin, den Kometei so lange zu verfolgen, bis er wirklich am Rande de Sonne anlangte. Der Eintritt erfolgte 15 Minuten be vor die Sonne dem Blick der Beobachter ganz ent schwand. Während dieser Zeit hätte aber der Kern wenn er ein fester Körper gewesen wäre, als schwarze Fleck vor der Sonne erscheinen müssen. Zur größtei Überraschung verschwand aber der Komet dabei voll ständig von dem Moment an, in dem er den Sonnen rand berührte. Entweder ist also der Kern des Ko meten durchsichtig gewesen, oder sein fester innere Teil war zu klein, um beim Durchgang vor der Sonnen scheibe noch unterschieden werden zu können. Leide ließ sich wegen der niedrigen Stellung der Sonne un bei dem ungünstigen Zustande der Luft nicht genaue angeben, welche Größe dieser innerste Kern bestimm nicht überschritten hat. Soviel scheint indessen sichei daß sein fester Teil, wenn der Komet überhaupt einei solchen hatte, in Wirklichkeit viel kleiner war, als de scheinbare helle Kern.

Manches spricht dafür, daß die Kometen nicht anderes sind, als eine Ansammlung von getrennte Teilchen einer meteorischen Materie, die vielleich zwischen der Größe eines Sandkorns bis zum Umfan der Meteorsteine, die manchmal vom Himmel faller schwanken. Schon die Veränderungen der Forr denen der Kern eines Kometen so oft unterlieg sprechen für die Richtigkeit dieser Hypothese.

Die Spektren der Kometen, deren Licht überhaup bereits analysiert werden konnte, zeigen, daß die Ko meten nicht nur in reflektiertem, sondern auch in eige nem Lichte leuchten. Dieses Spektrum besteht de

Hauptsache nach aus drei hellen Bändern, die große Ähnlichkeit mit den Linien des glühenden Kohlenwasserstoffs haben. Man könnte hieraus schließen, daß die Kometen glühende Gasmassen seien. Dagegen spricht jedoch schon der Umstand, daß die Kometen verblassen und schließlich ganz verschwinden, wenn sie eine gewisse Entfernung von der Sonne erreicht haben. Wir können uns die Erscheinung der hellen Spektrallinien dann vielleicht so erklären, daß die Sonnenstrahlen durch irgend einen uns noch unbekannten Einfluß die Kometenmaterie zum Leuchten bringen.

Wenn man einen glänzenden Kometen mit einem Fernrohr sorgfältig untersucht, sieht man oft von seinem Kopf Dunsthüllen in der Richtung nach der Sonne langsam aufsteigen und dann entgegengesetzt sich fortbewegen, wodurch der Eindruck eines Schweifes entsteht. Dieser Schweif ist somit nicht ein besonderer Teil eines Kometen, der ihn dauernd begleitet, sondern er stellt eine meist nur in der Nähe der Sonne erfolgende Ausströmung von Materie aus dem Kopfe dar. Es kommt oft vor, daß ein Komet bei seiner Entdeckung noch gar keinen Schweif hat. Der letztere beginnt sich erst bei der Annäherung an die Sonne zu entwickeln, und je näher der Komet der Sonne kommt, je größer die Hitze ist, der er ausgesetzt wird, um so rascher und großartiger entwickelt sich in der Regel auch der Schweif. Unter der Einwirkung der Sonnenhitze beginnt er also gewissermaßen zu verdampfen, wie Wasser unter denselben Umständen auch tun würde. Diese aufsteigenden Dämpfe oder Dünste werden dann wahrscheinlich durch die noch zu besprechende Repulsivkraft der Sonnenstrahlen abgestoßen, so daß sie schließlich einen Strom von Materie bilden, der vom Kometen aufsteigt und sich als dessen Schweif, abgewandt von der Sonne, in den Weltraum ausbreitet.

2. Die Meteore.

Jeder von unseren Lesern hat wohl schon eine Sternschnuppe gesehen, einen Stern, der in größerer oder kleinerer Bahn über den Himmel dahinschoß und schließlich verschwand. Diese Objekte werden in der Astronomie allgemein als Meteore bezeichnet. Sie treten in jedem Grade der Helligkeit auf; je leuchtender sie sind, desto seltener werden sie jedoch. Trotzdem wird jeder, der häufig des Abends im Freien weilt, kaum ein Jahr erleben, ohne ein solches Meteor von strahlendem Glanz zu erblicken, und er wird ein oder zweimal im Leben auch Gelegenheit haben, eins von den seltenen Meteoren zu sehen, die mit ihrem Glanze den ganzen Himmel erleuchten.

Fast an jedem klaren Abend im Jahre kann ein aufmerksamer Beobachter drei, vier, ja selbst mehr Sternschnuppen im Laufe einer Stunde zählen. Manchmal treten sie noch viel zahlreicher auf, z. B. zwischen dem 10. und 15. August, und gegen Mitte November. Vielfach sind sogar schon Sternschnuppen in solcher Menge gefallen, daß die Augenzeugen von Erstaunen und Entsetzen erfüllt wurden. Denkwürdige Sternschnuppenfälle dieser Art ereigneten sich z. B. 1799 und 1833. Im letzteren Jahre wurden durch die Erscheinung die Neger in Amerika so in Schrecken gesetzt, daß die Erinnerung an dieses Naturschauspiel bis zum heutigen Tage bei ihnen lebendig erhalten ist.

Der Ursprung der Meteore.

Der Ursprung der Meteore war noch zu Anfang des 19. Jahrhunderts unbekannt, jetzt ist er jedoch einigermaßen klar gestellt. Man nimmt an, daß außer den bekannten Gliedern des Sonnensystems — den Planeten, deren Monden und den Kometen — noch ungezählte Millionen von kosmischen Einzelteilchen oder winzige Ansammlungen von Materie durch den Raum schweifen und die Sonne umkreisen. Wegen ihrer Kleinheit bleiben sie auch den mächtigsten Fernrohren der Neuzeit unsichtbar, ja es ist möglich, daß der größte Teil dieser Objekte kaum die Größe eines Ziegelsteins, vielleicht sogar nur Sandkorngröße erreicht. Die Meteore, denen die Erde in ihrer Bahn begegnet, mögen eine Geschwindigkeit von 10 oder 20 oder gar 50 km in der Sekunde haben. Wenn sie die Erdatmosphäre mit dieser außerordentlichen Geschwindigkeit treffen, werden sie augenblicklich durch die Reibung so stark erhitzt, daß ihre Materie unter einer glänzenden Lichtausstrahlung verdampft, wie fest sie auch sein mag. Was wir nun von der Erde aus sehen, ist die Bahn eines in dieser Weise verbrennenden kosmischen Staubteilchens in den oberen Regionen der Atmosphäre.

Selbstverständlich wird ein Meteor desto leuchtender erscheinen und desto länger sichtbar sein, je größer und fester es ist. Manchmal ist es so groß und widerstandsfähig, daß es bis auf wenige Kilometer der Erde nahe kommt, ehe es schließlich schmilzt und verbrennt. Das sind die seltenen Fälle besonders heller und glänzender Meteore. Bei solchen Gelegenheiten kommt es oft vor, daß man wenige Minuten nach dem Verschwinden des Meteors von der Richtung seines

Erlöschens her eine laute Explosion vernimmt, wie einen Kanonenschuß. Dieser Knall rührt wahrscheinlich von dem Luftdruck her, den die große Geschwindigkeit des Meteors verursacht.

In einigen seltenen Fällen kann die Meteormasse so groß sein, daß sie die Erde erreicht, ohne vorher ganz zu verdampfen. Dann haben wir es mit einem Meteoritenfall zu tun, wie er für gewöhnlich mehrmals im Jahre in dem einen oder anderen Teile der Erde sich ereignet. Angeblich soll sogar einmal ein Mann von einem zur Erde herabfallenden Meteorstein getötet worden sein. Wenn diese Körper, die für gewöhnlich bei ihrem Fall tief in die Erde eindringen, ausgegraben werden, so findet man, daß sie vielfach aus reinem Eisen bestehen. Bruchstücke von solchen Meteoreisen werden in Museen aufbewahrt. Besonders reichhaltige Meteorsteinsammlungen findet man in Wien, London, Paris, Berlin, Budapest, Tübingen, Kalkutta und Washington ausgestellt.

Wie die Meteore entstanden sind, und welche Form sie ursprünglich gehabt haben, läßt sich nicht einmal vermuten. Nach ihrem Niederfallen auf die Erde erscheinen sie wie rohe Fels- oder Metallblöcke mit deutlichen Zeichen von Oberflächenschmelzung, wie dies angesichts ihres schnellen Fluges durch die Erdatmosphäre und ihrer Erhitzung nicht anders sein kann.

Periodische Sternschnuppenschwärme.

Die wichtigste Entdeckung bezüglich der Sternschnuppen betrifft das periodische Auftreten von besonders reichhaltigen Schwärmen in bestimmten Jahreszeiten. Besonders merkwürdig ist in dieser Hinsicht der Novemberschwarm, auch Leoniden genannt, weil die betreffenden Meteore aus der Richtung des Sternbildes des Löwen zu kommen scheinen. Besonders reiche Fälle ließen sich als eine etwa dreimal im Jahrhundert periodisch auftretende Erscheinung feststellen, ja man hat Aufzeichnungen hierüber gefunden, die mehr als 1300 Jahre zurückliegen.

Der älteste Bericht stammt von einem arabischen Schriftsteller und lautet wie folgt:

> „Im Jahre 599, am letzten Tage des Moharrem, schossen Sterne hin und her und flogen gegeneinander wie ein Heuschreckenschwarm. Das Volk geriet in Bestürzung und sandte Gebete zum Höchsten empor; etwas Ähnliches wurde nur noch beim Erscheinen des Boten Gottes gesehen; mit ihm komme Segen und Friede."

Der erste genauer geschilderte Sternschnuppenfall ereignete sich im November 1799. Er wurde von Alexander v. Humboldt auf den Anden beobachtet und später beschrieben, ohne daß man schon damals nach seiner Ursache ernstlich geforscht hätte.

Der nächste Sternschnuppenregen fand im Jahre 1833 ebenfalls im November statt und stellte wohl die großartigste Naturerscheinung dieser Art dar. Damals schon kam Olbers der Gedanke, daß der Meteorschwarm von 1833 mit demjenigen von 1799 identisch sein und eine Periode von 34 Jahren haben könnte. Er sagte daher für 1867 die Möglicheit einer Wiederholung des Naturschauspiels voraus und behielt Recht, denn es trat wirklich im Jahre 1866 und 1867 fast ebenso großartig auf, wie 1833 und 1799. Die sorgfältigen Beobachtungen dieser Jahre führten zu der überraschenden Entdeckung eines innigen Zusammenhanges zwischen Meteoren und Kometen. Wir werden diesen Zusammenhang gleich noch näher erklären, müssen aber vorher noch dem sogenannten Ausstrahlungs- oder Radiationspunkt der Meteore, dessen Kenntnis zu ihrer Bahnbestimmung notwendig ist, einige Worte widmen.

Man hat gefunden, daß die Sternschnuppen eines periodischen Schwarmes nicht willkürlich kreuz und quer über den Himmel schießen, sondern daß ihre Bahnen, zurückverlängert, alle an einem bestimmten Punkte des Himmels zusammentreffen. Bei dem Novemberschwarm liegt dieser Punkt im Sternbilde des Löwen, bei dem Augustschwarm im Perseus. Man nennt einen solchen Punkt den Ausstrahlungs- oder Radiationspunkt des betreffenden Schwarmes. Die scheinbaren Bahnen, in denen die Meteore sich bewegen, erwecken somit den Eindruck, als würden die Sternschnuppen von dem einen Punkt aus nach allen Himmelsrichtungen abgeschossen. Diese Wahrnehmung zeigt, daß die Meteore eines bestimmten Schwarmes sich alle in parallelen, d. h. in fast identischen Bahnen bewegen, bevor sie unsere Atmosphäre treffen. Der Ausstrahlungspunkt entspricht hier somit dem Flucht- oder Verschwindungspunkt in der Perspektivlehre.

Beziehungen zwischen Kometen und Meteoren.

Nachdem die Periode des Novemberschwarms erkannt und der Ausstrahlungspunkt bestimmt war, konnte man daran gehen, die Bahn dieser Objekte zu berechnen. Eine solche Bahnbestimmung wurde auch von Leverrier bald nach dem Wiedererscheinen des Novemberschwarmes im Jahre 1866 ausgeführt. Da traf es sich, daß im Dezember 1865 ein Komet erschienen war, der sein Perihel im Januar 1866 passierte, und das eingehendere Studium seiner Bahnverhältnisse durch Oppolzer zeigte, daß er eine Periode von ungefähr 33 Jahren hatte. Als Oppolzer seine Bahnelemente veröffentlichte, merkte er noch nicht, daß die Bahn des Kometen mit derjenigen der Novembermeteore fast identisch war; erst Schiaparelli konstatierte die merkwürdige Ähnlichkeit und machte die Astronomen auf dieselbe aufmerksam. Es bestand darüber kein Zweifel: die Körper, die den Meteorfall der Leoniden verursachten, folgten dem Kometen von 1866 in seiner Bahn. Der Schluß war nun naheliegend, daß die betreffenden Meteore ursprünglich einen Teil des Kometen gebildet und sich erst allmählich von ihm getrennt hatten. Wir haben ja bereits bei verschiedenen Kometen eine solche Trennung beobachten können und bemerkt, wie die Einzelteile anfangs dicht nebeneinander, dann aber infolge nicht genügender gegenseitiger Anziehung in immer größeren Zwischenräumen, aber in der ursprünglichen Bahn die Sonne umkreisten.

Ein ähnlicher Zusammenhang wurde auch bei den Augustmeteoren, den Persciden, gefunden. Sie bewegen sich in der Bahn eines Kometen, den man 1862 beobachtet hat. Die Umlaufszeit dieses Kometen konnte damals nicht genau bestimmt werden, man nimmt jedoch an, daß sie etwa zwischen 100 und 200 Jahren liegt.

Noch ein dritter derartiger Fall ließ sich wenige Jahre später, Ende 1872, nachweisen. Wir haben schon wiederholt auf die Auflösung und das schließliche Verschwinden des Bielaschen Kometen hingewiesen; seine Bahn schneidet die Bahn der Erde um die Sonne in einem Punkte, den wir Ende November passieren. Nach der Periode dieses Kometen zu urteilen, mußte er diese

Stelle ungefähr am 1. September 1872, also zwei oder drei Monate vor dem Durchgang der Erde durch denselben Punkt passiert haben. Waren nun die Reste dieses Kometen über einen größeren Raum verteilt, so mußte die Erde am 27. November sie noch treffen; es war somit für den betreffenden Abend wieder ein Sternschnuppenregen zu erwarten, und zwar mußte dann sein Radiationspunkt in der Andromeda liegen. Diese Voraussage traf auch in allen Punkten zu, und seitdem kehren die Andromediden, wie dieser Schwarm von Meteoren genannt wird, wenn auch bei weitem nicht so zahlreich wie 1872, so doch sehr regelmäßig alle Jahre wieder.

Neben diesen raschen Erfolgen der Sternschnuppenforschung ist auch über einige Enttäuschungen zu berichten. So sollte der Komet von 1866 zwischen 1899 und 1900 wiederkommen, aber er wurde nicht wiedergefunden, allerdings wohl weniger wegen seines völligen Zerfalles, als deswegen, weil er sein Perihel in zu großer Entfernung von der Erde passierte. Was aber noch merkwürdiger ist, auch der zugehörige Meteorschwarm der Leoniden erschien weder 1899 noch 1900 in der erwarteten großen Anzahl wieder. Die Ursache seines Ausbleibens liegt wahrscheinlich darin, daß er durch die Anziehung der Planeten, insbesondere durch Jupiter gezwungen worden ist, fortan eine andere Bahn einzuschlagen, die ihn vielleicht nie mehr in die Nähe der Erde bringt.

Fassen wir das Gesagte zusammen, so können wir die Meteore als Bruchstücke der zahlreichen Kometen auffassen, die von jeher die Sonne umkreist haben. Sie folgen den Kometen in der ursprünglichen Bahn wie Nachzügler einer Armee, und wenn die Erde einen

Schwarm dieser Bruchstücke in ihrer Bahn trifft, so ereignet sich ein Sternschnuppenfall. Ob allerdings sämtliche Sternschnuppen, die wir am Himmel aufblitzen sehen, ehemalige Kometenbestandteile sind, ist zum mindesten noch zweifelhaft. Nach Untersuchungen, die kürzlich Elkin an Meteorphotographieen angestellt hat, überschreitet die Bewegung dieser Körper oft die parabolische Grenzgeschwindigkeit, von der bei den Kometenbahnen die Rede war, und erfolgt somit in einer Hyperbel. Wir haben aber gesehen, daß Weltkörper mit solcher hyperbolischen Bewegung nur aus den fernen Räumen des Fixsternhimmels kommen können und mit unserem Sonnensystem in keinerlei engerer Verbindung stehen.

3. Das Zodiakallicht.

Das Zodiakallicht ist ein sehr matter schwacher Schimmer, der die Sonne umgibt, sich ungefähr bis zur Erdbahn ausdehnt und fast in der Ebene der Ekliptik liegt. In den Tropen kann man das Zodiakallicht an jedem klaren Abend ungefähr 1 bis 2 Stunden nach Sonnenuntergang als einen sich über den Westhorizont kegelförmig erhebenden Schein wahrnehmen. In unseren Breiten ist es am besten im Februar sichtbar und erhebt sich dann ungefähr 1½ Stunden nach Sonnenuntergang vom Westhorizonte bis zu den Plejaden im Stier. Es ist um diese Jahreszeit deswegen am besten zu sehen, weil es wie gesagt in der Ebene der Ekliptik liegt, und diese bei uns im Frühjahr viel steiler vom Horizonte aufsteigt, als zu irgend einer an-
zeit. Im Herbst hat die Ekliptik
Stellung in den Morgenstunden, w

daher das Zodiakallicht im Osten vor Tagesanbruch besonders gut sichtbar; es steigt dann von Osten auf und erstreckt sich bis in die Gegend des Krebses. Vielfach wird berichtet, daß das Zodiakallicht in Gegenden, in denen die Atmosphäre klarer ist als bei uns,

Fig. 52. Das Zodiakallicht im Februar und März.

zuweilen sogar den Himmel von Westen nach Osten wie ein Kreis umspannt. Wenngleich diese Ausbreitung des Lichtschimmers über das ganze Firmament noch nicht einwandfrei erwiesen ist, so viel ist doch sicher, daß an der entgegengesetzten Seite des Himmels, also im Frühjahr des Abends im Osten und im Herbst des Morgens im Westen, sich noch ein zweiter, meist schwächerer Lichtschein bemerkbar macht, der sogenannte Gegenschein, eine noch unaufgeklärte astronomische Erscheinung. Dieser Gegenschein hat keine bestimmte Begrenzung und ist so schwach, daß er nur unter den allergünstigsten Verhältnissen gesehen werden kann. Selbst der schwächste Mondschein überstrahlt ihn vollkommen, und auch bei dunkelstem Himmel wird er unsichtbar, wenn er, wie dies z. B. in den Monaten Juni und Juli, Dezember und Januar der Fall ist, in die Gegend der Milchstraße fällt.

Es ist kaum daran zu zweifeln, daß das Zodiakallicht durch Reflexion des Sonnenlichtes von einem Schwarm winziger meteorartiger Körper, welche die Sonne beständig umkreisen, verursacht wird. Wir könnten natürlich auch den Gegenschein derselben Ursache zuschreiben, es bliebe dann jedoch unaufgeklärt, warum er nur in der der Sonne entgegengesetzten Richtung erblickt wird. Man hat sogar schon vermutet, daß vielleicht die Erde, gleich den Kometen, einen Schweif habe, und daß das Gegenlicht nichts anderes sei als der Reflex von den äußersten Teilen dieses Schweifes. Diese Annahme setzt nichts Unmögliches voraus, sie ist jedoch noch keineswegs bewiesen.

4. Die Stoßkraft des Lichtes.

In den letzten Jahren sind verschiedene Tatsachen entdeckt und eine Reihe physikalischer Theorien entwickelt worden, die für eine ganze Anzahl von bisher unaufgeklärten irdischen und kosmischen Naturerscheinungen eine Deutung zulassen. Solche rätselhaften Erscheinungen sind z. B. die Sonnenkorona, die Schweife der Kometen, die Polarlichter, der Erdmagnetismus und dessen Veränderungen, die Nebelflecke, das Zodiakallicht und der Gegenschein. Die betreffenden Theorien interessieren freilich in erster Linie mehr den Physiker als den Astronomen. Der Verfasser fühlt sich auch nicht kompetent genug, um sie nach dem neuesten Stande der Wissenschaft hier darzustellen, oder dem Leser genauer zu erklären, wo hier feststehende Tatsachen aufhören und die Spekulation beginnt, und er möchte sich daher auf einige wenige Punkte dieser Theorien beschränken.

Schon Euler sprach vor 160 Jahren die Vermutung aus, daß den Lichtwellen eine Stoßkraft innewohne, und daß sie auf die Körper, welche von ihnen getroffen werden, einen Druck ausüben. Die Richtigkeit dieser Annahme wurde 1873 durch Maxwell in seiner elektromagnetischen Lichttheorie nachgewiesen; doch ist die Heranziehung dieser Tatsache zur Erklärung der oben genannten kosmischen Erscheinungen erst in allerneuester Zeit von Arrhenius erfolgt. Das von Maxwell aufgestellte Grundgesetz kann wie folgt ausgesprochen werden:

Fällt ein Lichtstrahl senkrecht auf einen schwarzen Körper, so übt er auf die Oberfläche desselben einen gewissen Druck aus. Die Größe dieser Druckwirkung ist ebenso groß, wie die in der Volumeinheit enthaltene Strahlungsenergie des betreffenden Lichtstrahls.

Man kann dieses Prinzip auch so erläutern:

Laufen die Strahlen parallel, so ist die Arbeit, die ihr Druck auf eine Oberfläche dadurch leistet, daß er diese Oberfläche um eine bestimmte Wegstrecke in der Richtung der Strahlen verschiebt, gleich der Energie der Lichtstrahlen innerhalb der zurückgelegten Wegstrecke.

Mit Hilfe dieses letzten Satzes, der die Kenntnis der Wärme der Sonnenstrahlen, beziehungsweise der in ihnen enthaltenen Energie voraussetzt, war es bereits Maxwell möglich, die Größe des fraglichen Druckes zu berechnen. Er hatte ihn als zu schwach gefunden, um durch irgend eine der damaligen Messungsmethoden nachgewiesen werden zu können. Die Hauptschwierigkeit lag darin, daß wenn die Versuche nicht in einem völlig luftleeren Raum ausgeführt werden, der Druck des Lichtes sich mit demjenigen der umgebenden Luft vermischt. Einen Raum, der so vollkommen luftleer war, daß die übrig gebliebenen geringen Spuren von Luft nur noch eine Druckkraft haben, die mit derjenigen des Lichtes vergleichbar war, haben erst um 1900 der Russe Lebedew und nach ihm zwei amerikanische Physiker herzustellen vermocht. Sie haben die Größe der Stoßkraft des Lichtes genau so groß gefunden, wie es Maxwell angegeben hatte. Bei der Schwierigkeit dieser Messungen können indessen weitgehende Schlüsse aus dieser Theorie noch nicht gezogen werden, und wir bleiben wenigstens vorläufig hier noch auf Beobachtungen an den kleinsten Teilchen von Materie im leeren Himmelsraum angewiesen. Diese Beobachtungen hängen wesentlich von Glück und Zufall ab, denn wir können nicht in diese leeren Räume des Weltalls hinaufsteigen oder dort willkürlich Materie hinschaffen, um mit ihr Versuche anzustellen
müssen uns darauf beschränken, die do
handene Materie in ihrem Verhalten u
der Sonnenstrahlen möglichst sorgl

sich darbietenden Gelegenheit aus der Ferne zu beobachten.

Eine weitere wichtige Entdeckung hat ergeben, daß von sehr stark erhitzten Körpern, also auch von der Sonne, dauernd sogenannte Ionen, winzige Teilchen, noch kleiner als Atome, mit großer Geschwindigkeit fortgeschleudert werden.

Nach der Maxwellschen Theorie gestaltet sich nun z. B. die Erklärung eines Kometenschweifes höchst einfach. Wenn der Komet sich der Sonne nähert, verflüchtigt sich zunächst infolge ihrer Anziehung seine Materie auf der der Sonne zugekehrten Seite. Sobald jedoch bei der weiteren Annäherung der Druck ihrer Lichtstrahlen auf die Kometenmaterie die Schwerkraft überwiegt, werden diese Teilchen abgestoßen und bilden nun auf der der Sonne entgegengesetzten Seite des Kometenkopfes den Schweif. Daß irgend eine von der Sonne ausgehende Kraft auf die Kometenschweife eine abstoßende Wirkung ausübt, war bereits seit Keplers Zeiten bekannt; eine plausible Erklärung der Erscheinung verdanken wir jedoch erst der Maxwellschen elektromagnetischen Lichttheorie.

Die Erklärung der anderen astronomischen Phänomene, die wir vorhin erwähnt haben, ist nicht so einfach und noch nicht so zur Zufriedenheit gediehen, daß sie in kurzen Worten klar dargestellt werden könnte. Der Leser, der sich für den Gegenstand interessiert, muß daher auf Fachschriften verwiesen werden.

Sechster Teil.

DIE FIXSTERNWELT.

1. Allgemeine Übersicht.

Nach Abschluß unseres allgemeinen Überblicks über den kleinen Teil des Universums, in dem wir leben, soll es unsere nächste Aufgabe sein, im Geiste die fernen Himmelsräume aufzusuchen, die von den Tausenden von Sternen erfüllt werden, die unser Firmament bedecken. Auf diesem Gebiete der Astronomie sind gerade in den letzten Jahren die wunderbarsten Entdeckungen gemacht worden, und wir besitzen heute über die Welt der Fixsterne bereits Kenntnisse, die selbst ein Herschel für unerreichbar und unfaßbar gehalten hätte. Die unendliche Größe dieses Wissensgebietes gegenüber der geringen Zahl von Einzelheiten, welche die Forschung bis jetzt aufgeklärt hat, machen es indessen fast unmöglich, in diesem kleinen Buche einen kurzen und doch verständlichen Überblick über die Fixsternwelt zu geben. Wir können hier somit nur auf die Grundzüge des Baues jener fernen Welten hinweisen, indem wir uns darauf beschränken, was Beobachtungskunst und Theorie in Vergangenheit und Gegenwart ans Licht gebracht haben.

Solange Menschen auf der Erde leben, haben sie s die Frage vorgelegt: „Was sind eigentlich die Stern Auf diese Frage konnte noch vor kurzem niema eine Antwort geben. Selbst zu Anfang des v gangenen Jahrhunderts konnte man über die Fixste wenig mehr aussagen, als daß sie sehr weit entferr leuchtende Körper sind, deren inneres Wesen jed für uns ein Geheimnis ist. Heute haben wir sie gegen bereits als gewaltige Kugeln von Materie kannt, die im allgemeinen unzählige Male größer s als die Erde. Wir wissen ferner, daß sie außerorde lich heiß sind, in eigenem Lichte leuchten und ihrer großen Masse ungezählte Millionen von Jah Licht und Wärme ausstrahlen können, ohne abzuküh Was wir nach und nach über die Beschaffenheit Sonne erfahren haben, paßt mehr oder weniger a auf die große Mehrzahl der Sterne. Freilich könr wir ihre Oberflächen nicht genauer studieren, weil selbst in den stärksten Fernrohren nur als kleine Lic punkte erscheinen. Aber ihre sonstige Ähnlichk mit unserer Sonne läßt darauf schließen, daß w jeder Stern wie die Sonne sich um seine Achse dr und daß er in entsprechend naher Entfernung w auch dieselbe Erscheinung darbieten würde, wie Sonne. Wir besitzen ausreichende Beweise dafür, eine Umdrehung der Himmelskörper zur allgemei Weltordnung gehört. In den wenigen Fällen, in de eine Entscheidung darüber möglich war, ob ein St sich um seine Achse dreht oder nicht, ist diese E scheidung stets zugunsten einer Rotation ausgefall

Die Fixsterne weisen sonst unendlich verschied Einzelheiten auf. Es scheint in der Tat, als ob s unter ihnen nicht zwei Objekte von gleicher ph kalischer Zusammensetzung befinden, ebensowenig wie man auch auf der Erde vergeblich nach zwei Menschen von gleicher körperlicher Erscheinung suchen würde. Im Kapitel über die Sonne ist der Versuch gemacht worden, dem Leser einen ungefähren Begriff von ihrer enormen Temperatur zu geben, und wir haben dabei gesehen, daß diese Temperatur weit das Maß der Wärme überschreitet, die wir auf der Erde hervorbringen können. Dennoch haben wir triftigen Grund zu der Annahme, daß trotz der Verschiedenheiten, die die Sterne untereinander hinsichtlich ihrer Temperatur zeigen, die überwiegende Mehrheit doch noch heißer ist als die Sonne. Wenn man dies schon von ihren Oberflächen aussagen kann, um wieviel größer muß dann der Unterschied erst sein, wenn wir das Innere dieser Riesenmassen berücksichtigen!

Die Fixsterne sind jedoch nicht die einzigen Körper, die das ferne Universum erfüllen. Über den Himmel zerstreut finden wir zwischen ihnen noch ungeheuere selbstleuchtende Massen von außerordentlich dünner Materie, die nach ihrem Aussehen als Nebel oder Nebelflecke bezeichnet werden. An Umfang lassen sie die Sonne und selbst die größten Sterne weit hinter sich. Diejenigen Nebel, die wir heute von direkter Beobachtung oder von Photographieen her kennen, haben wahrscheinlich die 100- oder 1000-fache Ausdehnung unseres ganzen Sonnensystems. Ein Nebelfleck von dem Durchmesser der Neptunsbahn würde in der Distanz der Fixsterne selbst in den stärksten Fernrohren dauernd unsichtbar bleiben und sich auf keiner photographischen Platte abbilden, er müßte denn eine ganz besondere Helligkeit haben.

Die Spektra der Sterne.

Wenn der Laie von astronomischen Entdeckungen liest, so denkt er gewöhnlich, sie seien stets nur durch direkte Beobachtung am Fernrohr gewonnen. Das war wohl noch vor wenigen Jahrzehnten der Fall, trifft aber heute durchaus nicht mehr zu. Die Erforschung der dunklen Körper, die nach Art der Planeten um viele von den Fixsternen einen Umlauf ausführen, die Untersuchung der chemischen Zusammensetzung der Fixsterne, die Bewegung der Sterne auf uns zu und von uns weg, alles Dinge, denen die moderne Astronomie in erster Linie ihre Entwicklung verdankt, überschreiten die Leistungsfähigkeit eines gewöhnlichen Fernrohrs. Für dieses Forschungsgebiet bedarf der Astronom noch eines anderen Hilfsmittels, und zwar hat ihm hier in erster Linie das Spektroskop die Bahn des Fortschritts geebnet, ein Instrument, das wir von einem früheren Kapitel her bereits kennen. Aus dem, was dort gesagt worden ist, wird der Leser erkennen, daß bei diesem Instrument von einem Sehen im gewöhnlichen Sinne des Wortes keine Rede mehr sein kann. Der Beobachter analysiert hier die von einem Himmelskörper herkommenden Lichtstrahlen in ihre Bestandteile, gerade so wie ein Chemiker in seinem Laboratorium einen zusammengesetzten Körper nach dessen Elementen analysiert. Eine Analyse des Fixsternlichtes ist jedoch dadurch kompliziert, daß die Zahl der Elemente, aus denen sich die Fixsterne zusammensetzen, meist außerordentlich groß ist.

Als ein wesentlicher Vorteil der Spektralanalyse muß es angesehen werden, daß sie gegenüber den Leistungen des Fernrohrs von der Entfernung unabhängig ist. Je weiter ein Stern von uns ab steht, um so schwieriger ist er zu erkennen; diese Regel gilt sowohl für das bloße Auge als auch für das Fernrohr. Wir wissen auch bereits, daß das Licht im Verhältnis des Quadrates der Entfernung abnimmt und daher in der zweifachen Distanz nur noch $^1/_4$, in der dreifachen nur noch $^1/_9$ des ursprünglichen Betrages ausmacht; wenn aber von einem Stern nur soviel Licht zu uns gelangt, daß ein Spektrum noch eben erkannt werden kann, so läßt sich der Stern bereits auf seine physikalische Zusammensetzung hin untersuchen, gleichgültig wie weit er von uns entfernt steht. So wie der Chemiker ein Mineral vom Planeten Mars — für den Fall, daß es möglich wäre, ein solches zu erhalten — ebenso leicht analysieren könnte, als wenn er es irgendwo auf der Erde gefunden hätte, ebensowenig bietet der Umstand, daß ein Lichtstrahl 100 oder 1000 Jahre unterwegs war, ein Hindernis, aus dem Spektrum dieses fernen Sternes genau ebenso Schlüsse zu ziehen, als wenn er uns ganz nahe stände.

Das Spektrum eines Sternes ist, wie das Sonnenspektrum, immer von zahlreichen dunklen Linien durchkreuzt. Dies beweist, daß alle Sterne wie unsere Sonne von Atmosphären umgeben werden, die nicht so heiß sind, wie der Zentralkörper. Aber daraus folgt durchaus noch nicht, daß diese Atmosphären kalt sind. Im Gegenteil, sie sind selbst bei den mehr abgekühlten Sternen immer noch heißer als die Flamme irgend eines irdischen Schmelzofens. Beim sorgfältigen Vergleichen von Sternspektren findet man, daß fast nie zwei Spektra einander völlig gleich sind. Dies zeigt, daß die Atmosphären der Sterne bezüglich ihrer Zusammensetzung oder ihrer Temperatur Unterschiede aufweisen. Eine große Zahl der dunklen Linien in ihren Spektren erweist sich als identisch mit denen bekannter irdischer Stoffe, was darauf hindeutet, daß ein großer Teil der Stoffe, aus denen die Sterne bestehen, mit den Bestandteilen der Erde identisch ist.

Eine von den Substanzen, die am häufigsten im Weltall vorkommen, ist der Wasserstoff; mehrere seiner Linien finden sich fast bei allen Sternen vor. Andere Elemente, die wohl im ganzen .Universum vorkommen, sind Eisen und Kalzium, die metallische Basis von Kalk. Wir wissen alle, daß diese Substanzen auf der Erde sehr reich vertreten sind; in ihrer ähnlich allgemeinen Verbreitung unter den Sternen haben wir wieder ein Beispiel von der Einheit der Natur im weitesten Sinne.

Es kommen allerdings auch Ausnahmen von dieser Regel vor. Außer Linien, die bekannten irdischen Substanzen entsprechen, zeigen viele Sterne auch solche, die bis jetzt keinem bekannten Element zugeschrieben werden konnten. Das ist insbesondere der Fall bei der Klasse der Sterne vom Oriontypus, so genannt, weil viele von ihnen im Sternbilde des Orion liegen. Diese Sterne sind meist weiß oder sogar bläulich und zeigen eine größere oder geringere Anzahl von feinen dunklen Linien, die von keinem bekannten Element hervorgerufen sein können. Wir haben also allen Grund zu vermuten, daß diese Sterne aus anderen auf der Erde vielleicht nicht vorhandenen Elementen bestehen.

Es ist auch schon vorgekommen, daß die Entdeckung eines Stoffes auf einem anderen Weltkörper der Auffindung des betreffenden Elementes auf der Erde vorausging. Nachdem man begonnen hatte, die

Sonne genauer spektroskopisch zu beobachten, fand man auch bald in ihrem Spektrum gewisse klar ausgesprochene Linien einer unbekannten Substanz, die man nach ihrem Ursprunge als Helium bezeichnete. Weitere Forschungen führten dann erst zu der Entdeckung, daß dieses Gas auch in dem norwegischen Mineral Cleveit vorkommt, ja sogar, wenngleich in sehr geringen Mengen, selbst in der Erdatmosphäre vorhanden ist. Schon vorher konnte seine Existenz auch auf zahlreichen Sternen, die man als Heliumsterne zu bezeichnen pflegt, nachgewiesen werden.

Dichte und Temperatur der Sterne.

In einer ganzen Anzahl von Fällen ist es gelungen, eine Vorstellung von der Dichtigkeit eines Sternes oder, nach dem gewöhnlichen Sprachgebrauch, von seinem spezifischen Gewicht zu gewinnen. Es ist nun sehr merkwürdig, daß fast in allen diesen Fällen sich die Dichtigkeit der Fixsterne als viel geringer herausgestellt hat als diejenige unserer gewöhnlichen festen oder flüssigen Substanzen; ja selbst die Fälle sind häufig, wo ihre Dichte offenbar nicht größer, ja sogar noch geringer ist, als die Dichte der Luft. In dieser Beziehung scheint unsere Sonne, obgleich sie schon an und für sich eine recht geringe Dichtigkeit besitzt, wirklich eine Ausnahme zu bilden, und es dürfte nur verhältnismäßig wenig Sterne von so hohem spezifischen Gewicht geben wie die Sonne. Dieses Ergebnis schließt aber gleichzeitig einen Beweis für die hohe Temperatur dieser Himmelskörper in sich, bei der eben alle flüssigen oder festen Stoffe verdampfen wie Wasser auf dem Feuer. Wir haben tatsächlich triftigen Grund zu glauben, daß die Sterne größtenteils M[illegible] außerordentlich heißem Dampf darstellen, die vielleicht von einer schon etwas mehr abgekühlten Oberfläche umgeben sind. Möglicherweise sind viele Sterne nichts anderes als bloße Gaskugeln, doch läßt sich ein Beweis hierfür nicht erbringen.

Ebenso wie die Sonne muß auch ein Stern in seinem Innern heißer sein als auf der Oberfläche. Nur von letzterer kann Wärme in den Weltraum ausgestrahlt werden; sie muß sich daher nach und nach abkühlen, und wenn die den Körper bildende Masse in Ruhe bleibt, so führt diese Abkühlung bald dazu, daß sich auf dem Stern eine feste Kruste bildet, wie auf einer geschmolzenen Eisenmasse. Den einzigen Weg, auf dem dieser Prozeß verhindert oder wenigstens bedeutend verzögert werden kann, haben wir bei der Sonne kennen gelernt: die abgekühlten Teile der Oberfläche müssen in die tiefer gelegenen heißen Teile des Sterns wieder zurücksinken. Die aufsteigenden und an ihre Stelle tretenden Dämpfe kühlen dann wieder ihrerseits ab und sinken wieder nach dem Sternzentrum zurück, wodurch ein Austausch von Materie hervorgebracht wird, ein Vorgang, der kochendem Wasser nicht unähnlich sieht.

Ein solcher Vorgang kann aber nur zustande kommen, wenn die Größe eines Fixsterns nicht unter eine gewisse Grenze sinkt. Ein Stern von der Größe des Mondes würde z. B. in wenigen tausend Jahren so weit abkühlen, daß sich eine feste Kruste auf seiner Oberfläche bilden würde. Damit wäre aber auch allen seine Licht- und Wärmeenergie erhaltenden Strömungen eine Grenze gesetzt, und er würde bald völlig erkalten. Da andererseits kaum ein Zweifel darüber besteht, daß das Alter der meisten Fixsterne nach Millionen von

Jahren zählt, so folgt daraus, daß sie sehr groß sein müssen, so groß, daß sie Millionen von Jahren Wärme in den Weltraum ausstrahlen können, ohne daß sich eine Kruste auf ihrer Oberfläche bildet.

Wir hatten früher von unserer Sonne behauptet, sie sei einer der weniger heißen, schon etwas abgekühlten Sterne und gehöre zu den kleineren Sternensonnen im Weltraum. Beide Eigenschaften harmonieren miteinander, denn je kleiner ein Stern ist, desto schneller erkaltet er, ebenso wie ein Topf Wasser rascher abkühlt als ein großer Kessel voll.

Die Aufschlüsse über die Natur der Fixsterne, die das Spektroskop ermöglicht hat, machen es sehr wahrscheinlich, daß jeder Stern eine eigene längere Lebensgeschichte hat. Er beginnt zu existieren als ein Nebel, der sich im Laufe der Zeit zu einem intensiv heißen blauen Stern verdichtet. Die Verdichtung schreitet darauf noch weiter fort, der Stern wird noch heißer, bis er den Höhepunkt der Temperatur erreicht. Im Laufe weiterer Jahrmillionen kühlt er ab, seine Farbe wird nach und nach weiß, gelb und rot, während die Linien seines Spektrums in demselben Maße dunkler und zahlreicher werden. Endlich muß sein Licht ganz erlöschen, wie ein Feuer, das nicht mehr unterhalten wird, — der Stern wird ein dunkler unsichtbarer Körper, womit auch seine Lebensgeschichte abgeschlossen ist. Je größer die Masse des Sterns, desto länger dauert sein Leben. So sehen wir die Sterne alle Altersstufen zeigen, von der Kindheitsstufe des Urnebels bis zum Stadium des Erlöschens bei den roten und veränderlichen Sternen.

Die Nebelflecke.

Ein Nebel zeigt vielfach schon in einem kleinen Fernrohr eine deutliche Ausdehnung, während ein Stern selbst im mächtigsten Fernrohr nur als ein Lichtpunkt erscheint. Manchmal findet man, daß das, was dem

Fig. 53. Großer Nebel in der Andromeda.

bloßen Auge oder in einem kleinen Fernrohr als ein wolkenähnlicher Nebel erschien, sich bei Anwendung eines größeren Instrumentes als ein Objekt herausstellt, das in Wirklichkeit aus einer Menge von Sternen besteht, die so dicht beieinander stehen, daß schon eine starke Vergrößerung nötig ist, um sie getrennt zu erblicken. Diese Beobachtung gab früher zu der Frage Anlaß, ob die Nebel überhaupt etwas anderes seien, als Haufen von sehr schwachen Sternen, die bei genügend starker Vergrößerung sich auflösen lassen. Diese Frage ist heute bestimmt in negativem Sinne entschieden, durch das Fernrohr sowohl, als auch durch das Spektroskop.

Nur sehr wenige Nebel sind dem bloßen Auge sichtbar. In der Tat gibt es unter ihnen nur zwei, die so groß und auffällig sind, daß man auch ohne optische Hilfsmittel erkennen kann, daß sie keine gewöhnlichen Fixsterne sind. Es sind dies der Orion- und der Andromedanebel.

Der große Orionnebel erscheint so hell wie ein Stern dritter Größe, und wer kein sehr scharfes Auge hat, kann ihn nur schwer von den Nachbarsternen unterscheiden. Ein gutes Auge erkennt freilich bei genauerem Zusehen bald, daß hier ein heller Fleck und nicht ein Lichtpunkt am Himmel steht. Im Fernrohr wurde dieser Nebel zuerst von Huyghens beobachtet, der ihn beschrieb und auch eine rohe Skizze von seiner unregelmäßigen Gestalt anfertigte. Er schilderte ihn als ein ganz außergewöhnliches Objekt, das den Eindruck macht, als ob hier durch eine Öffnung im Firmament das Urfeuer sichtbar würde. Das Hauptmerkmal des Orionnebels besteht in einem tiefen Spalt, der einen Teil desselben in zwei Äste gliedert. In dieser Lücke nimmt man vier Sterne wahr, die schon in einem gewöhnlichen Fernrohr getrennt sichtbar und als Trapez des Orion bekannt sind. Sehr starke Fernrohre zeigen zwei weitere schwächere Objekte innerhalb dieser Gruppe. Die Anwesenheit von nebligem Licht um diese Sterne herum macht den Eindruck, als wären sie durch Kondensation eines Teiles der Nebelmasse entstanden.

Der große Andromedanebel erscheint in einem sehr großen Fernrohr als eine Kombination von sehr schwachen Sternen und von Nebel. Es sieht aus, als ob hier ein Licht hinter einer durchscheinenden Materie stände, z. B. eine Kerze hinter einer Platte von Horn oder Marienglas. Fig. 53 zeigt eine photographische Aufnahme dieses Nebels und läßt erkennen, daß die Nebelmaterie in Form einer flachen Spirale angeordnet ist, deren Ebene nahe in die Richtung der Absehenslinie fällt, so daß wir fast auf die schmale Kante der Spiralwindungen schauen.

Schon in einem gewöhnlichen Fernrohr können mehrere hundert Nebel erkannt werden, allerdings nur bei sehr klarem Himmel. Je größer das Instrument ist, um so mehr Nebel werden sichtbar. In den großen Fernrohren sind mehr als 10000 Nebel erkannt und ihre Positionen bestimmt worden. Bei Besprechung der Spiegelteleskope erwähnten wir bereits, daß die im Brennpunkt eines solchen Instrumentes angebrachte photographische Platte ein viel wirksameres Hilfsmittel zur Entdeckung der Existenz dieser Objekte bildet, als das Auge. Nach derartigen Aufnahmen, die Keeler an der Licksternwarte hergestellt hat, konnte nachgewiesen werden, daß wohl mehr als 200000 Nebelflecke am Himmel existieren.

Die helleren Nebel sind meistens von unregelmäßiger und phantastischer Gestalt. In einigen Fällen haben sie die Form eines Ringes, der meistens im Umriß elliptisch erscheint, als ob er kreisrund wäre, aber von der Erde aus in schräger Richtung gesehen würde. Das bemerkenswerteste Objekt dieser Art ist der Ringnebel in der Leier nahe dem Stern β dieses Sternbildes. Trotz seiner verhältnismäßig beträchtlichen Helligkeit kann seine charakteristische Form nur in einem starken Fernrohr erkannt werden. Man findet dann bei näherem Zusehen, daß das Innere des Ringes nicht gänzlich dunkel, sondern mit nebelartigem Licht angefüllt ist, das etwas schwächer ist, als die Ringmaterie.

Eine weitere merkwürdige Klasse von Nebeln sind solche, in denen die hellsten Stellen zu Spiralen oder zu einer Gruppe von Spiralen angeordnet sind, und die aus diesem Grunde Spiralnebel genannt werden. Bei den wenigen helleren Nebel dieser Art sind schon im Fernrohr helle und dunkle Windungen erkennbar, bei den meisten kommt die charakteristische Form jedoch erst auf lange exponierten photographischen Aufnahmen zum Vorschein.

Fig. 54. Ringnebel in der Leier.

Planetarische Nebel sind kleine runde Objekte, die einer schwachen Planetenscheibe ähnlich sehen und deshalb so benannt sind.

Als das Spektrum der Nebel genauer untersucht wurde, fand man, daß sie sich in zwei getrennte Klassen einordnen lassen. Die einen geben ein kontinuierliches Spektrum, als ob ihr Licht von einer festen, glühenden Materie ausginge, und stellen sehr wahr-

Fig. 55. Spiralnebel im großen Bären.

scheinlich nur entfernte Sternhaufen dar. Die anderen und zwar die meisten dieser Objekte haben jedoch ein aus hellen Linien bestehendes Spektrum, welches zeigt, daß das Licht dieser Nebel einer gasförmigen Materie entstammt. Wenn diese Linien mit denjenigen irgend einer irdischen Substanz übereinstimmen, so kann man sofort angeben, aus welchen Gasen die Nebel bestehen. Aber eine solche Identifizierung ist nicht durchgehends gelungen. Bei einer großen Zahl von Nebeln kommen z. B. vier unbekannte helle Linien vor, und gerade die hellste dieser Linien und zugleich diejenige, die fast bei allen Nebeln erscheint, ist nicht identisch mit der irgend einer bekannten irdischen Substanz. Linien, die mit denen von Wasserstoff übereinstimmen, sind in den Nebelspektren wiederholt erkannt worden. Oft sind jedoch nicht alle Wasserstofflinien sichtbar, und es ist ungewiß, ob diese sonst so weit verbreitete Substanz in vielen Nebeln überhaupt existiert.

Aus was für Elementen sich diese Objekte auch zusammensetzen mögen, so viel ist sicher, daß sie ganz außerordentlich diffuse Körper sind. Würde man unsere Erde in die Mitte eines dieser Körper versetzen, so würden wir kaum das Vorhandensein des Nebels merken, höchstens würde uns vielleicht der Himmel etwas heller erscheinen als es sonst der Fall ist. Eine Vorstellung von der dünnen Verteilung der Materie in den Nebelflecken gibt vielleicht die schon erwähnte Tatsache, daß diese Objekte zum größten Teil den Durchmesser des ganzen Sonnensystems um das Hunderttausendfache übertreffen. Wenn die Nebelmaterie auch nur annähernd die Dichtigkeit des größten Vakuums hätte, das wir heute im Laboratorium mit künstlichen Mitteln herstellen können, so würde doch schon eine Ausdehnung bis zur Bahn des Neptun genügen, um alles durch diese Schicht hindurchgehende Licht zu absorbieren, mit anderen Worten, eine solche Gasschicht würde schon völlig undurchsichtig sein. Es ist somit heute noch nicht möglich, ein Vakuum herzustellen, das der so geringen Dichte eines kosmischen Nebels gleichkäme.

Fassen wir alles zusammen, so spricht die Wahrscheinlichkeit dafür, daß die Materie, aus der die Nebel bestehen, von jedem uns bekannten Stoff verschieden und weit dünner ist, als irgend ein irdisches Gas. Möglicherweise ist die Nebelmaterie nicht einmal zu Molekülen oder Atomen kondensiert, wie wir das bei irdischen Gasen annehmen.

2. Der Anblick des Fixsternhimmels.

Nicht nur für den Laien, sondern auch für den Fachmann stellt die Milchstraße den wunderbarsten Teil des Himmels dar. Man versteht darunter einen hellen Gürtel, der den ganzen Himmel, in Wirklichkeit vielleicht sogar das ganze Weltall umspannt, und es so zu sagen zu einem einzigen System, einem wunderbaren Ganzen vereint. Man kann bei passender Wahl der Beobachtungszeit die Milchstraße fast an jedem Abend des Jahres sehen. Nur zur Zeit der hellen Nächte, im Mai, Juni und Juli, gestaltet sich ihre Beobachtung schwieriger, wenigstens am frühen Abend, wo sie sich längs des Horizontes von Westen über Norden nach Nordosten hinzieht.

Schon im kleinsten Fernrohr erweist sich die Milchstraße als eine immense Anhäufung von Sternen, die zu schwach sind, um bei ihrer großen Entfernung einzeln von uns erkannt zu werden. Sorgfältige Beobachtungen, selbst solche mit bloßem Auge, lassen erkennen, daß die Sterne der Milchstraße nicht überall gleichmäßig verteilt sind, sondern auch hier noch dichtere Gruppen mit verhältnismäßig sternarmen

Lücken bilden. Solche dichteren von dunklen Zonen umgebenen Gruppen finden sich besonders in den Teilen der Milchstraße, die im Spätsommer und Herbst des abends im Süden sichtbar sind.

Es ist eine bemerkenswerte Tatsache, daß auch außerhalb der Milchstraße die Sterne nicht in allen Richtungen gleich dicht stehen, sondern in der Nähe der Milchstraße in größerer Anzahl auftreten und dann seltener werden, je weiter wir uns von der Milchstraße nach ihren Polen zu entfernen. Dies ist schon bei den helleren Sternen der Fall und noch mehr bei den schwächeren teleskopischen Objekten. Die Pole der Michstraße sind die beiden Punkte am Himmel, die je 90 Grad von ihr entfernt sind. Stellen wir uns vor, daß Jemand in der Hand einen Stab hält, der zum Milchstraßenringe senkrecht steht, so weisen die beiden Enden des Stabes nach den beiden in Frage kommenden verhältnismäßig sternarmen Polen. Um dem Leser eine Vorstellung von der Verteilung der Sterne in bezug auf die Milchstraße und deren Pole zu geben, sei erwähnt, daß nahe den Polen der Milchstraße ein Kreis von einem Grad Durchmesser durchschnittlich zwei oder drei in einem kleinen Fernrohr sichtbare Sterne enthält, in der Region der Milchtraße selbst dagegen 8, 10, ja selbst 20 Objekte von derselben Helligkeit.

Scheinbare Helligkeit der Sterne.

Jeder, der auch nur einen flüchtigen Blick nach dem gestirnten Himmel wirft, kann nicht übersehen, daß die Sterne außerordentlich verschiedene Helligkeit oder Größe haben. Nur wenige Sterne zeigen einen besonders auffallenden Glanz, dann kommt eine größere

Zahl von Objekten mittlerer Helligkeit und schließlich die große Zahl der schwächeren Sterne, die, je weiter wir hinabsteigen, immer größer und größer wird. Die dem bloßem Auge sichtbaren Sterne wurden von den Alten in sechs Größen eingeteilt, und zwar derart, daß ungefähr zwanzig der glänzendsten Objekte der ersten, die nächsten vierzig der zweiten, dann eine große Anzahl der dritten Größenklasse zugeteilt wurden usw. bis zur sechsten Größenklasse, welche die schwächsten Sterne umfaßt, die ein scharfes Auge am klaren dunklen Himmel eben noch erkennen kann. Diese Gruppierung hat man späterhin auch auf die teleskopischen Sterne ausgedehnt und unterscheidet daher jetzt Sterne siebenter, achter Größe usw. Die schwächsten Sterne, die mit den größten Fernrohren der Neuzeit noch gesehen oder photographiert werden können, sind von der 15., 16. oder 17. Größe.

Der Leser braucht wohl nicht erst darauf hingewiesen zu werden, daß die so ermittelte Größe eines Sterns nicht seiner wirklichen Helligkeit entspricht, weil ein leuchtender Körper um so heller aussieht, je näher er uns steht. Selbst der hellste Stern würde in einer gewissen Entfernung schließlich unsichtbar werden, und andererseits der kleinste Fixstern des Himmels in entsprechend geringer Entfernung als ein Objekt erster Größe erscheinen.

Früher glaubte man, daß die wirkliche Helligkeit der verschiedenen Fixsterne fast die gleiche sei, und daß einige nur deshalb heller erscheinen, weil sie uns näher stehen. Diese Anschauung hat man jedoch heute bereits ganz aufgegeben. Gewisse Schätzungen der Entfernung der Sterne haben ergeben, daß von den uns zunächst stehenden viele dem bloßen Auge ganz unsichtbar sind, während andere als Sterne erster Größe glänzen und doch so weit entfernt sind, daß wir ihren Abstand nicht einmal schätzen können.

Anzahl der Fixsterne.

Die Zahl der Sterne am ganzen Himmel, die man mit bloßem Auge erkennen kann, liegt zwischen 5000 und 6000. Vielleicht könnte ein besonders scharfes Auge noch mehr zählen, weitaus die meisten Menschen werden jedoch kaum 5000 erkennen. Von diesen 5000 Sternen steht immer nur die Hälfte zu gleicher Zeit über dem Horizont und von dieser Hälfte wiederum ein großer Teil in der Nähe des Horizontes, wo ihr Licht durch die atmosphärische Dunstschicht wesentlich geschwächt oder gänzlich absorbiert wird. Die Gesamtzahl aller Sterne, die ein gutes Auge an einem klaren, mondscheinlosen Abend über dem Horizont sehen kann, wird somit wahrscheinlich nur zwischen 1500 und 2000 liegen.

Während sich so die Anzahl der dem bloßen Auge sichtbaren Sterne wenigstens annähernd bestimmen läßt, ist es völlig unmöglich, die Zahl der teleskopischen Sterne auch nur schätzungsweise anzugeben. Im allgemeinen wird angenommen, daß in einem großen Fernrohr der Neuzeit zwischen 50 und 100 Millionen Sterne an der ganzen Himmelskugel zu sehen sind, und diese Zahl vervielfacht sich noch, wenn man bedenkt, daß es heutzutage mit eigens dazu eingerichteten Fernrohren möglich ist, Sterne zu photographieren, die so schwach sind, daß man sie selbst mit den mächtigsten Fernrohren nicht mehr sehen kann. Es gibt hier tatsächlich keine Andeutung irgend einer Zahlengrenze. Je weiter wir in der Helligkeit herunter gehen, desto

Sterne finden wir, und alles was wir aussagen können, ist, daß ihre Gesamtzahl nach Hunderten von Millionen zählt. Nur ein kleiner Bruchteil der Sterne, der die hellsten und nächsten Objekte umfaßt, ist mit freiem Auge oder im Fernrohr sichtbar.

Außer durch ihre Helligkeit unterscheiden sich die Fixsterne auch noch durch ihre Farbe, obwohl dieser Unterschied nie so ausgesprochen ist, wie bei irdischen Lichtquellen. Trotzdem wird schon dem ungeübten Beobachter der Unterschied zwischen dem bläulichen Weiß der Wega in der Leier und dem rötlichen Licht des Arkturus im Bootes auffallen. Es scheint überhaupt, daß eine regelmäßige Abstufung in den Farben der Fixsterne von Blau durch Gelb nach Rot sich geltend macht. Diese Farbenunterschiede hängen mit den Verschiedenheiten der betreffenden Spektren und diese wiederum mit dem Entwicklungsstadium des betreffenden Sternes direkt zusammen; je intensiver rot ein Stern ist, um so größer ist die Zahl und die Stärke der dunklen Linien im grünen und violetten Teil seines Spektrums.

3. Die Sternbilder.

Schon eine oberflächliche Betrachtung des Himmels zeigt, daß die Sterne nicht gleichmäßig über den Himmel verteilt sind, sondern daß bei ihrer Anordnung mehr oder weniger eine Neigung zur Bildung von Gruppen oder Sternbildern besteht. Dies gilt insbesondere von den helleren, mit bloßem Auge sichtbaren Sternen. Zwischen den einzelnen Sternbildern läßt sich jedoch keine scharfe Grenze ziehen, und man kann eigentlich nie angeben, wo ein Sternbild aufhört und ein anderes beginnt. Die Einteilung des Himmels nach Sternbildern haben bereits die Alten eingeführt, und die heutigen Astronomen halten ebenfalls noch an dieser Anordnung fest.

Wie und wann die ersten Sternbilder unterschieden und in Karten eingezeichnet worden sind, läßt sich nicht mehr mit Sicherheit feststellen. Soviel ist aber sicher, daß die Chinesen bereits in den frühesten Zeiten ihrer Geschichte kleine Sterngruppen kannten und durch besondere Namen unterschieden. Unsere heutige Begrenzung und Benennung der Sternbilder ist größtenteils von Ptolemäus übernommen, der im zweiten Jahrhundert nach Chr. lebte. Da viele Sternbilder die Namen von Halbgöttern und Helden der griechischen Mythologie tragen, z. B. Perseus, Andromeda, Cepheus, Herkules usw., so ist es wahrscheinlich, daß sie zum Teil altgriechischen Ursprungs sind.

Im 17. und 18. Jahrhundert ist dann noch eine größere Anzahl von Sternbildern neu gebildet und zwischen die alten eingeschoben worden, besonders auf der südlichen Himmelshalbkugel, die den Alten naturgemäß nur unvollkommen bekannt war.

Orientierung unter den Sternbildern.

Die folgenden Kapitel sind für solche Leser bestimmt, welche die wichtigsten Sternbilder kennen lernen möchten. Die Stellung der Sternbilder gegen den Horizont ist infolge der doppelten Bewegung der Erde einem Wechsel unterworfen. Infolge der Bewegung der Erde um ihre Achse ändern die Sternbilder ihre scheinbare Stellung zum Horizont schon in einer Nacht, und infolge unserer Bewegung um die

Sonne sehen wir zu gleicher Abendstunde in verschiedenen Jahreszeiten auch verschiedene Sternbilder.

Wir haben bereits in einem früheren Kapitel erklärt, wie infolge der Bewegung der Erde in ihrer Bahn die Sonne zwischen den Gestirnen im Laufe eines Jahres einen vollen Kreislauf zu vollenden scheint. Wenn wir also einen Stern gerade ein wenig östlich von der Sonne erblicken, so finden wir, daß er scheinbar von Tag zu Tag der Sonne näher rückt. Wenn wir Abend für Abend zu derselben Stunde nach ihm Ausschau halten, so können wir feststellen, daß er immer weiter und weiter nach Westen vorrückt, mit anderen Worten, daß er von einem Tage zum andern früher auf- und untergeht. Genauer läßt sich feststellen, daß die Zeit zwischen je zwei aufeinander folgenden Auf- bezw. Untergängen desselben Sterns 23 Stunden 56 Minuten 3½ Sekunden beträgt.

Während im Laufe eines Jahres die Sonne 365 mal aufgeht, geht ein Stern in dieser Zeit 366 mal auf, und zwar wird er im Laufe eines Jahres nach und nach zu jeder Stunde des Tages und der Nacht einmal aufgehen und untergehen. Die Astronomen vermeiden die Verwirrung, die hieraus entstehen müßte, dadurch, daß sie sich bei ihren Beobachtungen der Sternzeit, also einer aus der Bewegung der Sterne abgeleiteten und berechneten Zeit bedienen. Es ist früher bereits erklärt worden, daß ein Sterntag die Zwischenzeit zwischen zwei Durchgängen eines Sterns durch den Meridian ist, und daß diese Zeit um 3 Minuten 56½ Sekunden kürzer ist, als unser gewöhnlicher Tag. Weiterhin wissen wir auch schon, daß ein Sterntag in 24 Stunden, jede Sternzeitstunde in 60 Minuten und jede Sternzeitminute in 60 Sekunden eingeteilt wird, und daß eine bestimmte Sternzeit stets auch eine bestimmte Stellung des Himmels und der Sternbilder angibt. Für jemand, der immer die Lage der Sternbilder im Auge behalten will, ist es somit zweckmäßig, wenn er eine ungefähre Vorstellung von der jeweiligen Sternzeit hat. Man erhält ihren Betrag für 6 Uhr abends in einem bestimmten Monat, wenn man die betreffende Monatsziffer verdoppelt. Für 7 Uhr hat man dann dem Resultat eine Stunde, für 8 Uhr zwei Stunden hinzuzufügen usw. Suchen wir z. B. die Sternzeit für 9 Uhr abends im Monat November, so haben wir die Monatsziffer 11 mit 2 zu multiplizieren und zum Resultat 3 zu addieren, was 25 Stunden oder 1 Uhr Sternzeit ergibt. Die auf diese Weise erhaltene Sternzeit wird um den 20. eines jeden Monats der Wirklichkeit genau entsprechen, in den ersten Tagen dagegen um rund 1 Stunde zu groß sein, weshalb man gut tut, für diese Zeit dann von dem Resultat noch diesen Betrag abzuziehen. Wenden wir z. B. unsere Regel auf den Januar an, so erhalten wir 5 Uhr als Sternzeit für 9 Uhr abends; vergleichen wir dieses Resultat mit der Sternzeituhr, so finden wir, daß diese Anfang Januar um 9 Uhr abends eine Stunde weniger angibt, daß dagegen um den 20. Januar bereits volle Übereinstimmung herrscht.

Da bei 0 Uhr Sternzeit der Äquinoktialkolur, d. h. der Nullmeridian der Himmelskugel die Mittagslinie passiert, um 1 Uhr Sternzeit der Stundenkreis 1 usw., so gibt uns die Kenntnis der jeweiligen Sternzeit die Möglichkeit, sofort auf einer Sternkarte die Sterne angeben zu können, die gerade den Ortsmeridian passieren. Um 5 Uhr Sternzeit sind es diejenigen Ster

Rektaszension 5 Uhr beträgt, um 14 Uhr Sternzeit diejenigen, die die Rektaszension 14 Uhr haben usw.

Die zirkumpolaren Sternbilder.

Nach diesen einleitenden Erklärungen wollen wir zu den Sternbildern selbst übergehen und dabei annehmen, daß der Leser in nördlichen Breiten wohnt. Hier gehen die wichtigeren nördlichen Sternbilder niemals unter und sind daher während des ganzen Jahres am nördlichen Himmel sichtbar. Diese zirkumpolaren Sternbilder sollen uns zunächst beschäftigen.

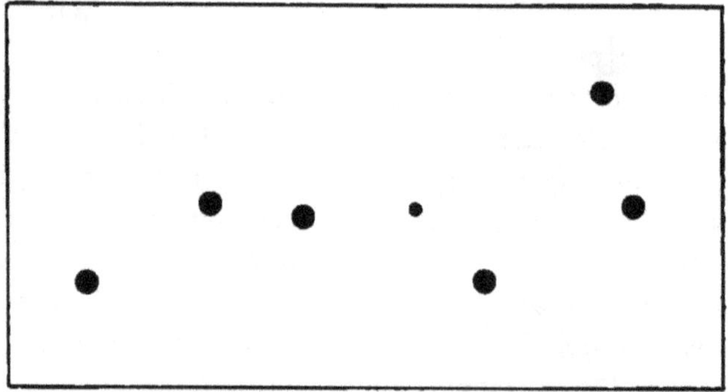

Fig. 56. Der große Bär oder der Wagen.

Wir verweisen in dieser Beziehung auf Fig. 2, auf der die Kugelkappe der Zirkumpolarsterne für Mitteleuropa dargestellt ist. Um die augenblickliche Lage der Kugelkappe bezüglich der Richtung oben und unten zu erhalten, brauchen wir die Figur nur so zu drehen, daß der betreffende Monat oben zu stehen kommt; wir erhalten dann die Stellung des nördlichen Himmels um 8 Uhr abends. Für eine spätere Stunde muß die Zeichnung ein wenig in der Richtung des Pfeils gedreht werden, um 10 Uhr so weit, daß der nächste Monat oben zu stehen kommt usw.

Unter diesen Sternbildern wollen wir zunächst den großen Bären oder den Wagen aufsuchen, welch letztere Bezeichnung dem Augenschein besser entspricht. Er ist stets bei uns sichtbar, und erst weiter südlich taucht er im Herbst zum Teil unter den Nordhorizont. Die beiden Sterne, welche die Hinterräder des Wagens bilden, weisen direkt nach dem Polarstern, wie es auch in Fig. 2 angedeutet ist. Dieser Polarstern oder Polaris ist gleichzeitig der Zentralstern der Karte.

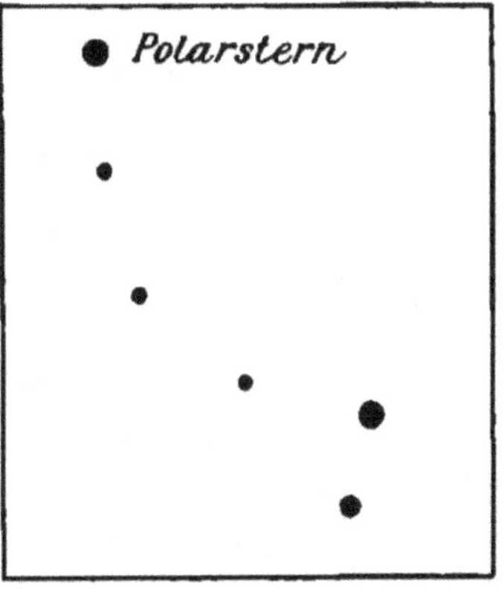

Fig. 57. Der kleine Bär mit dem Polarstern.

Der Polarstern gehört zum Sternbild des kleinen Bären. Den übrigen Teil desselben findet man, wenn man vom Polaris aus eine gekrümmte Linie nach der Deichsel des großen Wagens sich gezogen denkt. Man trifft da den ebenso hellen, aber nicht weißen, sondern etwas rötlichen Stern β im kleinen Bären als Ecke eines aus schwächeren Sternen gebildeten kleinen Vierecks. Da der Polarstern in mittleren Breiten etwa in der Mitte zwischen Zenit und Nordhorizont steht, so kann er auch ohne Zuhilfenahme des großen Bären leicht gefunden werden, vorausgesetzt, daß man nur die Nordrichtung kennt.

An der entgegengesetzten Seite des Pols in gleicher Entfernung von ihm, wie der große Bär, steht die Kassiopeja, die wie ein breites W aussieht.

Die anderen polnahen Sternbilder enthalten nur schwächere Objekte und sind auch weniger interessant als die drei oben genannten Gruppen. Vielleicht wäre noch der Drache zu erwähnen, der zwischen dem kleinen und dem großen Bären zu finden ist; seine drei helleren Kopfsterne passieren im August des Abends die Zenitgegend.

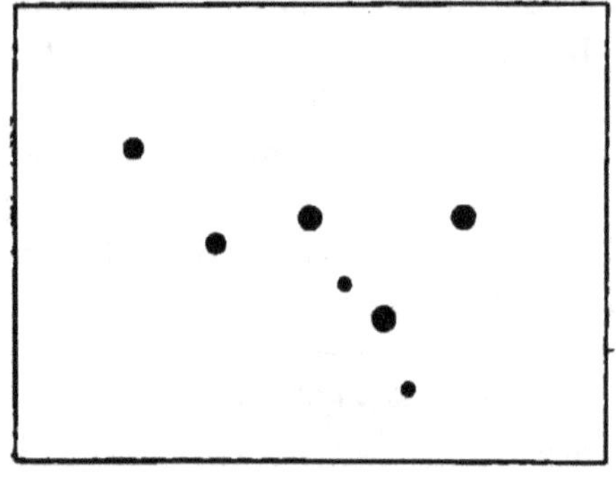

Fig. 58. Die Kassiopeja.

Die Herbststernbilder.

Daß die Sternbilder, die des Abends den Meridian und die Zenitgegend passieren, je nach der Jahreszeit verschieden sind, haben wir bereits gesehen. Wir wollen daher, um nach einem bestimmten Plane vorzugehen, die Stellung der Sternbilder zunächst für 0 Uhr Sternzeit beschreiben. Die Schilderung entspricht dann ungefähr 10 Uhr abends im Oktober, 8 Uhr abends im November und 6 Uhr abends im Dezember.

Die Lage des Nullmeridians an der Himmelskugel oder des Äquinoktialkolurs ergiebt sich uns, wenn wir vom Polarstern nach dem westlichsten Stern der im Zenit stehenden Kassiopeja eine Linie ziehen, und diese Linie nach Süden hin längs der beiden östlichen Sterne eines großen Sternvierecks, des Pegasus, uns fortgesetzt denken. Die Seiten dieses Vierecks haben eine Länge von je 15 Grad, seine Ecken sind durch Sterne zweiter und dritter Größe gebildet.

Ein wenig links von der Nordost-Ecke des Vierecks steht der uns bereits bekannte große Nebel in der Andromeda. Er ist an klaren Abenden auch für das bloße Auge sichtbar und gleicht dann einem länglichen Lichtfleck ohne scharfe Umrisse.

Die Milchstraße umspannt im Herbst den Himmel wie ein leicht geneigter Bogen, der sich im Osten erhebt, im Zenit die Kassiopeja umschließt, und sich von da bis zum Westhorizont erstreckt. Von der Kassiopeja ostwärts finden wir in der Milchstraße zunächst den Perseus. Sein hellster Stern ist α Persei, von der zweiten Größe. Östlich von α Persei ist ein weißer Nebel, der wie eine kleine Wolke erscheint, sichtbar. In einem Fernrohr, ja schon in einem guten Feldstecher löst sich diese Masse in einen Haufen schwacher Sterne auf. Es ist dies der große Sternhaufen im Perseus; die Alten stellten ihn in den Schwertgriff ihres an den Himmel versetzten Heroen. Ein wenig südlicher als α Persei steht der merkwürdige veränderliche Stern β Persei oder Algol, dessen Lichtwechsel uns in einem der letzten Kapitel dieses Buches noch beschäftigen soll.

Unmittelbar neben dem Perseus finden wir das große Sternbild Auriga, oder den Fuhrmann. Es ist leicht kenntlich an der Capella, der Ziege, einem Stern erster Größe, der einer der hellsten Sterne des Herbsthimmels ist und überhaupt zu den vier oder fünf hellsten Sternen am Himmel gehört. Abgesehen von Capella findet man im Fuhrmann keine weiteren helleren Objekte.

Verfolgen wir den Weg der Milchstraße von der Kassiopeja aus westwärts, so stellt die erste Sterngruppe, der wir begegnen, den Cygnus oder Schwan dar. Seine 5 Sterne bilden ein Kreuz, das auf Himmelskarten als Körper, Hals und ausgebreitete Schwingen des Vogels dargestellt ist. Der hellste Stern der Gruppe heißt α Cygni oder Deneb; er ist fast erster Größe.

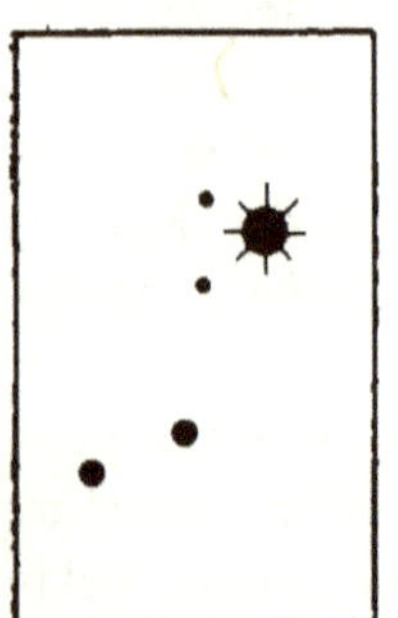

Fig. 59. Die Leier.

Rechts vom Schwan und etwas außerhalb der Milchstraße liegt das Sternbild der Leier, leicht wiederzuerkennen an dem schönen, sehr hellen bläulichen Stern Wega. Alle anderen Objekte dieser kleinen Gruppe gehören kaum der dritten Größenklasse an, sind aber in mancher anderen Beziehung sehr interessant.

Der Stern links von Wega, ε Lyrae, besteht aus zwei eng nebeneinander stehenden Objekten, die das unbewaffnete Auge nur schwer von einander trennen kann. Mit Hilfe eines Feldstechers gelingt dies schon eher. Das merkwürdigste an diesem Sternpaar ist aber, daß jede Komponente sich in einem größeren Fernrohr wieder als ein Doppelstern erweist, so daß ε Lyrae in Wirklichkeit aus vier Sternen besteht.

Die beiden untersten Sterne der Fig. 59 heißen (von links nach rechts) γ und β Lyrae. Der letztere ist veränderlich und das Gesetz seines Lichtwechsels wird uns weiter unten noch beschäftigen.

Tiefer in der Milchstraße steht noch Aquila, der Adler, mit Atair. Wir werden auf dieses Sternbild noch zurückkommen, wollen aber jetzt erst die Tierkreisbilder, die am Herbsthimmel stehen, rasch aufzählen.

Wenn die Ekliptik am Himmel irgendwie dargestellt wäre, würden wir sie jetzt von Nordosten her aufsteigen, im Süden in mittlerer Höhe den Äquator unter einem kleinen Winkel schneiden und dann unterhalb des Äquators nach Südwesten ziehen sehen. Hier, am Südwesthorizont, würden wir im Oktober um 10 Uhr abends Sagittarius, den Schützen, nur noch zum Teil über dem Horizont vorfinden. Weiter ostwärts in der Ekliptik vorschreitend, würden wir nach einander dem Capricornus oder Steinbock, dem Aquarius oder Wassermann und den Pisces oder Fischen begegnen, den letzteren bereits in unmittelbarer Nähe des Meridians unterhalb des Pegasusvierecks. Alle diese Sternbilder enthalten nur schwache Objekte, die meist unter der dritten Größenklasse liegen.

Östlich vom Meridian grenzt an das Sternbild der Fische der Aries oder Widder. Seine drei Hauptsterne, von der zweiten, dritten und vierten Größe, bilden ein spitzwinkliges Dreieck. Der hellste Stern ist α Arietis.

Vor 2000 Jahren bezeichnete dieses Sternbild das erste Zeichen des Tierkreises, und das Frühlingsäquinoktium lag damals dicht unter α Arietis, wie es Fig. 9 zeigt, aus der auch die jetzige Lage des Frühlingspunktes hervorgeht. An den Widder schließt sich der Stier an, der im nächsten Abschnitt näher beschrieben werden soll.

Unterhalb des Widders, südöstlich vom Viereck des Pegasus, liegt ein ausgedehntes Sternbild, der Cetus oder Walfisch, mit zwei Sternen zweiter Größe, α und β, von denen der letztere tief im Süden steht.

Ein wenig südwestlich von α findet man zuweilen Mira Ceti, den „Wunderbaren Stern im Walfisch", der in der Regel für das bloße Auge unsichtbar ist, bis auf einen oder zwei Monate im Jahre, in denen er bis zur vierten, dritten, oft sogar, wie z. B. im Dezember 1906 bis zur zweiten Größe an Helligkeit zunimmt.

Ganz tief am Südhorizonte kulminiert an Herbstabenden Fomalhaut, der hellste Stern des Piscis austrinus oder des südlichen Fisches.

Die Wintersternbilder.

Die Stellung der Gestirne, die wir jetzt beschreiben wollen, gilt 6 Stunden später als die vorhergehende, d. h. für 2 Uhr morgens im November und für 8 Uhr abends im Februar. In der Zwischenzeit von 6 Stunden sind weitere Sternbilder der Milchstraße von Osten heraufgekommen und nach Süden hinüber gegangen. Die Milchstraße geht nun fast genau durch das Zenit und senkt sich von da zum Nord- und Südpunkte des Horizontes.

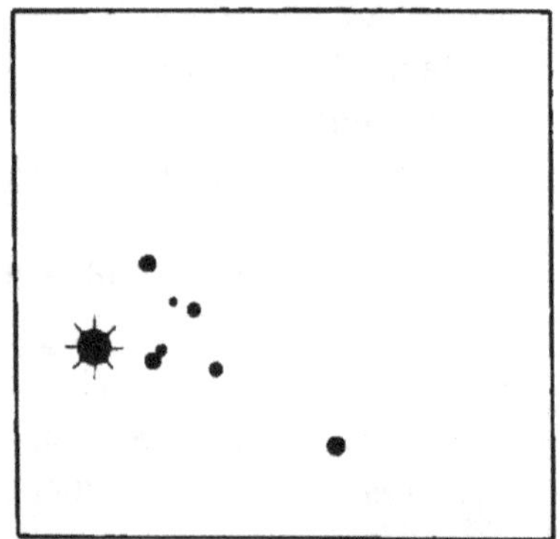

Fig. 60. Die Hyaden mit Aldebaran und die Plejaden.

In ihrer Nähe, ein wenig östlich vom Meridian, sehen wir das Sternbild des Taurus, den Stier, dessen hellster Stern der Aldebaran ist, das Auge des Stieres in der mythologischen Figur. Aldebaran ist leicht erkennbar an seiner rötlichen Farbe. Er steht am Ende des einen Schenkels einer winkel- oder

V-förmigen, weit zerstreuten Sterngruppe, der Hyaden. In der Mitte dieses Schenkels steht ein hübsches enges Sternpaar.

Dicht neben den Hyaden liegen die Plejaden oder das Siebengestirn. Nur 6 Sterne sind in dieser dichten Sterngruppe mit unbewaffnetem Auge erkennbar, ein besonders scharfes Auge kann in Ausnahme-

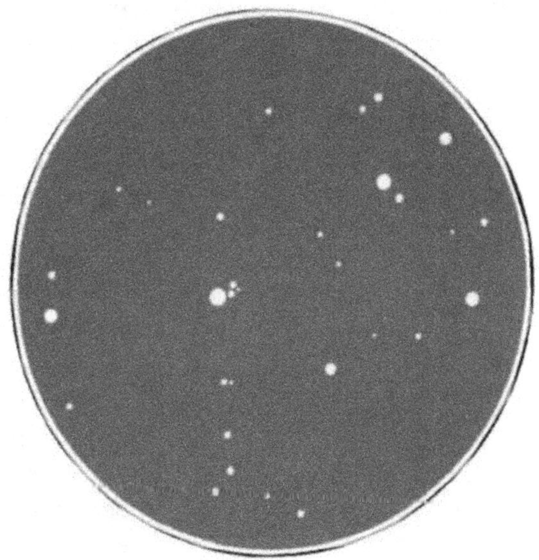

Fig. 61. Anblick der Plejaden in einem kleinen Fernrohr.

fällen hier vielleicht noch 5 weitere Sterne unterscheiden. Der Name Siebengestirn besteht daher eigentlich zu Unrecht; man hat behauptet, im Altertum hätte es wirklich 7 hellere Plejadensterne gegeben, einer sei aber inzwischen schwächer geworden. Diese Ansicht entbehrt indessen jeder Grundlage.

Mit einem kleinen Fernrohr erkennt man in den Plejaden schon einen ganzen Haufen von helleren und schwächeren Sternen, wie dies die Fig. 61 veranschaulicht.

Der mittlere und hellste Stern der Gruppe, Alcyone, wurde von Mädler als der Zentralstern des Weltalls angesehen, aber diese Ansicht hat sich nicht als zutreffend erwiesen.

Östlich vom Stier nahe dem Zenit sind Gemini, die Zwillinge, an 2 Sternen von nahezu erster Größe, Kastor und Pollux, kenntlich. Der letzte ist der nördlichere und hellere von beiden.

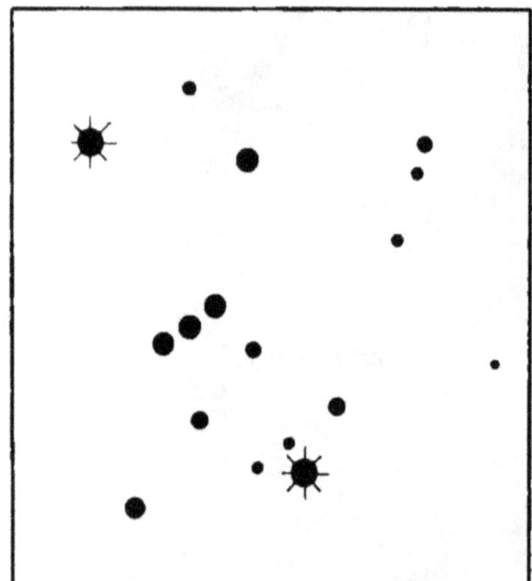

Fig. 62. Der Orion mit Rigel und Beteigeuze.

Das folgende Tierkreissternbild ist Cancer, der Krebs; es enthält jedoch keine auffälligeren Sterne. Sein bemerkenswertestes Objekt ist die Praesepe, ein Sternhaufen, der dem bloßen Auge wie ein kleiner Lichtfleck erscheint.

Leo, der Löwe, steht dicht über dem Osthorizonte links vom Krebs. Er kann am Regulus erkannt werden, einem Stern erster Größe, und an einem gekrümmten Sternbogen in der Form einer nach Westen zu geöffneten Sichel, an deren Griff gerade der Regulus steht.

Im Süden steht zur Winterszeit das hellste und schönste Sternbild des Himmels, der Orion. Die 3 Sterne zweiter Größe in einer Reihe, die den Gürtel des Jägers bilden, sind jedem, der überhaupt zuweilen nach dem Himmel schaut, von Kindheit an bekannt. Unterhalb des Gürtels ist eine weitere Reihe von 3 Sternen sichtbar, von denen der oberste ganz schwach ist. Der mittlere hat ein mattes Licht und ist in Wirklichkeit gar kein Stern, sondern einer der prächtigsten Nebel am Himmel. Ein einfacher Feldstecher zeigt dies bereits; um jedoch die herrliche Form dieses schon auf S. 311 beschriebenen Orionnebels klar zu erkennen, muß man ein stärkeres Fernrohr anwenden.

Die Ecken des Orionbildes sind durch 4 Sterne bezeichnet, von denen 2 von der ersten Größe sind. Links oben steht der rote Beteigeuze oder α Orionis, rechts unten der bläuliche Rigel oder β Orionis.

Östlich vom Orion finden wir Canis Minor, den kleinen Hund, mit Procyon, einem Stern erster Größe. Unter ihm und südöstlich vom Orion fesselt eine weitere Gruppe von hellen Sternen das Auge. Es ist Canis Major, der große Hund, mit Sirius, dem hellsten Fixstern des ganzen Himmels.

Die Frühlingssternbilder.

Die dritte Stellung der Himmelskugel, die wir beschreiben wollen, bezieht sich auf 12 Uhr Sternzeit, d. h. im Februar auf 2 Uhr morgens, im Mai auf 8 Uhr abends. In den 6 Stunden Zwischenzeit ist die Leier im Nordwesten aufgegangen, während Capella sich bis zum Nordwesthorizonte gesenkt hat. Die Milchstraße ist jetzt nur bei sehr klarer Luft dicht über dem nördlichen und nordwestlichen Horizont sichtbar. Regulus hat den Meridian überschritten, Orion und der große Hund sind untergegangen oder gerade noch tief im Südwesten sichtbar.

Südöstlich vom Zenit steht Arkturus im Bootes, ein Stern von rötlichgelber Farbe, aber gleichzeitig doch einer der hellsten Sterne erster Größe. An den Bootes grenzt östlich Corona Borealis, die nördliche Krone, ein schöner Halbkreis von Sternen, deren hellster von zweiter Größe ist.

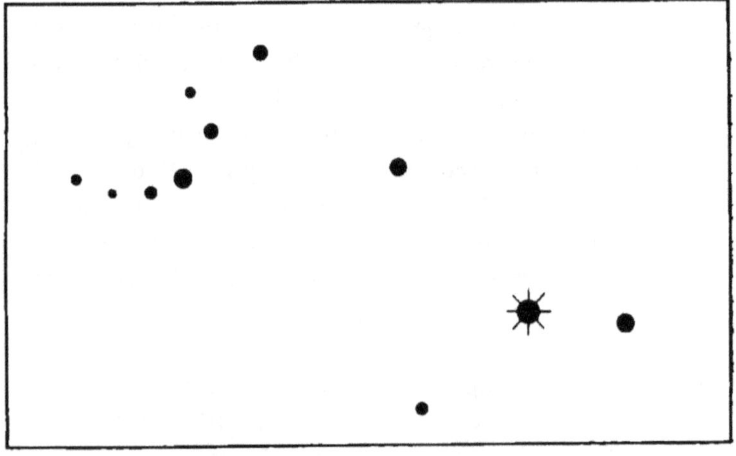

Fig. 63. Die helleren Sterne des Bootes mit Arkturus und die nördliche Krone.

In der Nähe des Zenits ist Coma Berenices, das Haar der Berenike zu finden, eine Gruppe von Sternen fünfter Größe. Über dem Horizont, ein wenig östlich vom Meridian, steht Virgo, die Jungfrau, die nur durch Spica, einen weißen Stern erster Größe, auffällt, und noch weiter im Südosten erheben sich die schwachen Sterne der Libra oder Wage über den Horizont.

Die Sommersternbilder.

Eine vierte Stellung der Himmelssphäre mag nun für 18 Uhr Sternzeit beschrieben werden. Diese Zeit entspricht 2 Uhr morgens im Mai und 8 Uhr abends im August. Capella ist mit dem Fuhrmann untergegangen oder dicht über dem Nordhorizont sichtbar, und die Leier steht nahe dem Zenit; Kassiopeja ist im Nordosten, der glänzendste Teil der Milchstraße nahe dem Meridian zu finden. Alle Sternbilder, die nördlich von der Leier im Bereiche der Milchstraße stehen, kennen wir bereits und wollen uns daher jetzt dem südlichen Gebiete der Milchstraße zuwenden.

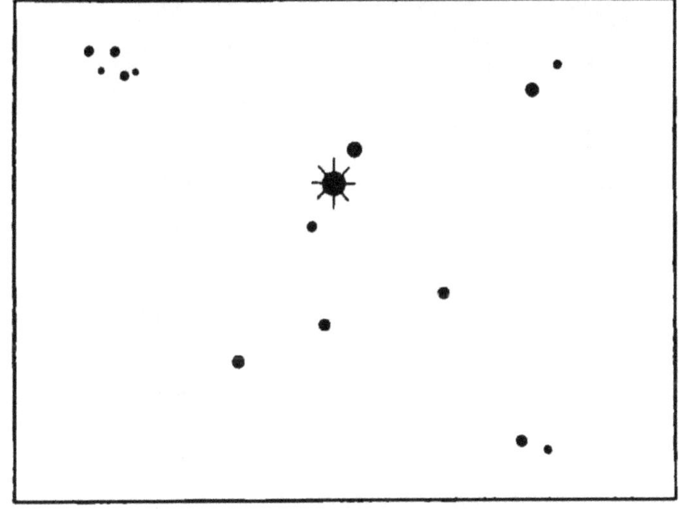

Fig. 64. Der Adler mit Atair und der Delphin.

Eine der merkwürdigsten Bildungen wird jetzt deutlich sichtbar, nämlich ihre Gabelung in zwei getrennte Arme. Der dunkle Himmelshintergrund zwischen diesen beiden Armen kann vom Schwan an, wo er zuerst auftritt, an der Leier vorbei bis in die Nähe des südlichen Horizontes verfolgt werden. Hier finden wir in der Gabelung Aquila oder den Adler, mit Atair, einem weißen Stern erster Größe. Er steht mit zwei benachbarten Sternen dritter und vierter

Fig. 65. Der große Sternhaufen im Herkules.

Größe in einer Linie. An diesem Punkte scheint sich die Milchstraße noch in weitere Teile zu spalten; wenn jedoch die Luft klar ist, kann man erkennen, daß dicht über dem Horizonte die beiden Äste wieder deutlich auftreten.

Östlich vom Adler liegt ein kleines aber interessantes Sternbild, das als *Delphin* sich auf Himmelskarten verzeichnet findet, und zwischen der Leier und der Krone begegnet man dem weit ausgebreiteten Sternbild des *Herkules*. α Herculis ist kaum zweiter Größe, kann aber leicht an seiner rötlichen Farbe und an dem helleren weißen Stern α Ophiuchi, der in der Nähe steht, erkannt werden. Das bemerkenswerteste Objekt im Herkules ist der große Sternhaufen, der dem bloßen Auge als ein sehr schwacher Nebelfleck erscheint, in einem großen Fernrohr dagegen oder auf der Photographie sich als eine ganze Welt von Sternen erweist.

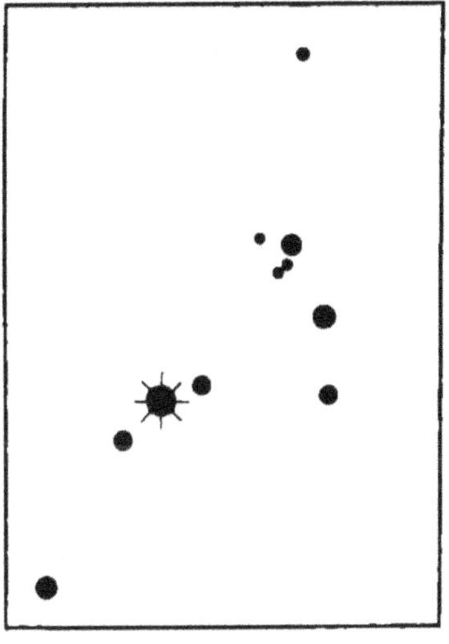

Fig. 66. Der Skorpion mit Antares.

Über dem Südwesthorizont wäre noch das Tierkreisbild des *Skorpion* zu erwähnen. Ein Teil seiner Sterne bildet einen Bogen, der die Scheren des Tieres darstellt. Östlich davon steht α Scorpii oder *Antares*, ein roter Stern erster Größe.

Genau im Süden, östlich vom Skorpion ist *Sagittarius* oder der *Schütze* zu finden, eine sehr sternreiche, aber wegen ihrer tiefen Stellung bei uns nur wenig zur Geltung kommende Tierkreiskonstellation. Noch weiter östlich wird der Himmel vom Capricornus und Aqua-

Steinbock und Wassermann, eingenommen.

die wir bereits vom Herbsthimmel her kennen; *α* Capricorni hat einen Begleiter, der ihm so nahe steht, daß es als ein Zeichen großer Sehschärfe gelten kann, wenn ein Auge diesen zu erkennen vermag.

4. Die Entfernungen der Sterne.

Das Prinzip, nach dem Entfernungen am Himmel ermittelt werden, ist in dem Kapitel, das von Messungen am Himmel handelt, dargelegt worden. Zur Bestimmung unserer Entfernung vom Monde und von den näheren Planeten gebrauchen wir als Grundlinie für die Messungen die Sehne, die zwei entfernte Punkte der Erdoberfläche verbindet. Diese Basis erweist sich jedoch als viel zu kurz, um zur Messung unserer Entfernung selbst von den allernächsten Fixsternen dienen zu können. Hierfür wählt man als Grundlinie den Durchmesser der ganzen Erdbahn. Da die Erde bald auf der einen, bald auf der entgegengesetzten Seite ihrer Bahn sich befindet, so müssen durch diese Ortsveränderung auch die Fixsterne, als frei im Raum schwebende Körper, eine geringe Verschiebung nach der entgegengesetzten Richtung erfahren. Diese Verschiebung ist indessen bei fast allen Sternen unmeßbar klein. Sie kann mit genügender Genauigkeit nur dadurch nachgewiesen werden, daß man die gegenseitige Stellung der Fixsterne untereinander vergleicht, das eine Mal im Sommer, das andere Mal im Winter, bezw. im Frühjahr und im Herbst.

In Fig. 67 möge der kleine in perspektivischer Verkürzung als Ellipse erscheinende Kreis die Erdbahn darstellen. *S* sei der verhältnismäßig nahe Stern, dessen Entfernung wir bestimmen wollen. Die punktierten Linien, die einander fast parallel laufen, mögen die Richtung nach einem S benachbarten viel weiter entfernten Stern T angeben. Wenn die Erde an irgend einer Stelle ihrer Bahn, z. B. bei P steht, messen wir den kleinen Winkel SPT, der diese beiden Sterne

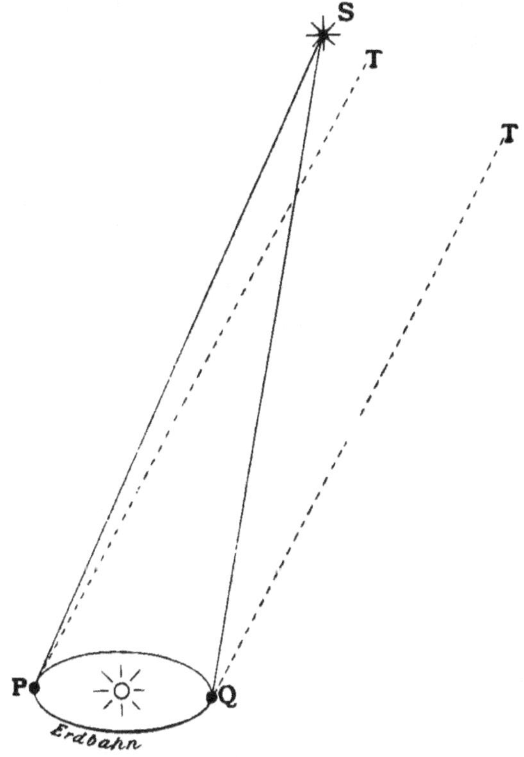

Fig. 67. Bestimmung der Parallaxe eines Sterns.

trennt. Wenn die Erde sich nach der entgegengesetzten Seite ihrer Bahn bis Q bewegt hat, sieht man leicht, daß der entsprechende Winkel SQT größer geworden ist. Wir messen auch diesen Winkel, und der Unterschied gegenüber SPT gibt uns bereits in

Verbindung mit dem Erdbahnradius die zur Berechnung der Entfernung von *S* erforderlichen Größen. Die halbe Differenz zwischen den Winkeln *SPT* und *SQT* ist aber nichts anderes als der Winkel, unter dem von dem betreffenden Stern aus der Radius der Erdbahn erscheint, oder die sogenannte Parallaxe des Sterns. Aus der Parallaxe erhalten wir aber die Entfernung, wenn wir die Zahl 206 265 durch die Parallaxe, die stets in Teilen einer Bogensekunde angegeben wird, dividieren. Das Resultat stellt dann bereits die Entfernung in Halbmessern der Erdbahn dar. Die Zahl 206 265 erklärt sich dadurch, daß eine Bogensekunde der Winkel ist, unter dem ein Objekt von 1 cm Durchmesser in der Entfernung von 206 265 cm erscheint, beziehungsweise die astronomische Einheit, der Erdbahnradius, in der Entfernung von 206 265 astronomischen Einheiten. Ein so kleiner Winkel verschwindet für das bloße Auge natürlich völlig.

Die erwähnte Messungsmethode setzt allerdings bereits voraus, daß wir wissen, welcher Stern von den beiden der nähere ist, ja wir setzen sogar noch weiterhin voraus, daß der entferntere Stern in unendlicher Ferne steht. Der Leser ist daher zu der Frage berechtigt, ob eine solche Voraussetzung zulässig ist, und woraus man erkennen kann, ob ein Stern uns näher steht, als ein anderer.

Die sorgfältigsten Messungen, die mit den feinsten Instrumenten ausgeführt sind, zeigen, daß die überwiegende Mehrzahl der schwachen teleskopischen Sterne nicht die geringste Veränderung in der gegenseitigen Stellung zeigt, sondern wie angeheftet an derselben Stelle der Himmelskugel von Jahr zu Jahr verbleibt. Von Zeit zu Zeit findet man indessen eine

Ausnahme von dieser Regel, insbesondere bei den helleren Sternen. Sobald sich nun bestimmte Anhaltspunkte für eine meßbare Parallaxe bei einem Stern finden, kann der Astronom durch genaue Messung der Lage des betreffenden Sterns gegenüber seinen Nachbarsternen nach der entwickelten Methode die Parallaxe ableiten.

Bald nachdem Kopernikus die richtige Anordnung der einzelnen Glieder des Sonnensystems bekannt gemacht hatte, gewann die Frage nach einer Parallaxe der Fixsterne größtes Interesse. Sowohl Kopernikus, wie allen anderen Astronomen, die sich zu seiner Lehre bekannten, war es klar, daß wenn sich die Erde wirklich in einer weiten Bahn um die Sonne bewegt, die Sterne scheinbar eine Bewegung in der entgegengesetzten Richtung an der Himmelskugel ausführen müßten. Die Tatsache, daß zunächst keine Spur einer solchen Bewegung entdeckt werden konnte, bildete eines der größten Hindernisse für die allgemeine Annahme des Kopernikanischen Weltsystems. Es erschien den damaligen Philosophen fast unglaublich, daß die Fixsterne nun tausend und mehrmal entfernt sein sollten, als man bisher angenommen hatte. Selbst noch drei Jahrhunderte später, als die astronomischen Meß-Instrumente und -Methoden wesentlich verbessert waren, machte man vergebliche Anstrengungen, irgendwo unter den Sternen eine meßbare Parallaxe zu entdecken. Trotzdem bei mehreren Gelegenheiten ein positives Resultat bereits erreicht schien, zeigte es sich in allen diesen Fällen doch schließlich, daß die Parallaxe stets zu klein war, um überhaupt gemessen werden zu können.

Die erste wirkliche Bestimmung der Parallaxe eines Fixsterns gelang erst Bessel bei dem Doppelstern 61 Cygni mit dem Heliometer der Königsberger Sternwarte. Die Parallaxe dieses Sterns wurde zu 0,34″ oder ungefähr einem Drittel einer Bogensekunde ermittelt. Spätere Beobachter bestätigen Bessels Resultat vollkommen.

Ungefähr um dieselbe Zeit, als Bessel seine epochemachende Arbeit veröffentlichte, gelang es Wilhelm Struve in Dorpat auch bei α Lyrae eine Parallaxe zu 0,25″ zu ermitteln. Spätere Messungen haben allerdings gezeigt, daß der wirkliche Wert dieser Parallaxe nur etwa halb so groß ist, und wenig mehr als 0,1″ beträgt.

Soweit wir bis jetzt wissen, ist α Centauri, ein Stern erster Größe auf der südlichen Himmelshalbkugel, der uns nächste Stern. Die Parallaxe dieses Sterns beträgt 0,72″. Nach der Regel, die wir kennen gelernt haben, ist demnach seine Entfernung etwa 285 000 mal so groß, wie die Entfernung der Erde von der Sonne. Eine solche Entfernung überschreitet absolut unser Anschauungsvermögen. Eine ungefähre Vorstellung kann man sich von ihr nur bilden, wenn man bedenkt, daß selbst das Licht, dessen Geschwindigkeit, wie wir bereits wissen, 300 000 km in der Sekunde beträgt, über $4^1/_2$ Jahre gebraucht, um uns von diesem Stern aus zu erreichen. Wir sehen somit α Centauri heute nicht in seinem gegenwärtigen Zustand, sondern so, wie er vor $4^1/_2$ Jahren ausgesehen hat. Aus einer solchen Entfernung gesehen würde nicht nur die ganze Erdbahn zu einem Pünktchen zusammenschrumpfen, sondern selbst der mächtige Umfang der Neptunsbahn würde von α Centauri aus dem bloßen Auge kaum anders erscheinen, als ein bloßer Punkt. Nächst α Centauri kennen wir noch drei oder vier Sterne, die von uns ungefähr doppelt soweit entfernt sind, und dann noch ein weiteres halbes Dutzend in drei- bis viermal größerer Entfernung. Im Ganzen sind bisher die Parallaxen von ungefähr 100 Sternen mit größerer oder geringerer Genauigkeit bestimmt worden, aber selbst da ist in den meisten Fällen die Parallaxe so klein, daß wir ihre Größe nicht sicher verbürgen können. Nur soviel läßt sich wohl aussagen, daß innerhalb der siebenfachen Entfernung von α Centauri ungefähr 50 Sterne liegen. Die Entfernung der übrigen Sterne, deren Parallaxe unmessbar klein ist, kann höchstens in bezug auf einen Grenzwert geschätzt werden.

Der Wahrscheinlichkeit nach sind wenigstens die helleren Sterne annähernd gleichförmig im Raume verteilt. Wenn dies aber zutrifft, so müssen viele von den schwächeren teleskopischen Sternen, ja vielleicht die große Mehrzahl der Objekte, die sich auf Himmelsphotographien vorfinden, in mehr als tausendfacher Entfernung als α Centauri stehen. Der Lichtstrahl, der uns heute die Kunde von ihrer Existenz vermittelt, ist in solchen Fällen die ganze Zeit der Entwicklung des Menschengeschlechts hindurch unterwegs gewesen.

5. Veränderliche und Doppelsterne.

Im Allgemeinen kann man den Sternhimmel als ein Symbol ewiger Unveränderlichkeit ansehen. Die Sprichwörter aller Zeiten und Länder haben dem Wechsel und der Vergänglichkeit der irdischen Dinge die Unveränderlichkeit und Ewigkeit der Sterne gegenübergestellt. Obwohl dies noch heute für die große

Mehrzahl der Sterne zutrifft, so gibt es doch, wie wir jetzt wissen, einige Ausnahmen von der allgemeinen Regel. Sie fallen allerdings so wenig auf, daß sie von den Astronomen des Altertums garnicht bemerkt wurden.

Der erste, der in geschichtlicher Zeit eine Veränderung an einem Stern beobachtet hat, war David Fabricius, ein fleißiger Himmelsbeobachter, der etwa vor drei Jahrhunderten lebte.

Im August 1596 bemerkte er im Sternbilde des Walfisches einen bis dahin unbekannten Stern dritter Größe, der bald wieder schwächer und schließlich im Oktober unsichtbar wurde. Dieser Stern, der von Jungius später Mira Ceti oder der wunderbare Stern im Walfisch genannt wurde, erschien in den folgenden Jahren wieder in regelmäßigen Zwischenzeiten von ungefähr elf Monaten. Zwei Jahrhunderte gingen vorüber, ehe ein zweiter derartiger Fall von periodischer Veränderlichkeit der Helligkeit eines Sterns erkannt wurde: Goodricke fand, daß der Stern Algol im Perseus in Zwischenzeiten von etwas weniger als drei Tagen für einige Stunden von der zweiten bis zur vierten Größenklasse herabsinkt.

Im Anfang des 19. Jahrhunderts wurde bei einigen weiteren Sternen eine mehr oder weniger regelmäßige Veränderung des Lichtes gefunden. Als der Himmel mit größerer Aufmerksamkeit durchforscht wurde, fand man mehr und mehr solcher Sterne. Gegenwärtig zählt ihre Liste bereits mehr als 2000 Objekte und vergrößert sich von Jahr zu Jahr. Einige dieser Sterne verändern sich in unregelmäßiger Weise, die große Mehrzahl derselben hat jedoch eine regelmäßige Periode von wenigen Stunden bis zu mehreren Jahren.

Unter den regelmäßig Veränderlichen läßt sich der Stern β in der Leier, der in unserer Figur dieses Sternbildes auf S. 328 unten rechts zu finden ist, bezüglich seiner Veränderlichkeit besonders leicht verfolgen. Er ist bei uns an jedem klaren Abend im Frühling, Sommer und Herbst sichtbar. Wenn der Leser beim Abendspaziergang dieses Objekt Abend für Abend mit dem Nachbarstern γ von fast derselben Größe vergleicht, so wird er finden, daß während beide an einigen Abenden annähernd gleich sind, der rechte zuweilen deutlich schwächer erscheint, als der linke. Sorgfältige, wiederholte Beobachtungen würden ergeben, daß der Helligkeitswechsel in einer Periode von ungefähr $6^1/_2$ Tagen stattfindet, d. h. wenn die beiden Sterne an einem bestimmten Abend gleich hell sind, so werden sie nach sechs bis sieben Tagen wieder gleich hell erscheinen usw. In der Mitte der beiden Zeiten, also nach $3^1/_4$ Tagen, wird der veränderliche Stern am schwächsten sein. Würde man den Lichtwechsel noch genauer verfolgen, so würde man finden, daß ein bestimmtes Minimum, wie die Phase der geringsten Helligkeit heißt, immer etwas schwächer ist als das voraufgehende und nächstfolgende. Die wirkliche Periode von β Lyrae beträgt daher fast 13 Tage, während welcher Zeit zwei gleich helle Maxima und zwei etwas verschiedene Minima eintreten.

Man weiß jetzt, daß der Lichtwechsel in diesem Fall nicht wirklich von dem Stern selbst ausgeht, sondern darin seinen Grund hat, daß β Lyrae ein Doppelstern, ein aus zwei um einander kreisenden sich fast berührenden Komponenten zusammengesetztes Sternsystem ist.

Während sich die beiden Sterne um einander drehen, bedeckt bald der hellere Hauptstern den schwächeren Begleiter, bald der Begleiter den Hauptstern. Dieses Resultat ist nicht mittels des Fernrohrs gefunden worden, da selbst das stärkste Teleskop die beiden Sterne nicht getrennt zeigen würde. Die Tatsache ist vielmehr das Resultat eines langen und sorgfältigen Studiums des Spektrums dieses Sterns, das aus zwei übereinander gelagerten Spektren besteht, deren Linien sich bald decken, bald neben einander liegen, und so zwei bald hinter-, bald nebeneinander liegende Körper verraten.

Bezüglich der Größe des Lichtwechels steht Mira Ceti, der von Fabricius entdeckte veränderliche Stern, obenan. Es ist jetzt bekannt, daß er eine ziemlich regelmäßige Periode von 330 Tagen hat. Während ungefähr zwei Wochen ist er am hellsten, manchmal zweiter, manchmal aber nur fünfter Größe. Nach jedem Maximum nimmt sein Licht einige Wochen ab, bis er für das bloße Auge verschwindet. Mit dem Fernrohr kann er jedoch das ganze Jahr hindurch gesehen werden. Da seine Periode 11 Monate beträgt, so tritt das Maximum jedes Jahr einen Monat früher ein. Es kann dabei vorkommen, daß der Stern dann einige Jahre hindurch zur Zeit seiner größten Helligkeit der Sonne so nahe steht, daß er auch dann nur schwer zu beobachten ist. Das war z. B. in den Jahren 1903 bis 1905 der Fall.

Ein weiterer Veränderlicher, Algol, auch β Persei genannt, kann wegen seiner hohen nördlichen Deklination in unseren Breiten fast an jedem Abend des Jahres beobachtet werden. Im Herbst und Winter ist er besonders günstig sichtbar. Die Haupteigentümlichkeit seines Lichtwechsels besteht darin, daß er fast während der ganzen Periode die gleiche Helligkeit beibehält und nur für einige Stunden verblaßt. Diese Minima wiederholen sich in Zwischenzeiten von ungefähr 2 Tagen und 21 Stunden. Man weiß jetzt, daß sie ähnlich wie bei β Lyrae von einer partiellen Verfinsterung des Algol durch einen ihm an Größe fast gleichen, dunklen Körper herrühren, der sich um Algol dreht. In Wirklichkeit hat auch hier ein menschliches Auge diesen Begleiter noch nie gesehen und wird ihn wohl auch nie erblicken. Seine Existenz ist nur dadurch bekannt geworden, daß er den Hauptstern zwingt, sich selbst in einer engen Bahn zu bewegen. Freilich ist auch diese Bewegung des hellen Sternes zu klein, um im Fernrohr gemessen werden zu können. Sie ist jedoch festgestellt mit Hilfe des Spektroskops, das in den Wellenlängen des vom Algol ausgesandten Lichtes gewisse Änderungen zeigt, die auf eine Bewegung des Sterns hindeuten und ebenso periodisch verlaufen wie der Lichtwechsel.

Der Betrag der Helligkeitsänderungen bei den veränderlichen Sternen ist sehr verschieden. In vielen Fällen ist er so gering, daß nur ein geschickter Beobachter die Lichtänderung bemerkt, häufig läßt sich erst nach langer Prüfung durch verschiedene Beobachter entscheiden, ob ein verdächtiger Stern wirklich veränderlich ist.

Die veränderlichen Sterne bilden sehr interessante und dankbare Beobachtungsobjekte für alle diejenigen, die nur geringe oder womöglich gar keine optischen Hilfsmittel zur Verfügung haben. Man braucht hierzu kein Fernrohr, außer wenn der Stern in gewissen Phasen des Lichtwechsels dem bloßen Auge unsichtbar wird. Was man zu beobachten und zu notieren hat, ist lediglich die genaue Helligkeit des Sterns, wie sie sich aus der Vergleichung mit benachbarten Objekten ergibt. Je nach der Periode des Lichtwechsels müssen diese Beobachtungen in größeren oder kleineren Zwischenzeiten, nach einigen Tagen, Stunden oder Minuten, wiederholt werden, damit man nachher genau ermitteln kann, in welchen Zeitpunkten die Helligkeit am größten und am kleinsten war.

Für den Astronomen gewinnen diese Sterne noch dadurch an Interesse, daß bei vielen von ihnen der Beweis erbracht ist, daß sie zum Teil zusammengesetzte Systeme von Körpern mit der größten Abwechselung in ihrem Aufbau darstellen. Gewöhnliche Doppelsternsysteme sind jedem Beobachter seit der Zeit des großen Herschel wohlbekannte Dinge am Himmel. Aber erst in neueren Zeiten hat das Spektroskop uns mit Sternpaaren bekannt gemacht, die, wie die genannten Fälle von Algol und β Lyrae beweisen, um einander kreisen, deren Komponenten aber so nahe bei einander stehen, daß das stärkste Fernrohr sie nicht zu trennen vermag. Die Geschichte der Astronomie bietet uns keinen größeren Erfolg als gerade diese Entdeckung von unsichtbaren Planeten, die sich um die Sterne bewegen.

Es ist jetzt bereits mehr oder weniger wahrscheinlich, daß der Lichtwechsel aller Sterne, die eine regelmäßige und konstante Periode haben, von der Umdrehung von Planeten oder anderen Sternen um dieselben herrührt. Wenn der eine Körper den anderen nur teilweise verdunkelt, ist der Lichtwechsel allerdings in der Regel nur gering, ja in solchen Fällen braucht sogar kein wirklicher Lichtwechsel stattzufinden, und der helle Stern kann hinter dem dunklen — man braucht nur an partielle Sonnenfinsternisse zu denken — noch fast ebenso hell erscheinen, als wenn er gar nicht verfinstert wäre. Wenn jedoch der dunkle Körper sich in einer sehr exzentrischen Bahn bewegt, so daß er dem hellen Stern zu einer bestimmten Zeit wesentlich näher kommt, als zu einer anderen, so kann wohl die Anziehung des Begleiters eine solche physische Veränderung in dem Hauptstern hervorrufen, daß sein Licht tatsächlich um ein bedeutendes anwächst. Wie diese Veränderungen zustande kommen, und worin sie bestehen, läßt sich allerdings heute noch nicht einmal vermuten.

6. Die Eigenbewegung des Sonnensystems und der Sterne.

Wenn jemand den Verfasser fragte, was wohl die großartigste Entdeckung sei, die der menschliche Geist ans Licht gefördert hat, so würde er sagen: Es ist die Erkenntnis, daß durch die ganze Geschichte des Menschengeschlechts hindurch, ja soweit wir zurückdenken können, vom Anfang aller Zeiten an, unser Sonnensystem, Sonne, Planeten und Monde, durch den Himmelsraum in der Richtung des Sternbildes der Leier mit einer Geschwindigkeit geflogen ist, die auf Erden nicht ihres Gleichen hat. Um eine Vorstellung von dieser Tatsache zu gewinnen, braucht der Leser nur einen Blick auf das schöne Sternbild der Leier zu werfen und dabei zu bedenken, daß wir mit jeder Sekunde, um die der Zeiger der Uhr weiterrückt, diesem Sternbilde um etwa 15 Kilometer näher kommen. Jeder folgende Tag unseres Lebens bringt uns diesem Sternbilde vielleicht um eine Million Kilometer näher.

Mit jedem Satz, den wir aussprechen, mit jedem Schritt, den wir auf der Erde zurücklegen, kommen wir dem Sternbild um viele Kilometer näher. Dies ist so gewesen seit der Entstehung des Menschengeschlechts, und wir haben allen Grund zu glauben, daß es bis in die fernste Zukunft so bleiben wird. Eines der größten Probleme der Astronomie ist es nun, festzustellen, wann und wie diese Reise durch das Weltall einmal begonnen hat, und wann und wie sie einmal enden wird, doch auf diese Frage schweigt heute noch die Wissenschaft. Der Astronom kann über Anfang und Ende dieser Reise heute noch nicht das Geringste aussagen. Er kann seinen Nachfolgern nur das Problem hinterlassen und ihnen einschärfen, es nicht aus den Augen zu verlieren.

Nichts kann uns eine bessere Vorstellung von der enormen Entfernung der Sterne geben als die Erwägung, daß trotz der großen Geschwindigkeit, mit der wir unaufhörlich seit Menschengedenken, ja seit Anfang aller Zeiten vorwärts eilen, gewöhnliche Beobachtungen uns keine Veränderung in der Erscheinung der Sternbilder zeigen, denen wir entgegenreisen.

Nach dem, was wir von der Entfernung der Wega in der Leier wissen, haben wir Grund zu vermuten, daß unser Sonnensystem die Gegend des Weltraumes, in der dieser Stern jetzt steht, nicht vor Ablauf von einer halben oder ganzen Million von Jahren erreichen wird.

Daraus folgt indessen nicht, daß unsere Nachkommen, wenn es dann überhaupt noch Menschen auf der Erde gibt, dort, an der jetzigen Stelle der Wega, diesem Stern auch wirklich begegnen werden. Die Wega macht ihre eigene Reise für sich und entfernt sich von ihrem jetzigen Platze mit fast derselben Geschwindigkeit, mit der wir uns ihr nähern.

Was bei unserer Sonne und der Wega zutrifft, behält seine Gültigkeit auch bei allen anderen Sternen des Himmels. Jeder dieser Himmelskörper fliegt geradeaus durch den Raum wie eine abgeschossene Kanonenkugel mit einer in den meisten Fällen fast unbegreiflichen Geschwindigkeit. Ja man würde da sogar von einer sehr langsamen Bewegung sprechen, wenn sie nur so rasch erfolgte, wie der Flug einer Kanonenkugel. In den meisten Fällen schwankt die Geschwindigkeit der Sternbewegungen zwischen 5 und 50 Kilometern in der Sekunde, ja selbst Bewegungen von 100 Kilometern und darüber gehören noch durchaus nicht zu den Seltenheiten. Es gibt sogar zwei hellere Sterne, von denen einer der Arkturus ist, deren Geschwindigkeit allem Anschein nach nahezu 400 Kilometer in der Sekunde beträgt.

Man nennt dieses Fortschreiten der Sterne im Raume ihre Eigenbewegung. Wir hörten von Eigenbewegungen, die so und so viele Kilometer in der Sekunde betragen. So groß jedoch diese Geschwindigkeiten auch sind, bei den enormen Entfernungen der Sterne erscheinen von der Erde aus die Ortsveränderungen der Sterne doch als sehr gering. Sie erfolgen so langsam, daß wenn Ptolemäus aus seinem fast 1800 jährigen Todesschlafe wieder erwachte, und man ihn auffordern würde, den heutigen Sternhimmel mit demjenigen seiner Zeit zu vergleichen, er nicht imstande sein würde, auch nur bei einem einzigen Stern den geringsten Unterschied in seiner Lage wahrzunehmen. Selbst den ältesten assyrischen Priestern erschien das Sternbild der Leier und die Lage de

Wega darin ebenso wie uns heute, trotz der unermeßlichen Strecke, um die wir uns ihr inzwischen genähert haben.

Um einen Menschen zu finden, der imstande wäre, eine Veränderung am Sternhimmel mit freiem Auge zu bemerken, müßten wir schon bis auf 4000 Jahre, also bis zur Zeit Hiobs zurückgehen, und wir müßten auch dann gerade den Stern aussuchen, der unter den helleren Objekten des Himmels die größte Eigenbewegung hat, nämlich Arkturus im Sternbilde des Bootes. Wenn wir Hiob ins Leben zurückrufen und ihm das Sternbild des Bootes zeigen könnten, so würde er bemerken, daß sich dessen hellster Stern in den 4000 Jahren um ungefähr fünf Vollmondbreiten zwischen seinen Nachbarsternen fortbewegt hat. Wie gering auch noch diese Ortsveränderung ist, zeigt Fig. 68, auf der die Stellung des Arkturus vor 4000 Jahren durch einen Kreis angegeben ist.

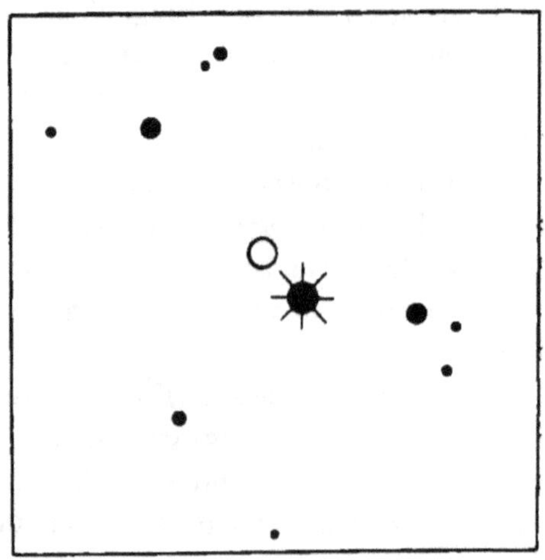

Fig. 68. Eigenbewegung des Arkturus in 4000 Jahren.

Bei der Beobachtung dieser Bewegungen am Fixsternhimmel kommt dem Leser wohl unwillkürlich der Gedanke, daß die Sterne unendlich weite Bahnen um irgend einen Mittelpunkt beschreiben, ebenso wie die

Planeten um die Sonne, und daß die von uns festgestellten Ortsveränderungen mit der Bewegung in diesen Bahnen identisch sind. Die Tatsachen stützen jedoch diese Ansicht nicht. Die feinsten Beobachtungen zeigen noch nicht die geringste Krümmung der Bahn irgend eines Sterns. Soweit bis jetzt die Untersuchungen gediehen sind, bewegen sich die Sterne geradeaus, ohne nach rechts oder links abzuschweifen. Außerdem ist es so gut wie unmöglich, sich eine Vorstellung von der Größe und der Masse eines Weltkörpers zu bilden, der trotz seiner fast unendlichen Entfernung noch so beträchtliche Bewegungen verursachen könnte.

Ein Weltkörper, der groß genug wäre, um Arkturus von seiner jetzigen raschen Bahn abzulenken, würde den ganzen Teil des Weltalls, in dem wir leben, über den Haufen werfen. Noch schwieriger gestaltet sich der Fall dadurch, daß verschiedene Sterne sich nach verschiedenen Richtungen scheinbar ohne irgendwelche Gesetzmäßigkeit und Ordnung bewegen, so daß abgesehen von einigen seltenen Fällen die eine Bahn zu der anderen in gar keiner Beziehung und in keinem inneren Zusammenhange zu stehen scheint. Das Problem, woher die sich so schnell bewegenden Sterne kommen und wohin sie eilen, bleibt daher vorläufig ungelöst.

VERZEICHNIS DER ABBILDUNGEN.

Titelbild: Totale Sonnenfinsternis am 30. August 1905.

REGISTER.

A.

B.

C.

D.

E.

F.

K.

L.

M.

N.

O.

P.

R.

S.

T.

U.

V.

W.

Y.

Z.

www.ingramcontent.com/pod-product-compliance
Lightning Source LLC
Chambersburg PA
CBHW020911210326
41598CB00018B/1828